KB144301

에덴의 용

THE DRAGONS OF EDEN

THE DRAGONS OF EDEN

: Speculations On The Evolution Of Human Intelligence

by Carl Sagan

사이언스 클래식 6

에덴의 용

THE DRAGONS OF EDEN

칼 세이건

| 임지원 옮김

인간 지성의 기원을 찾아서

CARL SAGAN

사랑하는 아내 린다에게 이 책을 바친다.

인류는 신과 짐승 사이에 자리 잡고 있다.
── 플로티노스*

이 글의 결론은 결국 인류가 하등 생물의 후손이라는 것이다. 이러한 사실은 유감스럽게도 많은 사람들의 구미에 맞지 않을 것이다. 그러나 우리가 야만인의 후손이라는 사실에 대해서는 아무도 의심을 품지 않을 것이다. 험한 오지의 해변에서 벌어지던 푸에고 족의 파티를 처음 목격했을 때 느꼈던 놀라움을 나는 결코 잊지 못할 것이다. 그 광경을 본 순간 내 마음속에 즉각 떠오른 생각은, 저들이 바로 나의 조상이라는 사실이었다. 그들은 실오라기 하나 걸치지 않은 알몸에 물감을 덕지덕지 칠한 채, 긴 머리카락은 마구 헝클어져서, 흥분한 나머지 입에는 거품을 물고 있었다. 사나운 표정의 얼굴에는 놀라움과 의심이 가득했다. 그들은 기술이라고 할 것도 없이, 야생 동물처럼 그때 그때 닥치는 대로 손에 잡히는 먹을 것으로 연명했다. 그들에게 정부 같은 것은 존재하지도 않았고, 그들은 자기 부족이 아닌 사람들에게는 무자비했다. 자신이 태어나서 자란 땅에서 미개인을 본 일이 있는 사람이라면, 인간의 혈관에 열등한 동물의 피가 흐르고 있다는 사실을 시인하는 데 별 부끄러움을 느끼지 않을 것이다. 나로 말하자면, 내가 자기 주인의 목숨을 구하기 위해 무서운 적에게 용감하게 맞선 작은 원숭이, 또는 산에서 내려와 개들에게 쫓기던 어린 동료를 구해서 의기양양하게 데려가던 비비원숭이의 후예라는 사실을, 기쁨에 찬 표정으로 적에게 끔찍한 짓을 하고, 피투성이의 제물을 신에게 바치고, 아무런 가책 없이 유아 살해를 자행하고, 아내를 노예처럼 부리고, 예의범절이라고는 알지 못하고, 터무니없는 미신에 사로잡혀 있는 미개인의 후예라는 사실만큼이나 거리낌 없이 받아들일 수 있다.

우리 인간이 생물계의 정상을 차지하게 되었다는 사실에 대해서 ── 비록 우리 자신의 의지에 따른 것은 아니지만 ── 어느 정도 자부심을 느껴도 좋을 것이다. 그리고 처음부터 누군가가 우리를 그 자리에 데려다 놓은 것이 아니라 우리 스스로가 바닥에서 시작해 그 자리로 오르게 되었다는 사실은 먼 미래에는 더욱더 고귀한 운명이 우리를 기다리고 있을지도 모른다는 희망을 품게 한다. 그러나 나는 여기에서 희망이나 두려움에 대해 논할 생각은 없다. 단지 우리의 이성이 허용하는 범위에서 밝혀진 진실에 대해 이야기할 뿐이다. 나는 나의 능력이 허락하는 최상의 증거들을 제시했다. 물론 인간은 온갖 고귀한 품성을 지녔다. 가장 타락한 자에게도 동정을 보이고, 인간뿐만 아니라 보잘것없는 생물에도 자비심을 보인다. 뿐만 아니라 태양계의 구조와 운동을 통찰하는 신과 같은 지적 능력을 지녔다. 그러나 우리는 다음과 같은 사실을 인정해야만 한다. 이 모든 숭고한 능력에도 불구하고, 우리 몸의 뼈 마디마디에는 비천한 기원을 나타내는 지울 수 없는 도장 자국이 새겨져 있다는 사실을 말이다.

── 찰스 다윈, 『인간의 유래』**

나는 용의 형제이고 부엉이의 동반자이다.***
──「욥기」 30장 29절

* 3세기 신플라톤주의 철학자—옮긴이

** 원래 제목은 『인간의 유래 및 성에 관한 선택(*The Descent of Man and Selection in Relation to Sex*)』이다. 이 책에서는 『인간의 유래』로 약칭한다.—옮긴이

*** 한국어 성경은 영어 성경과 이 구절의 번역이 다르다. 『개역 한글 성경』에서는 "나는 이리의 형제요 타조의 벗이로구나."라고 번역했고 『공동 번역 성경』은 "나는 승냥이의 형제요, 타조의 벗이 되고 말았는가!"라고 번역했다. 그러나 이 책에서는 저자의 의도를 살리기 위해 영어 구절을 직역했다.—옮긴이

책을 시작하며

설득력 있게 말하려면, 말하는 사람의 마음은
이야기의 진실을 알지 못해야 하는 것이 아닐까?
— 플라톤, 『파이드로스』

고전 문학과 현대 문학을 막론하고, 내가 알고 있는
자연에 대해 제대로 설명하는 문헌을 어디에서 찾을 수 있을지 모르겠다.
그나마 신화가 가장 가까울 것이다.
— 헨리 데이비드 소로, 『일기』

어느 시대에든 인류의 모든 지식—예술과 과학, 철학과 심리학—에 흥미를 느끼고 도전해 온 소수의 사람들이 있는데, 제이컵 브로노프스키(Jacob Bronowski)가 바로 그런 사람들 중 하나이다. 그의 관심사는 어느 한 분야에 한정되지 않고 인간의 학문의 전 영역을 아우른다. 텔레비전 연속물로도 기획된 그의 저서, 『인간 등정의 발자취(*The Ascent of Man*)』는 훌륭한 교육적 도구이며 기념비적인 작품이다. 이 작품은 어떤 면에서는 인류와 인간의 뇌가 어떻게 손을 맞잡고 함께 성장해 왔는지에 대한 기록이라고 할 수 있다.

이 저서의 마지막 장—또는 텔레비전 연속물의 마지막 편—인 「긴 유년기」에서 그는 전체 수명에서 유년기가 차지하는 비율이 다른 어떤 종보다도 긴 인간의 독특한 특성에 대해 이야기한다. 이 시기 동안 인간의 어린아이는 성인에게 의존하며 뛰어난 적응성, 즉 환경과 문화로부터 학습하는 능력을 보인다. 대부분의 지구 생물들은 살면서 획득한 비유전적 정보보다 신경계에 '내장된(prewired)' 유전 정보에 훨씬 더 많이 의존한다. 그런데 인간, 그리고 사실상 모든 포유류는 그와 반대이다. 비록 우리 행동의 상당 부분이 아직도 유전자의 조절을 받고 있지만, 우리는 비교적 짧은 기간 동안 새로운 행동적 · 문화적 길을 개척할 수 있는 풍부한 기회를 갖게 되었다. 바로 우리의 뇌 덕분이다. 우리는 어쩌면 자연과 일종의 흥정을 벌였다고도 할 수 있다. 아이를 키우기가 엄청나게 힘들어지는 대신, 새로운 것을 배울 수 있는 능력이 인간이라는 종의 생존 기회를 크게 강화시켜 주도록 말이다. 뿐만 아니라 우리는 인류 역사의 수천분의 1에 지나지 않는 최근에 이르러서 비유전적일 뿐만 아니라 신체 외부에 저장되는 지식을 발명해 냈다. 문자가 그것의 가장 대표적인 예이다.

진화 또는 유전적 변화에 필요한 시간 단위는 어마어마하게 크다. 일반적으로 한 종으로부터 좀 더 진보한 새로운 종이 출현하는 데 걸리는 시간은 대략 수십만 년이다. 그리고 많은 경우에 서로 가까운 관계에 있는 종의 동물들—예를 들어 사자와 호랑이—은 비슷한 행동 양상을 보인다. 인간에게서 최근 진화된 기관의 예로 발가락을 들 수 있다. 엄지발가락은 우리가 걸을 때 균형을 잡아 주는 중요한 기능을 수행한다. 반면 다른 발가락들은 그다지 뚜렷한 쓰임새를 찾아볼 수 없다. 발가락들은 나무에 사는 유인원이나 원숭이에게서 볼 수 있는 것과 같이 뭔가를 잡고 뭔가에 매달리는 데 쓰이는 손가락과 비슷한 형태의 부속 기관에서 진화된 것이 분명하다. 진화는 재배치(respecialization), 즉 어떤 기관이 원래의 기능과는 완전히 다른 기능을 수행하도록 적응해 나가는 과정을 일으키기도 한다. 그리고 이러한 과정에 대략 1000만 년이 걸린다.(마운틴고릴라의 발 역시 비슷한 진화 과정을 거쳤다. 비록 인간의 경우와 독립적으로 이루어졌지만.)

그러나 오늘날 우리는 새로운 진보를 위해서 1000만 년을 기다릴 수 없다. 우리가 살고 있는 세상은 전대미문의 속도로 변화하고 있다. 비록 그 변화들은 대부분 우리 인간들이 만들어 낸 것이지만, 그렇다고 해서 무시해 버릴 수는 없는 형편이다. 우리는 이러한 변화를 조절하고, 통제하고, 변화에 적응해 나가야만 한다. 그렇지 않으면 인류는 멸망해 버릴 것이다.

인류가 급변하는 상황에 대처하는 데 그나마 사용할 수 있는 수단은 비유전적 학습 체계뿐이다. 따라서 최근 이루어진 인간 지능의 빠른 진화는 우리를 둘러싼 수많은 심각한 문제들의 원인일 뿐만 아니라 유일한 해결책이기도 하다. 인간 지능의 본질과 진화에 대해 더욱 깊이 있게 이해하는 것은 우리의 위험스럽고도 예측 불가능한 미래를 지혜롭게 헤쳐 나가는 데 도움을 줄 수 있을 것이다.

내가 인간 지능의 진화에 대해 흥미를 느낀 데에는 또 다른 계기가 있다. 우리는 인류 역사상 처음으로 우주의 어마어마하게 멀리 떨어진 곳에 있는 존재와 의사소통을 할 가능성을 열어 준 강력한 도구—대형 전파 망원경—를 손에 넣게 되었다. 비록 그 도구를 이제 막, 위태위태하고 불안한 솜씨로 다루기 시작한 상태이지만, 빠르게 발전해 나가는 속도를 생각해 볼 때 언젠가 상상조차 할 수 없을 만큼 멀고 낯선 세계의 다른 문명이 우리에게 무선 신호를 보내고 있는지 여부를 알아낼 수 있을지도 모른다. 그리고 그러한 다른 문명의 존재와 그들이 보내오는 메시지의 성격은 지구에서 일어났던 지능의 진화 과정이 보편적인 것인지에 달려 있을 것이다. 또한 우리는 지구에서의 지능의 진화에 대한 연구를 기반으로 하여 외계 생물의 지능을 탐구해 나가는 데 도움이 되는 영감과 통찰을 이끌어 낼 수 있을 것이다.

1975년 토론토 대학교에서 열렸던 제이컵 브로노프스키 기념 자연철학 강연에서 첫 번째 연사로 초청되었던 것을 나는 기쁘고 영예롭게 생각한다. 이 책을 쓰면서 나는 당시 나의 강연 주제를 확장했다. 그리고 그것에 대한 보상으로 나의 전문 분야가 아닌 주제에 대하여 상당한 지식을 쌓을 멋진 기회를 얻게 되었다. 나는 내가 알게 된 내용들을 종합하여 조리에 맞는 어떤 이야기를 구성해 내고, 또한 인간 지능의 본질과 진화에 대한 새로운, 아니면 적어도 널리 거론되지 않은 가설들을 제시하고 싶은 거부하기 어려운 유혹을 느꼈다.

인간 지능의 본질과 진화는 나에게 쉽지 않은 주제이다. 나는 비록 정식으로 생물학 교육을 받고 몇 년 동안 생명의 기원과 진화의 초기 역사에 대해 연구해 오고 있지만, 뇌의 해부학이나 생리학 같은 분야를 정식으로 배우지는 못했다. 따라서 나는 다음의 개념들을 제시하면서 상당한 두려움을 느낀다. 그 개념들 중 상당수는 추측에 의존한 것이라서, 실험이라는 잣대를 통해서만 옳고 그름이 입증될 수 있을 것이다. 최소한 이러한 탐구는 나에게 무척이나 매혹적인 주제를 들여다볼 기회를 제공해 주었다. 나의 이야기가 다른 사람들로 하여금 더욱 이 주제에 깊이 파고들도록 만들 수도 있으리라.

생물학의 위대한 원리, 즉 생물학을 물리적 세계를 다루는 다른 과학과 구분해 주는 원리는 자연선택을 통한 진화라는 개념이다. 이 멋진 개념은 19세기 중반 찰스 다윈과 앨프리드 러셀 월리스(Alfred Russel Wallace)에 의해 발견되었다.*

오늘날 우리 세계에 살고 있는 우아하고 아름다운 생명체들은 자연선택, 즉 유리한 특성을 가진 생물의 생존과 우연히 환경에 더욱 잘 적응하게 된 생물들의 자기 복제가 이룩한 결과이다. 뇌처럼 복잡한 신체 기관의 발달은 그 이전의 생명의 역사와 뗄 수 없이 연결되어 있다. 생명의 조건이 조성되고, 최초의 생물이 탄생하고, 생물이 막다른 골목을 만나고, 변화하는 조건을 따라 이리저리 적응해 나가는 역사 말이다. 생물을 둘러싼 환경은 변화를 거듭해서, 한때 훌륭하게 적응한 생물을 순식간에 멸종 위기에 몰아넣는다. 진화는 미리 예정되지 않은 모험으로 가득한 길이다. 약간이나마 적응에 실패한 그 수많은 생물들이 사라져 버린 후에 우리, 우리의 뇌와 모든 것들이 이 자리에 남게 되었다.

생물학은 물리학보다는 역사학에 가깝다. 과거에 우연히 일어났던 사건들, 즉 우연한 실수들과 우연한 행운들이 현재의 모습을 형성하는 데 강력한 힘을 발휘한다. 인간 지능의 본질과 진화라는 어려운 생물학적 문제에 접근할 때, 뇌의 진화에서 비롯된 사실들에 초점을 맞추는 것이 신중한 태도일 것이라고 나는 생각한다.

뇌에 대해 내가 근본적으로 전제로 하는 것은, 이따금씩 우리가 '마음(mind)'이라고 부르는 뇌의 작용이 뇌의 해부학적 · 생리학적 특성을 반영하는 것 이상도 이하도 아니라는 것이다. '마음'은 뇌의 각

---

* 빅토리아 시대에 윌버포스 주교와 토머스 헉슬리(Thomas H. Huxley) 사이에서 벌어졌던 유명한 논쟁 이래로, 종교적 도그마에 사로잡힌 사람들은 다윈과 월리스의 개념에 대해 비생산적인 공격을 꾸준히 퍼부어 왔다. 진화는 화석에 남아 있는 증거나 현대의 분자생물학을 통해 풍부하게 입증된 틀림없는 사실이다. 그리고 자연선택은 진화라는 사실을 성공적으로 설명해 줄 수 있는 이론이다. 자연선택설은 동어반복에 지나지 않는다는, 즉 "결국 살아남을 자들이 살아남는다."라는 식의 주장이라는 어이없는 비판을 포함하여 자연선택에 대한 최근의 비판에 대하여 매우 정중하게 대응하자면, 이 책의 참고 문헌에 포함되어 있는 스티븐 제이 굴드(Stephen Jay Gould, 1976)의 글을 읽어 볼 것을 권한다. 다윈은 물론 자신이 속했던 시대의 영향을 거부할 수 없었고, 이따금씩—앞서 인용한 티에라델푸에고(Tierra del Fuego, 남대서양의 섬으로 아르헨티나의 영토이다. '불의 땅' 이라는 의미—옮긴이)의 원주민에 대한 언급에서 볼 수 있듯이—다른 인종과 비교하여 자신을 비롯한 유럽 인을 찬양하는 듯한 발언을 남기기도 했다. 사실 선사시대의 인간 사회는, 다윈이 어느 정도 정당하게 조롱했던 푸에고 족보다는 온정적이고 상호 협동하며 문화를 가지고 있는 칼라하리 사막의 수렵 · 채집 부족인 부시먼에 더 가까웠을 것이다. 그러나 진화의 존재, 진화의 주원인으로서의 자연선택, 이러한 개념과 인간 존재의 본질 간의 관련성에 대한 다윈의 통찰은 인간 지성사의 획기적인 기념비가 아닐 수 없다. 더구나 그의 개념들이 빅토리아 시대 영국에서 불러일으켰던 끈질긴 저항, 그리고 그보다는 약해졌지만 여전히 존재하는 저항을 고려할 때, 더욱더 기념비적이라 할 수 있다.

요소들의 개별 활동 또는 통합된 활동의 결과라고 할 수 있을 것이다. 심적 절차 가운데 일부는 뇌 전체의 기능에 따른 것일 수도 있다. 이 주제에 대해 연구하는 일부 학자들은 자신들이 고차원적 뇌 기능이 일어나는 장소를 정확히 식별해 내지 못했다는 이유로 미래의 새로운 세대의 신경해부학자들 역시 그러한 목표에 도달하지 못할 것이라고 생각하는 듯하다. 그러나 '증거의 부재' 가 '부재의 증거' 가 될 수는 없다. 현대 생물학의 전 역사는 우리가 극도로 복잡하게 배열된 분자들 간의 상호 작용의 결과라는 사실을 보여 주고 있다. 그리고 생물학의 측면 가운데 한때 지성소(至聖所, holy of holies)로 여겼던 유전 물질의 본질, 즉 유전 물질을 구성하는 핵산, DNA와 RNA 그리고 이들을 조절하는 단백질의 화학적 관계가 이제 근본적으로 밝혀지게 되었다. 과학, 특히 어떤 생물학적 주제를 아주 가까운 곳에서 다루는 사람들이 그 주제의 복잡다단함에 압도되어 오히려 멀리 떨어져 있는 사람들보다 더 문제를 풀어 나가는 것이 불가능하리라는 생각을 품는 경우가 많다. 그런데 그 생각은 궁극적으로 착오일지도 모른다. 반면 어떤 주제에서 너무 멀리 떨어져 있는 사람은 자신의 무지를 전망으로 착각할 수 있다. 어찌되었든 간에 최근 생물학의 두드러진 경향에 따라, 그리고 그를 뒷받침하는 증거가 전혀 없으므로, 나는 심신 이원론(mind-body dualism)에 대한 가설을 이 책에서 논의할 생각이 없다. 심신 이원론이란, 몸과 마음은 서로 달라, 몸이라는 물질에 그와는 상당히 다른 재료로 이루어진 마음이라는 것이 깃들어 있다는 개념이다.

이 주제를 다루면서 얻을 수 있는 특별한 즐거움과 기쁨은 이 주제가 인간이 열정을 바쳐 탐구한 거의 모든 분야들, 특히 뇌의 생리학에서 얻은 통찰과 인간의 내성(內省, introspection)에서 얻은 통찰의 상호 작용과 관련되어 있다는 점이다. 다행히도 인간의 내성에 관한 매우 오랜 역사가 존재한다. 그리고 그중에서 가장 풍부하고, 가장 복잡하며, 가장 심오한 것을 우리는 신화(myth)라고 부른다. 살루스티우스(Salustius)는 "신화"란 "한 번도 일어난 적이 없지만 언제나 존재하는 것"이라고 정의했다. 플라톤의 『대화』와 『국가론』에서 소크라테스가 신화에 대해 언급한 것을 보면—이를테면 그 유명한 동굴의 우화—우리는 그가 주제의 중심에 도달했음을 알 수 있다.

내가 여기에서 사용하는 '신화'라는 말은 오늘날 널리 쓰이는 의미, 즉 사람들이 널리 믿지만 사실이 아닌 것을 가리키는 것이 아니라 그 이전에 사용되었던 의미, 즉 다른 방식으로 설명하기 어려운 불가사의한 주제에 대한 비유로 보면 좋겠다. 따라서 나는 이어서 전개되는 논의에서 종종 신화, 고대의 신화와 현대의 신화를 언급할 것이다. 이 책의 제목 역시 몇몇 전통 신화 및 현대적 신화에서 따온 것이다.

이 책에서 내가 도달한 결론 가운데 일부가 인간의 지능을 연구하는 학자들의 관심을 끌기를 희망하고 있지만, 나는 일차적으로 이러한 주제에 흥미를 느끼는 일반인들을 위해서 이 책을 썼다. 2장에서 전개되는 논의들은 나머지 부분에 비해 좀 어려운 편이지만, 그 역시 조금만 노력을 기울이면 이해할 수 있을 것이다. 그 뒤부터 여러분은 순풍에 돛을 단 배처럼 쉽게 책장을 넘길 수 있으리라고 믿는다. 이따금씩 등장하는 전문 용어는 처음 등장할 때 그 정의를 소개했으며 「용어 해설」에 따로 묶어 제시했다. 그림과 「용어 해설」이 정식으로 과학 교육을 받지 못한 사람들에게 추가로 도움을 줄 수 있을 것이다. 나의 주장을 이해하는 것과 그에 동의하는 것은 다른 문제이지만 말이다.

1754년 장 자크 루소는 『인간 불평등 기원론』의 첫 문단에 다음과 같이 적었다.

> 물론 그것은 중요한 일이겠지만, 자연에서의 인간의 위치를 올바르게 평가하기 위해서는 일단 인간의 기원을 고려해야 할 것이다. …… 인간이 어떻게 형성되어 왔는지를 연속적인 발달 과정에 비추어 따라갈 생각은 없다. …… 이 주제에 대해서 나는 그저 모호한, 거의 상상에 의존한 추론을 펼쳐 놓을 수밖에 없다. 비교해부학 분야에서는 아직 별 진전이 일어나지 않았고, 박물학자들의 관찰 역시 확고한 추론을 위한 적절한 기초를 제공하기에는 너무나 불확실한 형편이다.

2세기도 더 전에 루소가 내놓았던 경고는 오늘날에도 그대로 적용된다. 그러나 지금은 문제에 접근할 때 극히 중요하다고 루소가 정확하게 지적한 분야들, 즉 뇌에 관한 비교해부학과 동물과 인간의 행동에 대한 연구에서 엄청난 진전이 이루어졌다. 따라서 지금은 이 주제의 예비적인 종합을 시도하기에 적절한 때일지도 모른다.

차례

1장

우주력

이 세계는 어마어마하게 늙었고 인류는 너무나도 어리다.
— 칼 세이건

이 세계는 어마어마하게 늙었고 인류는 너무나도 어리다. 우리는 인생에서 일어난 중요한 사건을 1년 단위 또는 그보다 더 작은 단위로 이야기한다. 우리의 수명은 몇십 년에 걸쳐져 있고, 어떤 가문의 역사는 몇백 년에 걸쳐져 있으며, 기록되어 있는 모든 역사는 몇천 년에 걸쳐져 있다. 그러나 실상 우리의 과거를 거슬러 올라가 보면 엄청나게 길고 긴 시간이 우리 뒤에 놓여 있음을 깨닫게 된다. 그리고 우리는 그 기간에 대해 아는 것이 거의 없다. 그 기간의 역사는 글로 기록되지 않았기도 하거니와 그 엄청난 시간 간격을 파악하기란 너무나도 어려운 일이기 때문이다.

그러나 오늘날 우리는 먼 과거의 사건들의 연대를 추적할 수 있다. 지질학적 층상 구조의 연구와 방사성 연대 측정법과 같은 수단들이 우리에게 과거의 고고학적 · 고생물학적 · 지질학적 사건들에 대한 정보를 준다. 또한 천체물리학 이론은 행성 표면과 항성, 은하수의 연대 및 대폭발이라는 매우 특별한 사건—현재 우주의 모든 물질과 에너지의 기원이 되는 대폭발—이후로 얼마나 오랜 시간이 흘렀는가를 알려준다. 대폭발을 우주의 시작으로 볼 수도 있고 그 이전의 우주의 모든 역사에 대한 정보가 완전히 파괴된 사건으로 볼 수도 있다. 어찌되었든 대폭발이 우리가 흔적을 찾을 수 있는 최초의 사건인 것은 분명하다.

내 생각에 우주의 연대기를 가장 이해하기 쉽게 표현하는 방법은 150억 년에 이르는 우주의 역사(아니면 적어도 대폭발 이후 현재까지의 우주의 역사)를 1년이라는 기간으로 압축해 보는 것이다. 그렇게 할 경우, 지구 역사 중 10억 년은 우주년(cosmic year)의 24일에 해당된다. 그리고 우주년에서의 1초는 지구가 태양 주위를 475번 도는 데 걸리는 시간에 해당된다. 다음 두 쪽에 걸쳐서 나는 세 가지 형태의 우주 연대표를 제시했다. 첫 번째 연대표는 12월 이전까지의 역사이다. 두 번째 달력은 12월 한 달 동안 발생한 사건들을 기록하고 있다. 세 번째 표는 섣달 그믐날 하루 동안 일어난 일을 나타내고 있다. 이러한 시간 척도에서는, 설사 현재에 치우치지 않도록 상당한 노력을 기울인 역사책이라고 하더라도, 역사책에 나오는 사건들이 너무나 압축되어 우주력의 마지막 몇 초의 경우에는 거의 매초 매초를 열거해야 할 판이다. 그렇게 한다고 하더라도 예전에는 오랜 세월의 간격을 두고 일어난 일들이 거의 동시대의 사건들로 기록된다는 것을 깨닫게 될 것이다. 물론 다른 기간 동안에도, 이를테면 4월 6일 10시 2분과 3분 사이이든, 9월 16일 같은 시각이든, 역시 수많은 사건들이 생명의 역사라는 태피스트리를 수놓아 왔을 것이다. 그러나 우리는 오직 그 마지막 순간에 대해서만 상세한 기록을 가지고 있을 뿐이다.

다음 연대표들은 현재 얻을 수 있는 최상의 증거에 따라 구성된 것이다. 그러나 이 내용 중 일부는 불확실하다. 예를 들어서 (새로운 증거에 따라) 식물이 육지로 올라온 시기가 실루리아기가 아니라 오르도비스기라고 밝혀진다거나 체절을 가진 벌레가 아래 달력에 나타난 시점보다 좀 더 이른 시기의 선캄브리아기에 나타난 것으로 드러나더라도 아무도 놀라지 않을 것이다. 뿐만 아니라 내가 다음 연대기에 우주력의 마지막 10초 동안 일어난 중요한 사건들을 모두 포함시키는 것은 분명 불가능하다. 그러므로 미술, 음악, 문학에서의 진보와 역사적으로 커다란 중요성을 가지는 미국, 프랑스, 러시아, 중국의 혁명 등을 모두 언급하지 못한 것에 대해 양해를 구하고자 한다.

이러한 연대표와 달력을 보면 우리 자신이 왜소하게 느껴지지 않을 수 없다. 우주력에서 9월 초에 이르기 전까지는 성간 물질이 응축되어 형성된 지구가 그 모습을 갖추지조차 못했으며, 크리스마스 이브가 되어서야 공룡이 출현했고, 12월 28일에 비로소 꽃이 생겨났으며, 남자와 여자가 나타난 것은 섣달 그믐날 밤 10시 30분이다. 기록된 역사는 모두 12월 31일의 마지막 10초에 모여 있다. 그리고 중세가 끝난 후 오늘에 이르는 역사는 1초 남짓 될까말까한다. 어쨌든 내가 만든 달력에 따르면 우주년의 첫 해는 지금 막 끝났다. 그리고 비록 우주의 시간에서 우리가 차지하고 있는 기간은 정말이지 보잘것없지만, 분명한 것은 우주력의 두 번째 해에 지구와 그 주변에서 일어날 일들은 과학적 지혜와 인류에 대한 인간의 분별력에 크게 의존하고 있다는 사실이다.

우주력	
대폭발.	1월 1일
은하수 탄생.	5월 1일
태양계 탄생.	9월 9일
지구 탄생.	9월 14일
지구에서 생명 출현.	9월 25일경
지구상 가장 오래된 것으로 알려진 암석 형성.	10월 2일
가장 오래된 화석(세균 및 남조류) 형성.	10월 9월
(미생물에 의한) 성(性)의 발견.	11월 1일경
광합성 식물의 가장 오래된 화석 형성.	11월 12일
진핵생물(핵을 가진 최초의 세포들)의 번성.	11월 15일

우주력 12월

일	월	화	수	목	금	토
	1 지구에 상당량의 산소를 포함한 대기가 형성되기 시작.	2	3	4	5 화성에 광범위한 화산 활동이 일어나고 수로가 형성됨.	6
7	8	9	10	11	12	13
14	15	16 최초의 곤충 출현.	17 선캄브리아기가 끝나고 고생대가 시작됨. 무척추동물 번성.	18 최초의 해양 플랑크톤과 삼엽충 번성	19 오르도비스기. 최초의 어류, 최초의 척추동물 출현	20 실루리아기. 최초의 도관식물 출현. 식물이 육지에 서식하기 시작.
21 데본기. 곤충의 출현, 동물이 최초로 육지에서 서식하기 시작.	22 양서류와 날개 달린 곤충의 출현.	23 석탄기. 나무, 파충류 출현.	24 페름기 시작. 공룡 출현.	25 고생대가 끝나고 중생대가 시작됨.	26 트라이아스기. 포유류 출현.	27 쥐라기. 조류의 출현.
28 백악기. 꽃을 가진 종자식물 출현. 공룡 멸종.	29 중생대가 끝나고 신생대 제3기가 시작됨. 고래류, 영장류 출현.	30 영장류의 뇌에서 전두엽의 초기 진화가 시작됨. 인류 출현. 거대 포유류 번성.	31 플라이오세가 끝나고 제4기가 시작됨. 최초의 인간 출현.			

12월 31일

• 유인원과 사람의 조상으로 생각되는 프로콘술(Proconsul)과 라마피테쿠스(Ramapithecus)의 출현	오후 1시 30분경
• 최초의 인간 나타남.	오후 10시 30분경
• 석기가 널리 사용됨	오후 11시경
• 베이징 원인이 불을 사용함.	오후 11시 46분경
• 마지막 빙하기 시작.	오후 11시 56분경
• 항해를 통해 인류가 오스트레일리아에 정착.	오후 11시 58분경
• 유럽 여러 곳에서 동굴 벽화 그려짐.	오후 11시 59분경
• 농업의 발견.	오후 11시 59분 20초경
• 신석기 문명, 최초의 도시 나타남.	오후 11시 59분 35초경
• 수메르, 에블라, 이집트에 최초의 왕조 생김. 천문학의 발달	오후 11시 59분 50초경
• 알파벳의 발견. 수메르 인의 아카디아 왕국 건국.	오후 11시 59분 51초경
• 바빌론의 함무라비 법전, 이집트 중왕국.	오후 11시 59분 52초경
• 청동기 발달. 미케네 문명. 트로이 전쟁, 올메카 문화. 컴퍼스 발명	오후 11시 59분 53초경
• 철기 발달. 최초의 아시리아 제국. 이스라엘 왕국 건국. 페니키아 인들이 카르타고를 세움	오후 11시 59분 54초경
• 인도의 아소카 시대. 진나라의 중국 통일. 아테네의 페리클리스(아테네의 전성기를 이끈 정치가) 시대. 부처 탄생.	오후 11시 59분 55초경
• 유클리드 기하학. 아르키메데스 물리학. 프톨레마이오스 천문학. 로마 제국. 예수 탄생.	오후 11시 59분 56초경
• 인도의 산수에서 0과 10진법 발견, 로마 멸망. 이슬람의 정복 전쟁.	오후 11시 59분 57초경
• 마야 문명, 송나라의 중국 통일, 비잔틴 제국, 몽고의 침입, 십자군 전쟁.	오후 11시 59분 58초경
• 유럽의 르네상스, 유럽과 중국 명나라의 탐사 항해, 과학에서 실험적 연구 방법 출현	오후 11시 59분 59초경
• 과학 기술의 광범위한 발달. 글로벌 문화의 출현, 인간이 자신을 파괴할 수 있는 수단을 획득, 우주선의 행성 탐사 및 외계의 지적 존재 탐사의 첫 단계.	현재

2장

유전자와 뇌

얼마나 강력한 망치로, 얼마나 힘센 사슬로
대체 어느 용광로에서 너의 뇌를 만들었을까?
어떤 모루로, 얼마나 강한 힘으로
그 무시무시한 공포를 옥죄었을까?
— 윌리엄 블레이크, 「호랑이」

신체에 비해 뇌의 크기가 가장 큰 동물은 인간이다.
— 아리스토텔레스, 『동물의 신체 부분』

생물이 진화하면서, 그 복잡도는 점점 커져 왔다. 이를테면 오늘날 지구에서 가장 복잡한 생물은 2억 년 전의 가장 복잡한 생물에 비해서 유전적으로나 비유전적으로 훨씬 많은 정보를 갖고 있다. 2억 년은 지구 생명의 역사의 5퍼센트에 해당되는 시간이고, 우주력에서 5일간에 해당된다. 오늘날 가장 단순한 생물들 역시 가장 복잡한 생물만큼이나 길고 오랜 진화의 역사를 겪어 왔으며, 따라서 오늘날의 세균은 30억 년 전의 세균에 비해 내부 생화학적 기능이 훨씬 높은 효율성을 지니고 있으리라 짐작할 수 있다. 그러나 오늘날의 세균의 유전 정보량은 고대 세균의 조상에 비해 그리 크게 늘어나지 않았다. 하지만 우리는 정보의 양과 정보의 질을 구분할 필요가 있다.

다양한 생물의 형태를 분류군(taxon)이라고 한다. 가장 큰 분류학적 구분은 식물과 동물의 구분, 또는 세포핵이 덜 발달한 생물(예를 들어 세균이나 남조류)과 잘 발달한 세포 핵을 가진 생물(예를 들어 원생동물이나 인간) 간의 구분 등이다. 그런데 명확히 구분되는 핵을 가진 것이든 그렇지 않은 것이든, 모든 지구 생물들은 염색체를 가지고 있다. 염색체에는 세대를 거듭해 후손에게 이어지는 유전 물질이 들어 있다. 모든 생물의 유전 물질에 해당되는 분자가 바로 핵산(nucleic acid)이다. 몇몇 사소한 예외를 제외하고 DNA(deoxyribonucleic acid)라고 하는 핵산 분자가 유전에 관여한다. 다양한 종류의 식물과 동물 역시 좀 더 세분할 수 있고, 종이나 인종(race) 역시 일종의 분류군이라고 할 수 있다.

집단 밖의 개체와의 교배는 불가능하고 오직 집단 구성원들 간의 교배를 통해 생식 능력이 있는 자손을 생산할 수 있을 때 그 집단을 종이라고 한다. 예를 들어, 서로 다른 품종의 부모 사이에서 태어난 강아지는 자라서 번식을 할 수 있다. 그런데 서로 다른 종—심지어 당나귀와 말과 같이 서로 비슷한 종의 경우라도—사이에서는 생식 능력이 없는 자손(말과 당나귀의 경우에는 노새)이 태어난다. 그렇기 때문에 말과 당나귀는 서로 다른 종으로 분류된다. 더 멀리 떨어진 종, 예를 들어서 사자와 호랑이 사이에서도 번식을 배제한 짝짓기가 이루어질 수 있고, 어떤 경우에는 그와 같은 짝짓기에서 드물게 생식력 있는 자손이 태어나기도 한다. 이것은 종 간의 경계가 약간 불명확하다는 사실을 말해 준다. 모든 사람들은 같은 종, 즉 호모 사피엔스(*Homo sapiens*)에 속한다. 호모 사피엔스는 라틴 어로 '슬기로운 사람'에 가까운 의미이다. 우리의 조상으로 여겨지는 호모 에렉투스(*Homo electus*)와 호모 하빌리스(*Homo habilis*)—현재 멸종됨—는 우리와 같은 호모 속(屬, genus)에 속하지만 우리와 다른 종으로 분류된다. 비록 (적어도 최근에) 그들과 우리를 교배시켜 생식 능력을 가진 2세가 태어나는지 알아보는 실험을 수행해 본 적은 없지만 말이다.

예전에는 많은 사람들이 서로 매우 다른 생물들끼리 잡종 교배시켜도 2세를 얻을 수 있다고 믿었다. 그리스 신화에서 테세우스가 죽인 미노타우로스는 황소와 인간 여자 사이에서 탄생한 존재였다. 그리고 로마의 역사가 플리니우스(Plinius)는 당시 발견된 지 얼마 되지 않았던 타조가 기린과 모기 비슷한 곤충인 각다귀 간의 잡종 교배의 결과물일 것이라고 말했다.(어미가 기린, 아비가 각다귀이어야 할 것이 분명하다.) 실제로 그러한 잡종 교배는 얼마든지 생각해 낼 수 있을 것이다. 그럴 만한 동기가 결여되어 그러한 시도가 이루어지지 않았을 뿐이다.

37쪽에 제시한 그래프는 이 장에서 여러 번에 걸쳐서 참조될 것이다. 실선 곡선은 다양한 주요 분류군이 언제 최초로 나타났는지를 보여 주고 있다. 물론 이 그래프에 나타낸 몇 개의 점 외에도 훨씬 많은 분류군들이 존재한다. 그러나 곡선은 실제로는 지구 생명의 역사에서 출현했던 수백만, 수천만 가지의 개별적인 분류군들을 나타내는, 훨씬 고밀도의 점들의 배열을 대표하는 것이다. 가장 최근에 나타난 주요 분류군들은 대체로 가장 복잡한 분류군이라고 볼 수 있다.

생물의 복잡도가 증가했다는 것은 생물들의 행동을 비교해 보기만 해도 이해할 수 있다. 그러나 한편으로 복잡도는 생물의 유전 물질에 들어 있는 최소한의 정보량을 가지고 판단할 수 있다. 일반적으로 인간의 염색체는 매우 긴 DNA 분자 한 가닥을 가지고 있다. DNA 분자는 나선형으로 꼬여 있어서 길게 펼쳤을 때보다 공간을 훨씬 적게 차지한다. 이 DNA 분자는 훨씬 작은 구성 단위로 이루어져 있다. 마치 줄사다리의 한 칸과 같이 생긴 이 구성 단위를 뉴클레오티드라고 하며, 이 뉴클레오티드에는 네 가지 종류가 있다. 생명의 언어인 우리의 유전 정보는 이 네 가지 뉴클레오티드의 순서에 따라 결정된다. 어쩌면 유전의 언어는 오직 네 개의 글자를 가진 문자 체계로 기록되어 있다고 말할 수도 있을 것이다.

그러나 생명의 책은 매우 풍부한 정보를 담고 있다. 인간 염색체의 DNA는 보통 50억 쌍의 뉴클레오티드로 이루어져 있다. 지구 생물의 모든 분류군의 유전 정보 역시 동일한 언어에 따라, 동일한 암호 책에 의거해 기록되어 있다. 실제로 이처럼 모든 생물들이 같은 유전 언어를 공유하고 있다는 사실은 지구의 모든 생물이 같은 조상, 40억 년 전 처음 나타났던 최초의 생물로부터 이어져 내려온 후손이라는 증거 가운데 하나가 될 수 있다.

모든 메시지의 정보 내용은 보통 '2진수(binary digit)'의 약자인 비트(bit)로 나타낼 수 있다. 가장 간단한 기수 체계는 10진법이 아니라(우리가 10진법을 사용하는 이유는 우연히도 10개의 손가락을 갖도록 진화되었기 때문이다.) 단 두 개의 숫자, 0과 1을 사용하는 2진법이다. 따라서 질문이 충분히 명확하다면, 2진수 기수 체계의 두 숫자 가운데 하나, 0 또는 1, 즉 '예' 아니면 '아니요'로 대답할 수 있다. 만일 유전 암호가 네 개의 문자가 아니라 두 개의 문자로 씌어졌다면 DNA 분자의 정보량(bit)은 뉴클레오티드 쌍의 수의 두 배와 같을 것이다. 그러나 뉴클레오티드가 네 가지 종류이기 때문에 DNA에 담긴 정보량은 뉴클레오티드 쌍의 네 배와 같다. 따라서 만일 하나의 염색체에 50억 개(5×10^9개)의 뉴클레오티드가 들어 있다면, 여기에는 200억(2×10^{10}개) 비트의 정보가 담겨 있는 셈이다.(10^9 같은 기호는 1 다음에 나오는 0의 수가 아홉 개라는 의미이다.)

그렇다면 200억 비트의 정보라는 것은 대체 어느 정도의 양을 말하는 것일까? 오늘날 인간이 사용하는 언어로 쓰인, 보통의 인쇄된 책을 기준으로 하자면 몇 권 정도에 해당되는 분량일까? 알파벳에 기초를 둔 언어는 대개 20~40개의 문자와 10~20개의 숫자와 구두점으로 이루어져 있다. 따라서 대부분의 언어는 글자 개수가 64개 안쪽으로 볼 수 있을 것이다. 2^6은 64($2 \times 2 \times 2 \times 2 \times 2 \times 2$)이므로, 특정 문자를 표시하는 데 6비트면 충분하다. 비트로 특정 문자를 표시하는 과정을 일종의 '스무고개' 놀이로 생각할 수 있다. 각 질문에 대한 '예/아니요' 형태의 답변을 하나의 비트에 할당하는 것이다. 예를 들어서 J라는 문자를 스무고개 놀이를 통해 알아맞혀 나가는 과정을 생각해 보자.

첫 번째 질문: 문자인가?(0) 아니면 다른 기호인가?(1)

대답: 문자이다.(0)

두 번째 질문: 알파벳 26자 가운데 앞의 13자에 속하는가?(0) 뒤의 13자에 속하는가?(1)

대답: 앞의 13자에 속한다.(0)

세 번째 질문: 그 13개의 문자 중에 앞의 7자에 속하는가?(0) 뒤의 6자에 속하는가?(1)

대답: 뒤의 6자에 속한다.(1)

네 번째 질문: 뒤의 6자(H, I, J, K, L, M) 중에서 앞의 3자에 속하는가?(0) 뒤의 3자에 속하는가?(1)

대답: 앞의 3자에 속한다.(0)

다섯 번째 질문: 그 3개의 문자 H, I, J 가운데에서 H인가?(0) 아니면 I 또는 J인가?(1)

대답: I 또는 J이다.(1)

여섯 번째 질문: I인가?(0) J인가?(1)

대답: J이다.(1)

위에서 보듯이 J라는 문자를 2진수 메시지로 001011로 나타낼 수 있다. 스무고개라고는 하지만 스무 개의 질문이 모두 필요한 것이 아니라 여섯 개로 충분하다. 특정 문자를 표시하는 데에는 6비트로 충분하다는 의미이다. 그러므로 200억 비트는 약 30억 개의 문자에 해당된다고 볼 수 있다($2\times10^{10}/6\fallingdotseq3\times10^{9}$). 한 단어가 평균 여섯 개의 문자로 이루어져 있다고 본다면, 인간 염색체에 담긴 정보는 약 5억 개의 단어에 해당된다($3\times10^{9}/6=5\times10^{8}$). 그리고 일반적으로 인쇄된 책의 한 쪽에 약 300개의 단어가 들어 있다고 본다면, 염색체에 담긴 정보는 약 200만 쪽에 해당된다($5\times10^{8}/3\times10^{2}\fallingdotseq2\times10^{6}$). 보통 책이 약 500쪽으로 이루어져 있다고 본다면, 정보의 양은 약 4,000권의 책으로 환산된다($2\times10^{6}/5\times10^{2}=4\times10^{3}$). 이처럼 우리의 DNA 사다리를 이루고 있는 각 가로대는 커다란 서재를 채우고도 남을 정보를 담고 있는 것이 분명하다. 그리고 인간처럼 정교한 구조와 복잡한 기능을 지닌 대상을 규정하기 위해서는 그처럼 방대한 양의 정보가 필요할 것이라는 사실 또한 분명하다. 단순한 생물은 그에 비해 구조도 덜 복잡하고 기능 역시 제한되어 있으므로 더 적은 양의 유전 정보로 족할 것이다. 1976년 화성에 착륙한 바이킹 착륙선들은 컴퓨터에 각각 수백만 비트에 해당되는 운영 지침 프로그램을 탑재하고 있었다. 따라서 바이킹 착륙선은 세균보다는 약간 많지만 조류보다는 훨씬 적은 '유전 정보'를 지니고 있다고 말할 수 있다.

37쪽의 그래프는 다양한 분류군의 최소 유전 정보량을 보여 주고 있다. 포유류의 최소 유전 정보량은 인간보다 적다. 왜냐하면 대부분의 포유류들이 인간보다 적은 유전 정보량을 가지고 있기 때문이다. 예를 들어 양서류 같은 분류군에서 유전 정보량은 종에 따라 커다란 차이를 보이기도 한다. 그런데 그 경우 DNA 중 상당 부분이 중복되어 있거나 기능을 하지 않는 것으로 생각된다. 그렇기 때문에 그래프에서 특정 분류군의 DNA의 최소량을 표시한 것이다.

우리는 그래프에서 약 30억 년 전 지구 생물들의 유전 정보량이 크게 늘어났으며, 그 이후에는 완만하게 증가해 왔다는 사실을 볼 수

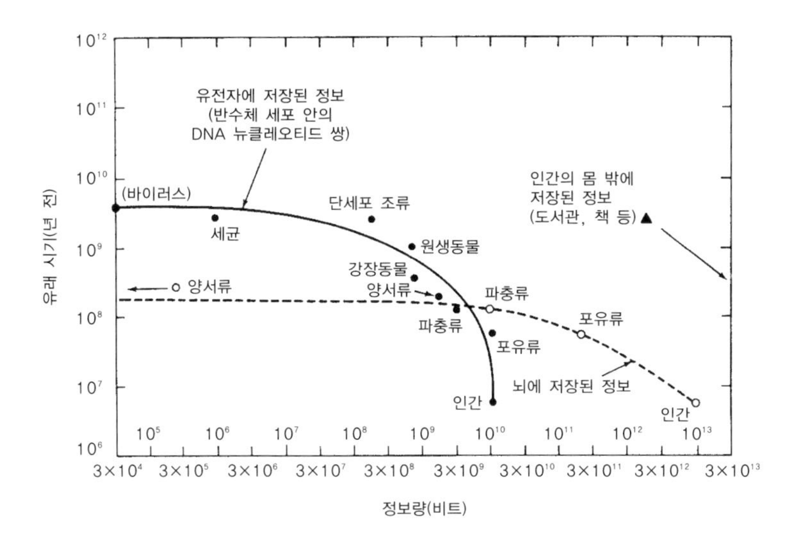

그림 1 지구 생명의 역사를 따라 이루어진 유전자와 뇌에 저장된 정보 내용의 진화. 검은 점과 함께 보이는 실선은 다양한 분류군의 유전자에 들어 있는 정보량(비트)을 나타낸다. 지질학적 기록에 의해 추정되는 각 분류군의 기원 역시 제시되어 있다. 특정 분류군 안에서도 세포당 DNA의 양은 차이를 보일 수 있기 때문에 주어진 분류군의 최소 정보량만을 나타냈다. 이 데이터는 브리튼과 데이비드슨의 연구(Britten and Davidson, 1969)에서 얻은 것이다. 흰 점 및 점선의 궤적은 생물들이 뇌와 신경계에 지니고 있는 정보량의 진화를 보여 준다. 양서류 및 그보다 하등한 동물의 뇌에 있는 정보량은 그래프의 왼쪽 경계를 벗어난 곳에 위치한다. 바이러스의 유전 물질의 정보량을 비트로 표시하기는 했지만, 바이러스가 수십억 년 전에 출현했는지 여부는 확실하지 않다. 어쩌면 바이러스는 그보다 훨씬 나중에 나타났을지도 모른다. 세균이나 그 외의 다른 좀더 정교한 생물이 기능을 잃어버림으로써 바이러스로 진화되었을 수도 있다. 인간의 경우, 만일 체외에 저장되어 있는 (도서관 등) 정보까지 포함된다면, 그림의 오른쪽 끝보다 훨씬 더 멀리 나가야 할 것이다.

있다. 만일 인간의 생존에 수백 조(10^{10}의 몇 배) 비트의 정보가 필요하다면, 유전 외적(extragenetic) 시스템이 그 정보를 제공해야 할 것이다. 유전 시스템의 발달 속도는 너무나 느려서, DNA에서 추가적인 생물학적 정보의 원천을 찾는 것은 불가능하기 때문이다.

진화의 재료는 다름 아닌 돌연변이이다. 돌연변이란 DNA 분자의 유전 지침을 구성하는 특정 뉴클레오티드 서열에 일어난 변화 중에서 후세에 이어지는 변화를 말한다. 돌연변이는 환경 속의 방사능, 우주에서 유입된 우주선(cosmic ray) 등으로 인해 일어날 수도 있지만, 대부분 뉴클레오티드의 무작위적인 재배치를 통해 일어난다. 통계적으로 볼 때 이따금씩 이러한 재배치가 일어날 수밖에 없다. 화학적 결합이 저절로 파괴되는 것이다. 돌연변이는 어느 선까지는 생물 스스로에 의해 통제된다. 생물은 자신의 DNA에 일어난 특정 범주의 구조적 손상을 스스로 복구하는 능력을 가지고 있다. 예를 들어서 DNA를 따라 순찰하면서 손상 여부를 감시하는 분자가 있다. DNA에 특별히 심한 변화가 일어나면, 일종의 가위 역할을 하는 분자들이 이 부분을 잘라 낸 다음에 DNA를 올바르게 이어 붙인다. 그런데 이러한 복구가 늘 완벽하게 일어나지는 않으며, 또한 완벽하게 일어나서도 안 된다. 돌연변이는 진화를 위해서 꼭 필요하기 때문이다. 그런데 우리의 집게손가락 피부 세포의 염색체 안에 있는 DNA 분자에 일어난 돌연변이는 유전에 아무런 영향을 주지 못한다. 손가락은 종의 전파에 관련되어 있지 않기 때문이다. 적어도 직접적으로는 말이다. 중요한 돌연변이는 성적 생식을 담당하고 있는 생식세포, 즉 난자와 정자에 발생하는 돌연변이이다.

우연히 나타난 유용한 돌연변이는 생물 진화의 원동력이 된다. 예를 들어서 어떤 나방이 돌연변이로 인해 멜라닌을 생성하게 되면 흰 나방이 검은 나방으로 변하게 된다. 영국의 자작나무에서 흔히 찾아볼 수 있는 나방은 몸이 흰색을 띠고 있었다. 이 색은 나무의 빛깔과 비슷해 보호 효과를 제공한다. 이러한 환경에서는 멜라닌 생성 돌연변이는 불리하게 작용한다. 짙은 색깔의 나방은 흰색의 나무 위에서 눈에 아주 잘 띄어서 새에게 쉽게 잡아먹혀 버릴 테니까 말이다. 이러한 돌연변이는 역선택되어 도태되어 버린다. 그런데 산업혁명이 일어나면서 흰색의 자작나무가 검댕으로 뒤덮이게 되자 상황이 역전되었다. 이번에는 멜라닌 생성 돌연변이를 거친 나방만이 살아남게 되었던 것이다. 이 경우에 돌연변이가 선택되어 유전 가능한 변화를 미래의 세대에 물려주게 되자, 시간이 흐름에 따라 거의 모든 나방들이 검은색이 되었다. 멜라닌을 생성하도록 적응된 나방에게서 다시 멜라닌을 생성하지 못하도록 하는 돌연변이가 일어나는 경우도 이따금씩 있었다. 만일 영국의 산업혁명으로 인한 오염이 통제될 경우, 그러한 돌연변이는 나방에게 유리하게 작용할 것이다. 돌연변이와 자연선택 간의 이러한 모든 상호 작용에서 어떤 나방도 변화된 환경에 적응하기 위해 의식적인 노력을 기울이지는 않았다는 점을 주목할 필요가 있다. 이 과정은 무작위적으로 일어나고 통계적 결과를 따른다.

인간처럼 커다란 생물은 열 개의 생식세포당 한 건꼴로 돌연변이가 일어난다. 다시 말해서 생산된 정자 또는 난자 세포의 10퍼센트가 다음 세대의 구성을 결정짓는, 새롭고 후세에 유전되는 변화를 겪는다는 것이다. 이러한 돌연변이는 무작위적으로 발생하고, 거의 모든 돌연변이가 생물에게 해롭다. 정교한 기계가 무작위적 설계 변화를 통해 성능이 더욱 개선되는 일은 거의 없는 법이다.

이러한 돌연변이의 대부분은 열성이어서 즉각 발현되지 않는다. 그러나 현재에도 돌연변이 빈도가 워낙 높기 때문에 만일 DNA가 더 커지게 되면 감당할 수 없을 정도로 높은 빈도로 돌연변이가 일어나게 될 것이라고 주장하는 생물학자들도 있다. 우리가 유전자를 더 많이 갖게 된다면 잘못되는 유전자의 수도 더 늘어날 것이다.* 만일 그것이 사실이라면, 커다란 생물이 수용할 수 있는 DNA의 유전 정보량에는 한계가 있다는 말이 된다. 따라서 몸이 크고 복잡한 생물들은 단순히 생존하기 위해서라도 상당 정도의 비유전적인 정보의 원천을 지니고 있어야 할 것이다. 인간을 제외한 모든 고등 동물들은 거의 예외 없이 이러한 비유전적 정보를 뇌에 저장하고 있다.

뇌의 정보의 내용이란 무엇일까? 서로 대척점에 있는 뇌 기능에 대한 두 가지 견해에 대해 알아보자. 첫 번째 견해는 뇌, 아니면 적어도 뇌의 가장 바깥층인 대뇌피질(대뇌겉질)은 어느 부분이든 모두 대등(equipotent)하다고, 즉 같은 능력을 가지고 있다고 보는 입장이다. 뇌의 모든 부분이 다른 부분을 대치할 수 있고, 영역에 따른 기능의 분화는 일어나지 않았다는 견해이다. 두 번째 견해는 뇌에는 이미 모든 기능과 능력이 완전하게 내장되어 있다고 보는 입장이다. 즉 특정 인지 기능은 뇌의 특정 장소에 배치되어 있다는 것이다. 컴퓨터의 설계를 살펴보면 두 극단의 중간쯤에 진실이 자리 잡고 있을 것으로 추정된다. 먼저 뇌 기능에 대한 현실적인 관점은 뇌의 생리학적 특성과 해부학적 특성을 서로 연결시킨다. 즉 특정 뇌 기능은 뇌의 특정 신경 패턴이나 다른 뇌의 구조와 관련되어 있다고 봐야 할 것이다. 한편 자연선택은 정확성을 보장하고 사고로부터 보호되기 위해서 뇌 기능이 상당한 정도로 중복되어 있는 상태를 선호했을 것으로 보인다. 이 역시 우리의 뇌가 밟아 왔을 진화의 경로이다.

하버드 대학교의 정신 · 신경학자인 칼 래슐리(Karl Lashley)는 기억

* 돌연변이율은 어느 정도까지는 자연선택을 통해 자체적으로 통제된다. 앞서 언급한 '가위 분자'가 그 예이다. 그러나 더 이상 낮출 수 없는 최소 돌연변이율이 존재하는 것으로 보인다. 그 이유는, 첫째, 자연선택이 작용하기에 충분한 유전적 실험을 제공하기 위해서, 둘째, 우주선과 같은 원인을 통해 생성된 돌연변이와 가장 효율적인 세포의 복구 메커니즘 간의 평형에 의해서이다.

이 중복되어 저장된다는 사실을 입증했다. 쥐의 대뇌피질을 상당 부분 외과적 방법으로 제거해도, 쥐가 이전에 배운 미로찾기 기술을 되살려 내는 데 아무런 영향을 주지 않는다는 사실을 발견한 것이다. 이 실험 결과는 동일한 기억이 뇌의 여러 장소에 저장된다는 사실을 분명하게 입증했다. 그리고 오늘날 우리는 일부 기억이 뇌량(corpus callosum, 뇌들보)이라는 두꺼운 띠를 통해서 왼쪽 대뇌 반구와 오른쪽 대뇌 반구 사이를 오갈 수 있음을 알고 있다.

또한 래슐리는 뇌의 상당 부분, 이를테면 10퍼센트를 제거하더라도 겉으로 드러나는 쥐의 일반 행동은 달라지지 않는다고 보고했다. 그런데 과연 쥐 입장에서도 아무렇지 않은지는 의문이다. 쥐의 행동에 정말로 아무런 변화가 일어나지 않았는지를 확인하려면 쥐의 사회적 습성이나 먹이를 구하고 포식자로부터 피하는 행동 등에 대한 상세한 연구가 필요할 것이다. 뇌 일부가 사라진 결과, 무심한 과학자의 눈에는 즉각 보이지 않지만 쥐 입장에서는 상당히 중요한 행동상의 변화들이 나타날 수 있다. 예를 들어서 쥐의 뇌의 일부를 떼어 낸 후로는 매력적인 이성에 대한 관심이 현저히 줄어들었다든지 고양이가 바로 옆에 나타나도 꿈쩍도 하기 싫어졌다든지 할 수도 있다.*

또한 인간의 경우에도 대뇌피질의 상당 부분을 절제하거나 손상을 입은 후에도—양쪽 전전두엽(이마앞엽) 절개술이나 사고로 인해—행동에 별 영향을 받지 않은 사례가 보고되고 있다. 그러나 인간

---

* 여담이지만, 여기에서 우리는 만화 영화가 우리의 삶에 미친 영향을 간단히 시험해 볼 수 있다. 이 단락에서 '쥐'라는 말을 빼고 '미키마우스'라는 말을 집어넣어 보라. 여러분은 아마 메스로 뇌를 난자당하고 그 후에 얻게 된 고통마저 무시당한 작은 짐승에 대한 동정이 갑자기 커지는 것을 느낄 것이다.

행동 중 일부는 겉으로 잘 드러나지 않으며 심지어 당사자의 내면에서조차 포착하기 어려울 수 있다. 인간의 지각과 활동 중에는 매우 드물게 일어나는 것들이 있다. 창의성이 그 예이다. 천재의 창조적인 활동과 관련된 사고에는, 비록 그것이 사소한 것이라 할지라도, 뇌의 자원이 상당한 정도로 투자되었을 것이라고 짐작할 수 있다. 그리고 실제로 이러한 창조적인 활동들이 우리의 문명 전체와 인류라는 종을 규정해 왔다. 그러나 많은 사람들에게 이러한 창조성은 드물게 나타나는 특질이다. 그렇기 때문에 뇌 손상을 입은 환자나 환자를 진단하는 의사는 그와 같은 특질이 사라졌는지 여부에 대해서는 관심을 갖지 않는다.

뇌 기능이 상당한 정도로 중복되어 있는 것이 불가피한 사실이라고 하더라도, 뇌의 모든 부위가 동일한 능력을 가지고 있다는 가설이 틀렸음은 거의 확실하다. 오늘날 대부분의 신경생리학자들은 이러한 가설을 거부하고 있다. 한편 뇌의 모든 부분이 동일한 능력을 가지고 있다는 가설 가운데 한 발 물러선 조금 약한 형태의 가설, 예를 들어 기억은 대뇌피질 전체가 관여하는 기능이라는 주장은 간단하게 일축해 버리기 어렵다. 이러한 가설은 앞으로 검증 과정을 거쳐야 할 것이다.

뇌의 절반 이상이 사용되지 않고 있다는 주장이 사람들 사이에 널리 알려져 있다. 그것이 사실이라면 진화론적 관점에서 볼 때 이는 매우 예외적인 현상이다. 대체 아무런 기능이 없는 것이 왜 존재하도록 진화되었다는 말인가? 그러나 실제로 이 주장을 뒷받침해 줄 만한 증거는 거의 없는 실정이다. 이 주장 역시 뇌의 일부, 일반적으로 대뇌피질에 일어난 손상이 별다른 행동의 변화를 일으키지 않는다는 사실로부터 추론된 것이다. 그런데 이러한 관점은 다음 두 가지 사실을 간과하고 있다. 첫째, 기능이 중복되어 있을 수 있다. 둘째, 인간 행동 가운데 일부는 매우 포착하기 어렵다. 예를 들어서 오른쪽 대뇌 피질에 생긴 손상은 사고 및 활동에 결함을 초래할 수 있지만, 그 손상이 비언어적 영역에 생겼을 경우에는 환자나 의사 모두 설명하기 어려울 수 있다.

그리고 뇌 기능이 각 영역에 따라 분화되어 있다는 것에 대한 상당한 증거가 존재한다. 대뇌피질 아래의 특정 뇌 영역들은 각각 욕구, 균형, 체온 조절, 혈액의 순환, 정확한 움직임 및 호흡 등에 관여하는 것으로 나타났다. 캐나다의 신경 외과 의사인 와일더 펜필드(Wilder Penfield)는 고차원적 뇌 기능에 대한 고전적 연구를 수행했다. 그는 정신 운동성 간질(psychomotor epilepsy) 같은 질병의 증상을 치료하려는 시도의 일환으로서 환자의 대뇌피질의 다양한 부위에 전기자극을 가했다. 그런데 뇌의 특정 부위에 소량의 전류가 흘러 들어가자 환자들은 불현듯 기억의 단편이 떠오르는 것을 보고했다. 그 단편은 예전에 맡았던 어떤 냄새이기도 했고 어떤 소리나 색의 흔적인 경우도 있었다.

한 사례에서 펜필드가 개두술(開頭術, craniotomy, 머리뼈 절개술) 후 환자의 노출된 피질에 전극을 부착하고 전류를 흘려 주자 환자는 머릿속에서 오케스트라의 연주가 들렸으며 아주 세세한 부분까지 놓치지 않고 들을 수 있었다고 말했다. 펜필드가 실제로는 전류를 흘려 주지 않으면서 전류가 들어가고 있다고 환자에게 말하자(이러한 실험을 하는 동안 환자는 보통 온전한 의식을 가지고 있다.), 환자들은 하나같이 그 순간에는 아무런 기억도 떠오르지 않는다고 응답했다. 그런데 반대로 환자에게 알려 주지 않은 채로 피질에 부착된 전극에 전류를 흘려보냈을 때에는 환자는 기억의 조각들이 떠오르기 시작하거나 계속된다고 말했다. 어떤 환자는 느낌의 전반적인 분위기에 대해 이야기했고 어떤 환자는 몇 년 전 겪은 경험을 그대로 되살려 내기도 했다. 그들은 기억을 떠올리면서 동시에 수술대 위에 누워 의사와 대화를 나누고 있다는 사실을 인지하고 있었으며, 그러한 사실들에 아무런 당혹감이나 갈등을 느끼지 않았다. 일부 환자들은 이러한 과거의 재현을 '짧은 꿈(little dreams)'이라고 묘사했지만, 그들의 경험에는 꿈의 소재에서 특징적으로 나타나는 상징성이 담겨 있지 않았다. 이러한 경험을 보고한 사람들은 거의 예외 없이 간질을 앓는 환자들이었다. 비록 지금까지 입증되지는 않았지만 일반 사람들도 유사한 상황에서는 간질 환자가 경험한 것과 같은 지각의 환기를 경험하는 것이 가능할 것이다.

한 사례에서 시각에 관여하는 후두엽(뒤통수엽)에 전기 자극을 가하자 바로 눈앞에서 날개를 펄럭이며 날아가는 나비의 영상을 보았다는 환자도 있다. 그 영상이 너무나 생생해서, 수술대에 누워 있던 환자는 손을 뻗어 나비를 잡으려고 했다. 원숭이를 대상으로 실시된 동일한 실험에서 원숭이는 눈앞의 한 지점을 집중해서 응시하더니 마치 뭔가를 잡으려는 것처럼 오른손을 휙 뻗어 허공을 움켜쥐었다가 주먹을 펴고는 자신의 빈 손을 의아하다는 듯 들여다보았다.

사람의 대뇌피질 일부 영역에 통증을 유발하지 않는 전기 자극을 가할 경우, 특정 사건에 대한 일련의 기억들이 폭포수처럼 쏟아져 나온다. 그러나 그 전극이 부착되었던 부분의 뇌 조직을 제거하더라도 그 기억이 사라지지는 않는다. 이로부터 다음과 같은 결론을 이끌어 내지 않을 수 없다. 인간의 기억은 대뇌피질 어딘가에 저장되어 있으며, 뇌가 전기 자극을 통해 끄집어 내기를 기다리며 대기하고 있다는 것이다. 물론 정상 상태에서 그 전기 자극은 뇌 스스로 만들어 내는 것이다.

만일 기억이 대뇌피질 전체의 기능에 따른 것이라면, 다시 말해서 기억이 뇌를 구성하는 각 부분의 동적 울림 또는 전기적 정상파(定常波, standing wave, 양 끝이 고정된 기타 줄의 진동처럼 파형이 매질을 통하여 더 진행하지 못하고 일정한 곳에 머물러 진동하는 파동—옮긴이)의 패턴이라면, 광범위한 뇌 손상을 입은 후에도 기억이 그대로 남아 있는 현상을 납득할 수 있다. 그러나 이후 드러난 증거들은 그 반대쪽을 가리켰다. 미국 미시간 대학교의 신경생리학자, 랠프 제러드(Ralph Gerard)는 한 실험에서 단순한 미로를 빠져나가는 기술을 학습한 햄스터들을 냉장고 안에 집어넣어 햄스터들의 체온을 어는점에 가깝게 떨어뜨렸다. 일종의 동면 상태를 유도한 것이었다. 온도가 너무 낮아서 햄스터 뇌의 활동은 멈추었고 어떤 전기적 신호도 검출되지 않았다. 만일 기억이 동적인 전기 패턴이라는 관점이 옳다면, 미로 탈출 기술에 대한 학습 기억이 햄스터들의 뇌에서 말끔히 지워져야 할 것이다. 그런데 해동된 후에도 햄스터들은 미로를 빠져나오는 길을 기억해 냈다. 따라서 기억은 뇌의 특정 부위에 저장되는 것으로 보이며, 광범위한 뇌 손상을 입은 후에도 기억이 남아 있는 것은 정적인 기억의 흔적이 뇌의 다양한 장소에 중복되어 저장되기 때문인 것으로 보인다.

펜필드는 이전의 과학자들이 발견한 내용을 확장해서 운동 피질에서 각 기능들이 어느 곳에 자리 잡고 있는지를 밝혀냈다. 우리의 뇌 바깥층의 특정 부분은 우리 몸의 특정 부위와 신호를 주고받도록 되어 있다. 펜필드의 감각 피질 및 운동 피질 지도 가운데 하나가 그림 2쪽에 제시되어 있다. 이 지도는 우리 몸의 다양한 부위들의 상대적인 중요성을 흥미롭게 보여 주고 있다. 엄청난 넓이의 뇌 영역이

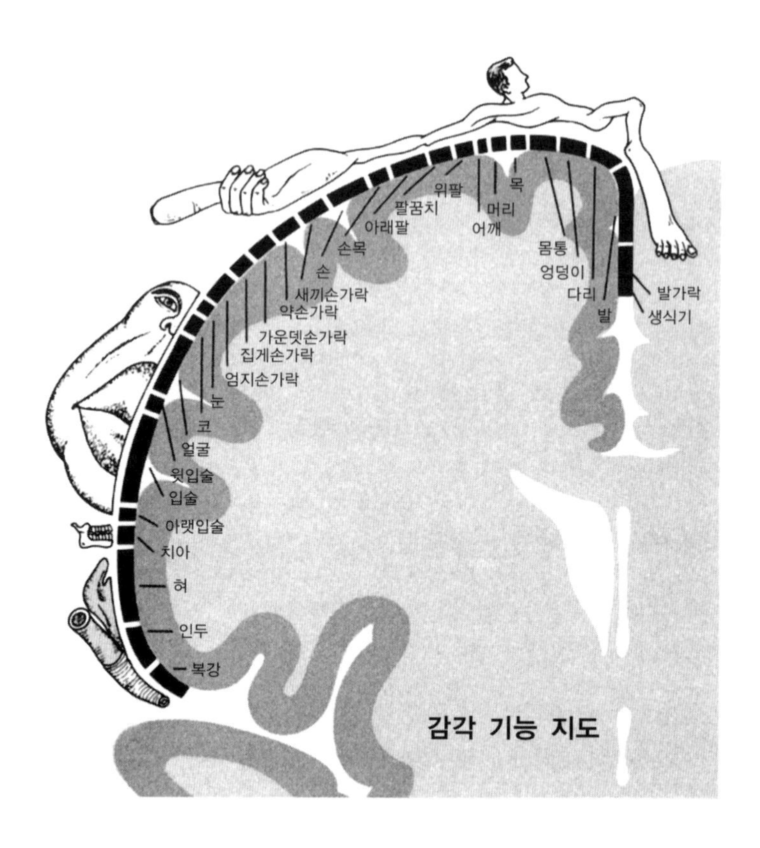

그림 2 펜필드의 감각 및 운동 기능 지도. 이 두 그림은 대뇌피질의 기능의 분화 양상을 보여 준다. 왜곡된 신체 비율은 다양한 각 신체 부위에 대뇌피질이 어느 정도의 주의를 기울이는지를 보여 주고 있다. 제시된 신체 부위가 크면 그만큼 중요하다는 의미이다. 왼쪽은 그림

손가락, 특히 엄지손가락과 입을 비롯한 발성 기관에 할당되어 있다. 이것은 인간을 다른 동물과 구분해 주는 인간의 행동 · 생리적 특성과 일맥상통한다. 우리가 말을 할 수 없었다면 학습도 문화도 발달할 수 없었을 것이다. 우리에게 손이 없었다면 뛰어난 기술도, 인류의 놀라운 유산들도 존재할 수 없었을 것이다. 어떤 면에서 운동 피질 지도는 인류의 참모습을 정확하게 그려 낸 초상화라고 할 수 있다.

그런데 오늘날에는 뇌 기능이 국지화되어 있음을 말해 주는 강력

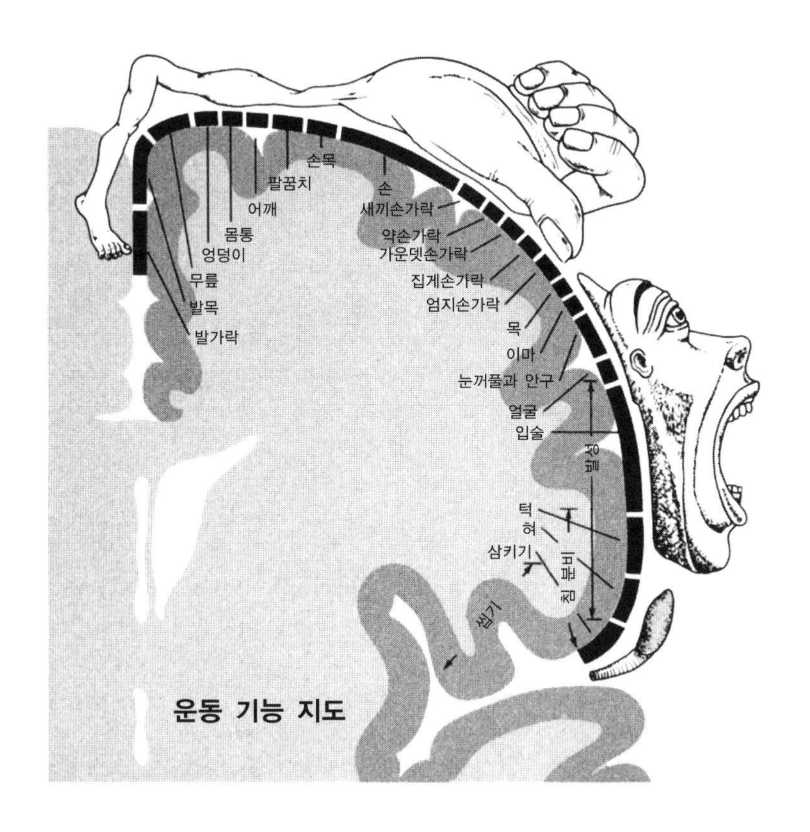

으로 나타낸 신체 부위로부터 신경 정보를 받아들이는 신체 감각 영역의 지도이다. 오른쪽은 뇌에서 어떤 신체 부위로 신호를 보내는지를 보여 주는 지도이다.

한 증거들이 나타나고 있다. 하버드 의과 대학의 데이비드 허블(David Hubel)이 수행한 일련의 정밀한 실험에서 특정 뇌세포의 네트워크는 눈을 통해 들어오는 시각적 신호 가운데에서 특정 방향의 선에 대해 선택적으로 반응한다는 사실을 밝혀냈다. 다시 말해서 수직 방향의 선에 반응하는 뇌세포, 수평 방향의 선에 반응하는 뇌세포, 대각선 방향의 선에 반응하는 뇌세포가 따로 있다는 말이다. 각 세포들은 오직 정해진 배열의 선을 바라볼 때에만 자극을 받는다. 이처럼 추상적 사고의 발달의 흔적 중 일부는 뇌세포에서도 찾아볼 수 있다.

인지, 감각, 운동 기능을 담당하는 영역이 따로 있다는 사실은 뇌의 무게와 지능 사이에 완벽한 상관 관계가 없음을 의미한다. 뇌에는 중요한 부분도 있고 그렇지 않은 부분도 있을 테니 말이다. 역사상 가장 무거운 뇌를 가졌던 것으로 기록된 사람들은 영국의 청교도 혁명을 이끈 올리버 크롬웰, 러시아의 문호 이반 투르게네프, 영국의 낭만파 시인 바이런 경 등이다. 이들은 모두 분명히 똑똑한 사람이었지만, 그렇다고 해서 그들의 지능이 알베르트 아인슈타인을 뛰어넘을 정도는 아니었다. 그런데 아인슈타인의 뇌는 특별히 큰 편이 아니었다. 그리고 평범한 사람들에 비해 분명 뛰어난 지적 능력을 보였던 아나톨 프랑스의 뇌의 크기는 바이런의 절반에 지나지 않았다. 인간의 아기는 몸무게 대비 뇌 무게의 비가 매우 큰 상태(약 12퍼센트)로 태어난다. 그리고 뇌, 특히 대뇌피질은 만 세 살이 될 때까지 매우 빠른 속도로 성장한다. 이 시기는 일생 중 학습 속도가 가장 빠른 시기이다. 만 여섯 살쯤 되면 뇌 무게가 성인의 90퍼센트에 이른다. 오늘날 성인 남성의 평균 뇌 무게는 약 1,375그램이다. 뇌의 비중은 신체 다른 모든 조직과 마찬가지로 물의 비중과 비슷하므로 (1세제곱센티미터당 1그램) 뇌의 부피는 약 1,375세제곱센티미터라고 볼 수 있다. 1.5리터가 조금 안 되는 양이다.(1세제곱센티미터는 어른 배꼽의 움푹 패인 공간 정도이다.)

그러나 오늘날 여성의 뇌는 남성에 비해 150세제곱센티미터 정도 작다. 문화나 육아에 따른 성 차별적 요소를 제거한다면, 남성과 여성 간에 전반적인 지능 차이가 있다는 증거는 찾아볼 수 없다. 따라서 인간에게 150세제곱센티미터 정도의 뇌 부피 차이는 중요하지 않다고 볼 수 있다. 서로 다른 인종 간에 성인의 뇌 무게의 평균치는 상당한 차이를 보인다.(동양인이 백인보다 조금 더 뇌가 큰 편이다.) 비슷한 환경에서는 인종 간에 지능의 차이가 나타나지 않는다는 점에서 역시 같은 결론을 이끌어 낼 수 있다. 바이런의 뇌(2,200그램)와 프랑스의 뇌(1,100그램)의 무게 차이를 생각해 보면, 수백 그램 정도의 무게 차이는 기능적으로 별로 중요하지 않다고 말할 수 있다.

그러나 한편으로 태어날 때부터 뇌가 작은 소두증(microcephaly, 작음머리증) 환자들은 인지 능력이 심각하게 떨어진다. 이들의 뇌 무게는 대략 450~900그램이다. 정상적인 태아의 뇌 무게는 보통 350그램이고, 1년이 지나면 약 500그램에 이른다. 아무튼 뇌가 점차 작아지다 보면 뇌 기능이 정상적인 성인의 뇌 기능에 비해서 심각한 결함을 나타내는 상황에 이르게 된다는 것은 분명하다.

뿐만 아니라 인간의 경우 뇌의 무게 또는 크기와 지능 사이에 통계적으로 의미 있는 상관 관계가 보고되기도 했다. 그러나 그 상관 관계는 바이런과 프랑스의 경우처럼 1 대 1로 비교할 수 있는 것은 아니다. 우리는 뇌의 크기를 가지고 그 사람의 지능이 어느 정도 될 것이라고 말할 수 없다. 그러나 미국의 시카고 대학교의 진화생물학자인 레이 반 베일런(Leigh van Valen)이 제시한 자료는 평균적으로 뇌의 크기와 지능 간에 상당히 강한 상관 관계가 있음을 보여 주었다. 그렇다면 어떤 면에서 큰 뇌가 높은 지능의 원인이 된다고 볼 수 있는 것일까? 그렇지 않다면 뇌의 크기가 지능에 직접적으로 영향을 주는 것이 아니라 다른 요인, 예를 들어 특히 태아기나 유아기의 영양 결핍 상태가 결과적으로 작은 뇌와 낮은 지능을 야기하는 것은 아닐까? 반 베일런은 물론 영양 결핍은 지능을 낮추는 것이 틀림없지만 뇌의 크기와 지능 간의 상관 관계는 역시 영양 상태의 영향을 받는 성인기의 체격 또는 몸무게와 지능 간의 상관 관계보다 훨씬 크다고 보고했다. 따라서 영양 결핍과 같은 요인의 효과를 제외하더라도 어떤 범위까지는 절대적인 뇌의 크기가 클수록 지능이 높다고 말할 수 있을 것이다.

새로운 지적 영역을 탐구해 나갈 때 물리학자들은 크기의 정도(order-of-magnitude)를 어림하는 것이 유용하다는 것을 깨달았다. 우리는 크기의 정도를 이용한, 문제의 윤곽을 포착하는 대략적인 계산으로 미래의 연구에 대한 길잡이를 얻을 수 있다. 따라서 이 자료들이 매우 정확한 것이라고 말할 생각은 없다. 뇌의 크기와 지능 간의 관계를 완전하게 해명하려면 뇌의 각 부위의 기능을 세제곱센티미터 단위로 알아야 한다. 그러나 현재의 과학 수준으로는 불가능한 일이다. 그렇다면 뇌의 무게와 지능 간의 대략적인 상관 관계를 밝혀낼 방법도 전혀 없는 것일까?

이 시점에서 남녀 간의 뇌의 무게 차이가 우리의 흥미를 끈다. 왜냐하면 여성은 남성에 비해서 평균적으로 체격도 작고 몸무게도 덜 나가기 때문이다. 조절해야 할 신체가 작다면 뇌의 크기 역시 작은 것이 적절하지 않을까? 이러한 사실로부터 우리는 뇌의 절대적인 무게보다는 뇌와 몸의 무게 비율이 지능과의 상관 관계를 따지는 데 더욱 훌륭한 지표가 될 것이라고 생각할 수 있다.

그림 3의 그래프는 다양한 동물의 뇌의 무게와 몸무게를 보여 주고 있다. 어류나 파충류는 조류나 포유류로부터 상당한 간격을 두고 떨어져 있다. 몸무게가 같다고 볼 때 포유류는 다른 동물들에 비해 상당히 무거운 뇌를 가지고 있다. 포유류의 뇌는 같은 시기에 살고 있는 비슷한 크기의 파충류에 비해 10~100배 가까이 더 무거운 것으로 나타났다. 포유류와 공룡의 차이는 더욱 두드러진다. 이러한 차

이는 실로 어마어마하게 크고 상당히 체계적으로 나타난다. 우리가 포유류에 속하기 때문에 포유류와 파충류의 상대적 지능에 대해서 약간의 편견에 사로잡힐 수 있을지도 모르겠다. 그러나 실제로 포유류가 파충류보다 훨씬 더 지적인 동물이라는 사실에 대하여 뚜렷하고 일관적인 증거가 존재한다.(여기에도 흥미로운 예외가 있다. 백악기 후반에 등장한, 작고 타조처럼 생긴 육식 공룡인 수각류(theropod) 공룡의 신체에 대한 뇌의 무게 비율은 대형 조류나 지능이 좀 떨어지는 포유류가 속한 범위에 위치한다. 캐나다의 국립 박물관의 고생물학 분과장인 데일 러셀(Dale Russell)이 연구한 이 생물에 대해서 좀 더 조사한다면 흥미로운 사실들을 얻을 수 있을 것이다.) 우리는 또한 그림 3의 그래프에서 인간을 포함한 분류군인 영장류가 비록 체계적이지는 않지만 다른 포유류로부터 어느 정도 떨어져 있다는 사실을 볼 수 있다. 영장류의 뇌는 같은 몸무게의 비영장류 포유류에 비해서 평균 2~20배 더 무거운 것으로 나타났다.

이 그래프를 좀 더 자세히 파고들어 몇몇 동물들을 각기 분리해서 나타낸 것이 그림 4의 그림이다. 제시된 모든 동물들 가운데에서 몸무게 대비 가장 큰 뇌를 지닌 동물은 호모 사피엔스, 바로 우리 인간이다. 그 다음이 돌고래이다.* 다시 이야기하지만, 행동과 관련된 증거를 볼 때 인간과 돌고래가 지구에서 가장 지적인 생물에 포함된다고 결론 내리는 것이 인간 중심적 우월감에 젖은 발언은 아닐 것이다.

* 지능을 따질 때 뇌의 무게 대 몸무게의 비율을 기준으로 삼는다면 상어는 어류 중에서 가장 똑똑한 녀석이라고 할 수 있다. 이 사실은 상어가 처한 생태학적 조건에 잘 들어맞는다. 다른 물고기를 잡아먹는 포식자가 되려면 플랑크톤을 들이마시는 물고기들보다는 더 똑똑해야 할 것이다. 신체 대비 뇌의 크기가 점점 커지게 되고 뇌의 세 가지 원시 구성 요소들을 조율하기 위한 중추가 발달함에 따라서 상어의 뇌는 흥미롭게도 육상의 고등 척추동물들의 뇌의 진화와 매우 유사한 길을 밟아 나아가게 된다.

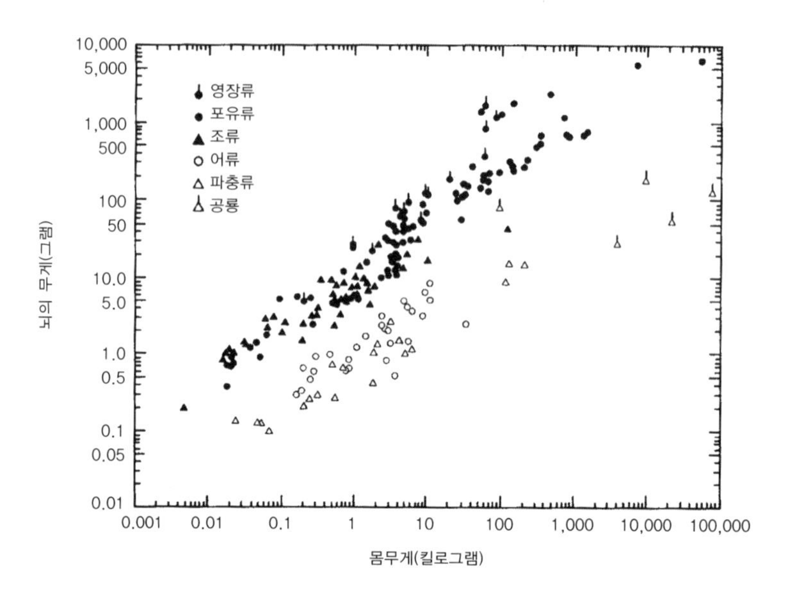

그림 3 영장류, 포유류, 조류, 어류, 파충류, 공룡 등 다양한 동물의 뇌의 무게 대 몸무게의 산포도. 제리슨의 연구(Jerison, 1973)에서 제시된 그래프에 공룡과 현재 멸종된 인간과(科)의 몇몇 동물의 점을 더한 것이다.

아리스토텔레스는 뇌의 무게 대 몸무게의 중요성을 일찌감치 깨달았다. 현대에 이르러 이러한 중요성에 다시금 눈을 뜬 사람은 로스앤젤레스의 캘리포니아 대학교 신경정신과 의사인 해리 제리슨(Harry Jerison)이었다. 제리슨은 이 비율과 지능 사이의 상관 관계에서는 약간의 예외가 존재한다는 점을 지적했다. 예를 들어서 유럽의 왜소땃쥐(pygmy shrew)는 4.7그램 정도 되는 몸에 약 100밀리그램의 뇌를 가졌다. 이 경우 뇌의 무게 대 몸무게의 비율은 거의 인간과 비슷한 수준이다. 그러나 몸무게에 대한 뇌 무게의 비율과 지능 간의 상관 관계를 소형 동물들에게 적용할 수는 없다. 왜냐하면 이 동물들이 가장 단순한 생명 유지 기능을 수행하기 위해서는 어느 정도의 무게를 가진 뇌가 필요하기 때문이다.

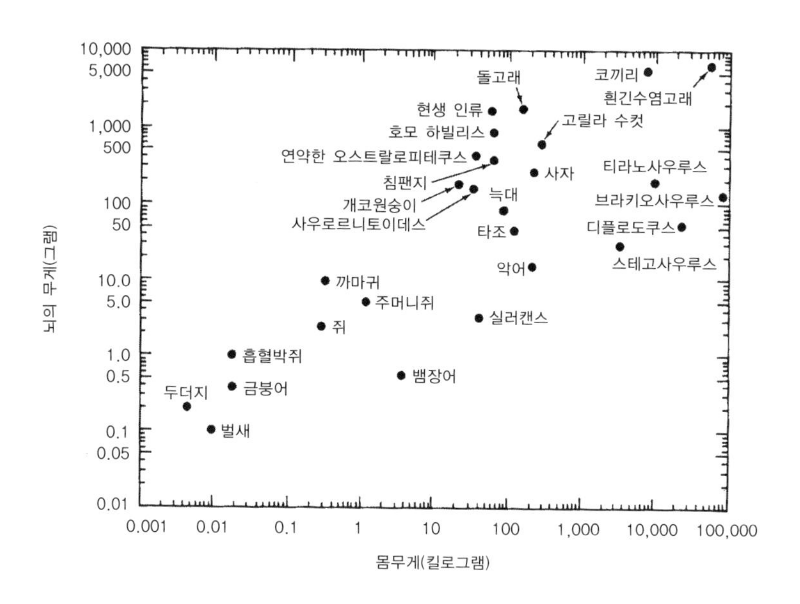

그림 4 52쪽의 그림에 나타난 점을 좀 더 자세하게 세분해서 나타낸 그림. 사우로르니토이데스(Saurornithoides)는 본문에서 언급한, 타조와 비슷하게 생긴 공룡이다.

돌고래와 가까운 친족 관계에 있는 향유고래(sperm whale)의 뇌 무게는 거의 9,000그램에 이른다. 이는 사람의 평균 뇌 무게의 6.5배에 해당된다. 뇌 자체는 남달리 무거운 편이지만, (아래 제시하는 숫자들과 비교할 때) 신체에 대한 뇌의 무게 비율은 그다지 비범하다고 볼 수 없다. 그러나 가장 큰 공룡도 향유고래의 뇌의 1퍼센트에 지나지 않는 뇌를 가지고 있었다는 점을 생각해 보자. 그렇다면 도대체 고래는 그토록 무거운 뇌를 가지고 무엇을 하는 것일까? 고래들도 생각을 하고, 통찰력을 발휘하고, 예술을 즐기고, 과학을 발달시키고 전설을 남기는 것일까?

몸무게 대비 뇌 무게라는 기준은 행동을 고려하지 않을 때 서로 판이하게 다른 동물들 간의 상대적인 지능을 비교할 수 있는 유용한 지침이 될 수 있다. 이 기준이야말로 물리학자들이 '허용 가능한 최초의 근사치(acceptable first approximate)' 라고 부르는 것이다.(뒤에 나올, 현생 인류의 조상 또는 가까운 친족이었을 오스트랄로피테쿠스 역시 몸무게에 비해 무거운 뇌를 가지고 있었음에 주목하자. 오스트랄로피테쿠스의 뇌의 무게는 화석의 두개골의 주형을 떠서 측정했다.) 우리가 아기나 다른 새끼 포유류들에게 특별히 매력을 느끼는 것 역시 몸무게 대비 뇌 무게의 비율의 중요성을 무의식적으로 느끼기 때문은 아닐까?(아기나 새끼 동물은 성인이나 다 자란 동물에 비해서 신체 대비 머리의 비율이 크다.)

지금까지의 논의에서 제시되었던 자료들은 2억 년 전 파충류에서 포유류가 진화할 때 상대적 뇌 크기 및 지능이 크게 증가했음을 보여준다. 그리고 몇백만 년 전 인간 이외의 영장류로부터 인간이 진화될 때 한층 더 괄목할 만한 뇌의 발달이 이루어졌다.

인지 기능에 관여하지 않는 것으로 보이는 소뇌를 제외하고, 인간의 뇌에는 뉴런이라고 하는 교환 소자(switching element)가 약 100억 개 들어 있다.(대뇌피질 아래, 뒤통수에 있는 소뇌에도 역시 그만큼의 뉴런이 있다.) 신경세포인 뉴런으로부터 생성되고 이 세포들을 통해 흐르는 전류는 이탈리아의 해부학자인 루이지 갈바니(Luigi Galvani)로 하여금 생체 전기를 발견하게 만들어 주었다. 갈바니는 전기 자극이 개구리의 다리에 전달될 수 있으며 그 결과 근육이 씰룩거리며 움직인다는 것을 발견했다. 이 발견으로부터 동물의 움직임(animation)은 가장 근본적으로는 전기에 의해 일어나는 것이라는 개념이 널리 퍼지게 되었다. 그러나 이것은 잘해야 절반의 진실일 뿐이다. 전기적 자극이 신경 섬유를 통해 전달되고 신경화학적 중간 물질을 통해 동물의 움직임, 이를테면 정교한 팔다리의 동작을 만들어 내는 것은 사실이다.

그러나 그러한 자극을 만들어 내는 것은 바로 뇌이다. 한편 오늘날의 전기 과학 및 전기 전자 산업은 모두 개구리 뒷다리를 움찔거리게 만들었던 18세기의 전기 자극 실험에서 시작되었다.

갈바니가 개구리 실험을 수행한 지 고작 몇십 년이 지난 후, 악천후 때문에 알프스 산 속에 갇히게 된 영국의 문인들은 누가 가장 무서운 소설을 쓰는지 내기를 벌였다. 그중 한 사람이었던 메리 월스톤크래프트 셸리(시인인 퍼시 비시 셸리의 아내로, 당시 셸리와 바이런에게 힌트를 얻어 소설 『프랑켄슈타인』을 썼다고 전해진다.—옮긴이)가 창조해 낸 괴물이 바로 그 유명한 프랑켄슈타인 박사이다. 엄청난 양의 전기가 몸 속에 흘러 들어와서 프랑켄슈타인은 새 생명을 얻게 되었다. 그 후로 전기 장치는 괴기 소설이나 공포 영화의 단골 소재가 되었다. 이러한 이야기들은 근본적으로 갈바니의 실험에 그 뿌리를 두고 있으며, 사실상 그릇된 것이라고 볼 수 있다. 그러나 이 개념은 많은 서구의 언어에 스며들어 갔다. 예를 들자면 지금 나는 이 책을 쓰도록 '자극받은(galbanized)' 상태이다.

비록 특정 기억이나 그 밖의 인지 기능들은 뇌의 특정 분자들, 이를테면 RNA나 작은 단백질 분자에 저장될 수 있다는 증거가 있기는 하지만, 대부분의 신경생물학자들은 뉴런이 뇌 기능의 능동적 주체라고 믿는다. 뇌의 뉴런 1개당 대략 10개의 아교세포(glial cell, '아교'를 의미하는 그리스 어에서 비롯되었다.)가 존재한다. 아교세포는 뉴런의 구조적 골격을 형성해 준다. 이웃한 뉴런들 간의 접합부를 시냅스(연접)라고 하는데, 인간 뇌의 뉴런은 평균 1,000~1만 개의 시냅스를 가지고 있다.(척수(등골)의 뉴런 중 상당수는 약 1만 개의 시냅스를 가지고 있으며, 이른바 조롱박세포(또는 심장 전도 근육 세포)라고 하는 소뇌에 있는 뉴런은 그보다 더 많은 시냅스를 가지고 있다. 피질에 있는 뉴런의 시냅스 수는 대개 1만 개 미만인 것으로 보인다.) 만일 각각의 시냅스가 전자 계산기의 교환 소자의 경우와 같이 기본적인 질문에 대해 '예' 또는 '아니요'에 해당되는 반응을 내놓는다고 한다면, 가능한 최대의 예/아니요 답변, 다시 말해 뇌에 저장될 수 있는 정보량은 $10^{10} \times 10^{3} = 10^{13}$, 즉 10조 비트에 이른다.(만약 뉴런 1개당 시냅스의 수를 10^{4}으로 본다면 100조 비트가 나온다.) 물론 일부 시냅스는 다른 시냅스와 동일한 정보를 중복해서 저장하고 있을 것이다. 그리고 어떤 시냅스들은 운동 기능 같은, 인지 기능과 관련 없는 역할을 수행할 것이다. 뿐만 아니라 그냥 비어 있는 시냅스도 있을 것이다. 미래에 받아들일 정보를 위해 대기하고 있는 뉴런 말이다.

만일 뇌가 단 하나의 시냅스만을 가지고 있다면—상상을 초월할 정도로 멍청한 상태이겠지만—그 사람은 단 두 가지의 심적 상태를 갖게 될 것이다. 만일 우리가 두 개의 시냅스를 갖는다면, $2^{2}=4$, 즉 네 개의 심적 상태를 갖게 된다. 시냅스가 세 개이면 $2^{3}=8$, 이런 식으로 일반적으로 N개의 시냅스가 있으면 2^{N}개의 상태를 갖게 된다. 그런데 앞에서 보듯 인간의 뇌는 약 10^{13}개의 시냅스를 갖고 있는 것으로 보인다. 그렇다면 인간의 뇌가 가질 수 있는 상태의 수는 2를 10^{13}번만큼 곱해 준 수, 즉 2의 10^{13}제곱 개이다. 이는 헤아릴 수 없을 만큼 큰 수이다. 심지어 우주 전체에 존재하는 기본 입자(전자와 양성자)의 수도 이에 훨씬 못 미치는 2의 10^{3}제곱 개에 지나지 않는다. 인간의 뇌가 취할 수 있는 기능적 구성 상태의 수가 이처럼 어마어마하게 크기 때문에, 심지어 같이 태어나 같이 자란 일란성 쌍둥이라고 할지라도 완전히 동일한 순간이 결코 존재할 수 없다. 뇌의 구성 상태의 가능한 수가 이처럼 어마어마하게 크다 보니 인간 행동에는 항상 예측할 수 없는 측면이 도사리고 있고, 우리 스스로도 자신의 행동에 놀라게 되는 순간이 있는 것이 아닐까? 이처럼 엄청나게 커다란 숫자를 마주하면 우리는 인간의 행동에 어떤 규칙성이라는 것이 존재할 여지가 있을까 하는 의문을 갖지 않을 수 없다. 아마도 가능한 모든 뇌의 상태가 실제로 모두 실현되는 것은 아니며, 구성 가능한 마음 가운데 상당수는 인류 역사상 존재했던 어떤 사람에게도 단 한 순간도 나타나지 않은 것이 틀림없다고 결론 내릴 수 있을 것이다. 이러한 관점에서 볼 때 개인 한 사람 한 사람은 참으로 독특하고 귀한 존재이며, 그로부터 우리는 인간 생명의 존엄성이라는 윤리적 결론을 자연스럽게 이끌어 낼 수 있다.

최근에는 뇌에 전기적 미세 회로(microcircuit)가 존재한다는 사실이 분명하게 드러나고 있다. 이러한 미세 회로 안에서 회로를 구성하는 뉴런은 전자 계산기의 교환 소자가 하는 것과 같은 '예' 또는 '아니요'라는 단순한 대답보다 훨씬 넓은 범위의 반응을 보일 수 있다. 이 미세 회로는 크기가 매우 작고(대부분의 크기는 1만분의 1센티미터이다.), 그렇기 때문에 매우 빠른 속도로 정보를 처리할 수 있다. 이 회로들은 일반적으로 보통의 뉴런을 자극하는 데 필요한 전압의 100분의 1 정도의 전압에도 반응한다. 그렇기 때문에 일반 뉴런에 비해서 훨씬 미세하고 미묘한 반응을 일으킬 수 있다. 일반적으로 복잡하다고 생각되는 동물일수록 미세 회로의 수가 큰 폭으로 증가한다. 그리고 그 절대적 수나 상대적 수는 인간에게서 정점에 이른다. 그리고 이러한 미세 회로는 인간의 배 발생 단계 중 후기에 발달한다. 이러한 미세 회로의 존재는 지능이 몸무게 대비 뇌의 무게 비율뿐만 아니라 뇌에 있는 특화된 교환 소자의 발달 정도에 따라 결정되는 것임을 암시한다. 또한 실제의 미세 회로들로 이루어진 뇌는 앞의 단락에서 계산한 것보다 더 많은 가능성을 가지고 있을 것이다. 이것은 각 개인의 뇌가 가진 놀랄 만한 독특성을 한층 더 강조해 준다.

우리는 인간 뇌의 정보 용량에 관한 질문에 매우 색다른 방식으로 접근해 볼 수 있다. 바로 내성적(introspective) 방법이다. 어떤 시각적 기억을 떠올려 보자. 어린 시절의 추억의 한 장면도 좋다. 그 장면을 마음의 눈으로 자세히 들여다보라. 그리고 그 장면이 마치 신문에 인쇄된 사진과 같이 미세한 점으로 이루어 있다고 상상해 보자. 각각의 점은 특정 색상과 명도를 가지고 있다. 이제 각각의 점의 색상과 명도를 규정하는 데 몇 비트 정도 되는 정보가 필요한지 생각해 보자. 그 다음 그 장면을 머릿속에 그려 내는 데 몇 개 정도의 점이 필요한지 따져 보자. 그리고 마지막으로 마음의 눈에 보이는 그림의 모든 사소한 부분들을 환기하는 데 어느 정도의 시간이 걸리는지 헤아려 보자. 이 과정에서 여러분은 한 번에 그림의 매우 작은 부분에만 집중할 수 있음을 확인하게 될 것이다. 우리의 시야가 한정되어 있기 때문이다. 위에서 어림한 숫자들을 한데 합치면 뇌에서 이루어지는 정보 처리 속도를 산출해 낼 수 있다. 내가 산출해 낸 최고 처리 속도는 1초당 약 5,000비트이다.*

대부분의 경우 이처럼 시각적으로 환기된 기억은 형태의 가장자리나 명암이 선명하게 변화하는 부분에 집중되며, 넓은 면적을 차지하는 보통 밝기의 형태에는 별로 주의가 집중되지 않는 경향이 있다. 예를 들어서 개구리는 명도의 차이에 대해 매우 극적으로 반응한다고 한다. 그러나 한편으로 어떤 형태의 가장자리뿐만 아니라 내부에 대해서도 자세하게 기억한다는 증거도 상당수 존재한다. 아마도 가장 놀라운 사례는 사람이 한쪽 눈으로 재현한 패턴과 다른 쪽 눈에 비친 패턴을 합쳐서 3차원적 이미지를 입체적으로 구성해 낸 실험일 것이다. 이 입체 사진으로 합성된 이미지는 약 1만 개의 화소를 필요로 한다.

그러나 내가 깨어 있는 시간 동안 항상 시각적 이미지만 떠올리고 있는 것은 아니다. 또한 내가 항상 온 힘을 기울여 모든 사람이나 대상을 자세히 관찰하고 식별하는 것도 아니다. 그와 같은 활동에 할애하는 시간은 따지고 보면 나의 생활에서 얼마 되지 않을 것이다. 내가 정보를 입수하는 다른 채널들—청각, 촉각, 후각, 미각—은 그보다 훨씬 전달 속도가 느리다. 그래서 나는 우리 뇌의 평균적인 데이터 처리 속도가 초당 약 5,000/50=100비트라고 결론을 내렸다. 그렇다면 60년이 지나면 2×10^{11}비트 또는 2000억 비트가 시각적 기억 및 그 밖의 기억에 할당되게 된다. 내가 완벽한 기억력을 가지고 있다는 가정하에 말이다. 이는 시냅스 또는 신경의 연결 부위의 수보

---

* 평면상에서 수평선에서 수평선까지 180도로 이루어져 있다. 그런데 달의 지름은 약 0.5도에 해당된다. 나는 달의 모습을 상세하게 볼 수 있으며, 달의 지름은 아마도 약 12개의 화소에 걸쳐져 있을 것이다. 따라서 나의 눈의 해상 능력은 약 0.5/12=0.04도라고 할 수 있다. 이보다 더 작은 사물은 내 눈으로 볼 수 없다. 내 마음의 눈, 그리고 실제 눈의 순간 관측 범위(instantaneous field of view)는 측면을 기준으로 약 2도인 것으로 보인다. 그렇다면 특정 순간에 내가 볼 수 있는 작은 정사면체 그림은 약 $(2/0.04)^2$=2,500화소(유성 전송 사진을 구성하는 작은 점에 해당)라고 할 수 있다. 이 점들의 가능한 모든 명암과 색상을 나타내기 위해서는 각 화소당 약 20비트가 필요하다. 따라서 내 눈에 보이는 작은 그림을 묘사하기 위해서는 2,500×20 또는 5만 비트가 필요하다. 그런데 그림을 스캐닝하는 데 약 10초의 시간이 걸린다. 따라서 나의 감각 정보 처리 속도는 150,000/10=5,000, 즉 초당 5,000비트를 크게 넘지 않을 것이다. 이것을 화성 탐사선 바이킹 호의 카메라와 비교해 보자. 이 카메라는 역시 0.04도의 해상도를 가지고 있고 명암을 나타내는 데 화소당 6비트를 사용한다. 그리고 영상 자료를 무선 전파를 통해서 초당 500비트의 속도로 지구에 전송할 수 있다. 우리 뇌의 뉴런은 약 25와트의 전력을 발생시키는데, 이는 고작 작은 백열등을 하나 켤 정도의 전력이다. 바이킹 호는 약 50와트의 전력으로 무선 메시지를 전송하고 그 밖의 다른 기능을 수행한다.

다는 조금 적지만 크게 동떨어지지 않은 수이다.(뇌로서는 기억말고도 다른 할 일들이 있을 것이 아닌가.) 이는 뉴런이 진정으로 뇌 기능의 주요 교환 소자임을 다시 한 번 확인시켜 준다.

캘리포니아 대학교 버클리 분교의 심리학자인 마크 로젠츠바이크(Mark Rosenzweig)와 동료들은 학습 과정에서 뇌에 일어나는 변화에 대하여 일련의 놀라운 실험들을 실시했다. 그들은 실험용 쥐들을 두 집단으로 나누었다. 그리고 한 집단에는 단조롭고 반복적이고 결핍된 환경을, 다른 집단에는 변화무쌍하고 생기 넘치고 풍요로운 환경을 조성해 주었다. 그 결과, 후자 집단에 속한 쥐들의 대뇌피질의 무게와 두께가 놀라운 정도로 증가하고 뇌의 화학적 특성 역시 변화되는 것으로 나타났다. 대뇌피질의 증가는 어린 쥐뿐만 아니라 다 자란 쥐에게서도 나타났다. 이러한 실험은 지적 경험에 생리적 변화가 수반된다는 사실을 입증하고 또한 뇌의 가소성(plasticity)이 어떻게 해부학적으로 조절되는지를 보여 준다. 대뇌피질이 더 커진다는 것은 미래에 학습이 더욱 용이하게 이루어질 것임을 의미하는만큼, 이 실험에서 우리는 어린 시절의 풍부한 환경이 중요하다는 사실을 이끌어 낼 수 있다.

앞의 결과는 새로운 학습을 통해 새로운 시냅스가 생겨난다거나 휴지 상태였던 오래된 시냅스가 다시 활성화된다는 것을 의미한다. 한편 일리노이 대학교의 신경해부학자인 윌리엄 그리너프(William Greenough)와 동료들이 이 관점과 일맥상통하는 기초적 증거를 내놓았다. 그들은 실험실에서 쥐들에게 몇 주에 걸쳐서 새로운 과제를 익히도록 한 후 검사해 보았고, 그 결과 뇌의 피질에 새로운 신경의 가지들이 생겨서 시냅스를 형성하고 있었음을 확인했다. 한편 비슷한 환경에 있었으나 학습을 경험하지 않았던 쥐들에게서는 아무런 신경해부학적 변화가 관찰되지 않았다. 새로운 시냅스를 만들기 위해서는 단백질과 RNA 분자를 합성해야만 한다. 학습 과정 동안에 뇌에서 이러한 분자들이 생산된다는 증거는 매우 많으며, 일부 과학자들은 학습이 뇌의 단백질 또는 RNA 분자 안에 저장된다고 주장해 왔다. 그러나 새로운 정보가 뉴런에 저장된다는 생각이 더 타당해 보인다. 그리고 결국은 뉴런 역시 단백질과 RNA로 구성된다.

그렇다면 뇌에는 정보가 얼마나 빽빽하게 저장되어 있을까? 현대 컴퓨터의 전형적인 정보 밀도는 1세제곱센티미터당 100만 비트 정도이다.(2005년 현재 상업적으로 1세제곱센티미터당 3기가바이트(30억 비트), 연구 수준에서는 10기가바이트(100억 비트)까지 집적화되었다.—옮긴이) 이것은 컴퓨터에 저장되는 정보의 총량을 컴퓨터의 부피로 나눈 값이다. 인간의 뇌는 앞서 말했듯 약 10^{13}비트의 정보를 10^{3}세제곱센티미터가 조금 넘는 부피에 저장하고 있다. 따라서 우리의 뇌는 컴퓨터에 비해 정보 밀도가 약 1만 배 더 높다고 말할 수 있다. 물론 컴퓨터 쪽이 더 크기는 하다. 이 사실을 다른 방식으로 표현해 보자면, 오늘날의 컴퓨터가 인간의 뇌에 담긴 정보를 처리하려면 그 크기가 인간의 뇌보다 1만 배 더 커야 한다는 말이다. 그런데 한편으로 오늘날의 전자 컴퓨터는 초당 10^{16}~10^{17}비트의 속도로 정보를 처리할 수 있다. 우리 뇌의 최고 속도보다 100억 배 더 빠른 속도이다. 우리의 뇌가 그토록 작은 정보 용량에 그토록 느린 처리 속도를 가지고 그토록 중요한 작업들을 최고의 컴퓨터보다 그토록 더 훌륭하게 해낼 수 있다는 점을 생각해 보면, 우리의 뇌가 매우 특별한 방식으로 정보를 채워 넣고 있음이 분명해진다.

동물의 뇌의 부피가 두 배로 커진다고 해서 그 속에 들어 있는 뉴런의 수도 두 배가 되는 것은 아니다. 뉴런의 수는 좀 더 느리게 증가한다. 앞서 언급한 바와 같이 약 1,375세제곱센티미터 크기의 인간의 뇌는 소뇌를 제외하고도 약 100억 개의 뉴런을 가지고 있고, 약 10조 비트의 정보를 담고 있다. 최근 나는 메릴랜드 주 베데스다(Bethesda) 근처의 국립 정신 건강 연구소(National Institute of Mental Health)의 실험실에서 토끼의 뇌를 직접 손으로 쥐어 보았다. 토끼의 뇌는 30세제곱센티미터 정도 되어 보였다. 보통 자두만 한 크기이다. 토끼의 뇌에는 수백만 개의 뉴런과 수천억 비트의 정보가 들어 있어서, 그것을 가지고 토끼는 상춧잎을 씹어 먹고, 코를 쫑긋거리고, 다 자란 후에는 짝짓기를 하는 것이다.

포유류, 파충류, 양서류의 경우, 한 분류군에 속하는 구성 개체들마다 뇌의 크기는 큰 차이를 보일 수 있기 때문에, 우리는 각 분류군을 대표하는 뇌의 뉴런 수를 정확하게 어림할 수 없다. 그러나 구성 개체 간의 평균값을 어림해 볼 수 있고 그 결과가 37쪽에 제시되어 있다. 대략적인 계산에 따르면, 인간의 뇌는 토끼의 뇌에 비하여 100배 정도 더 많은 정보를 담고 있다. 인간이 토끼보다 100배쯤 더 영리하다고 말하는 것이 얼마나 의미 있을지 모르겠지만, 나는 이것이 영 엉터리 같은 주장이라고 생각하지는 않는다.(물론 사람 하나가 토끼 100마리를 합쳐 놓은 것만큼 똑똑하다는 이야기는 아니다.).

이제 우리는 진화의 역사를 따라서 생물의 유전 물질에 저장된 정보량과 뇌에 저장된 정보량의 점차적인 증가 양상을 비교해 볼 수 있다. 37쪽의 그림에서 이 두 개의 곡선은 수억 년 전쯤, 정보량이 몇십억 비트에 이르던 시점에서 교차하고 있다. 석탄기의 찌는 듯 무더운 정글 어딘가에서 지구 역사상 처음으로 뇌에 저장된 정보량이 유전자에 저장된 정보량을 넘어서게 된 생물이 출현하게 되었다. 이 생물은 바로 초기의 파충류였다. 만일 우리가 이 복잡 미묘한 시대에 살던 이 생물을 목격한다면 이 생물이 특별히 지적이라는 생각이 들지는 않을 것이다. 그러나 이 동물의 뇌는 생명의 역사에서 상징적인 전환점 역할을 한다. 그 이후 뇌의 진화의 길에서 일어난 두 차례의 폭발에 해당되는 포유류의 출현과 인간과 비슷한 영장류의 출현이라는 사건은 지능의 진화에서 더욱 중대한 진전을 이룬다. 석탄기 이후의 생명의 역사의 상당 부분은 뇌가 점차적으로 유전자를 누르고 우위를 점해 가는 과정이라고 묘사할 수 있다. 그리고 그 과정은 아직 진행되고 있다.

3장

뇌와 마차

우리 셋은 언제 다시 만나게 될까?
—윌리엄 셰익스피어, 『맥베스』

물고기의 뇌는 실로 보잘것없는 수준이다. 물고기가 가지고 있는 척삭(등줄) 또는 척수는 어류보다 덜 발달된 하등 척추동물에게서도 발견된다. 원시 어류 역시 척수(등골)의 맨 앞부분에 약간 부풀어 오른 돌기를 가지고 있는데, 이것이 바로 뇌이다. 좀 더 발달한 어류의 돌기 역시 조금 더 나아진 모습을 보이고 있지만, 겨우 1~2그램에 지나지 않는다. 이 부풀어 오른 척수는 고등 동물의 후뇌(마름뇌) 또는 뇌간(뇌줄기), 그리고 중뇌(중간뇌)에 해당된다. 현대 어류의 뇌는 뇌 면적의 거의 대부분을 차지하는 큰 중뇌와 작은 전뇌로 이루어져 있다. 현대의 양서류와 파충류는 그 반대로 작은 중뇌와 큰 전뇌(앞뇌)를 가지고 있다(70쪽 그림 참조). 그러나 최초의 척추동물 화석의 두개강(endocast)을 보면 현대적인 뇌의 중요한 구분(이를테면 후뇌, 중뇌, 전뇌의 구분)이 이미 확립되었음을 알 수 있다. 5억 년 전, 원시의 바다 속을 헤엄치던, 물고기와 비슷한 생물인 갑주어류(ostracoderm)나 판피어류(placoderm)의 뇌 역시 오늘날 우리의 뇌와 같은 방식으로 구분되었던 것이다. 그러나 물론 각 요소의 상대적 크기와 중요성 및 기능은 지금과 크게 달랐다. 그 이후로 뇌가 걸어온 진화의 역사는 척수, 후뇌, 중뇌를 둘러싼 세 층이 점점 커지고 분화되어 왔다는 것이다. 이는 오늘날 가장 흥미로운 뇌 진화에 대한 관점 중 하나이다. 진화의 각 단계에서 더 오래된 뇌의 부분은 사라지지 않고, 따라서 뇌의 어딘가에 자리를 잡고 계속해서 존재한다. 그리고 그 위에 새로운 기능을 가진 새로운 층이 추가되는 식이다.

오늘날 이러한 관점을 주장하는 대표적 인물은 미국 정신 건강 연구소의 뇌의 진화 및 행동 연구소(Laboratory of Brain Evolution and Behavior)의 소장인 폴 매클린(Paul MacLean)이다. 매클린의 연구는 도마뱀에서 다람쥐원숭이에 이르는 수많은 다양한 동물들을 아우르고 있다는 특색을 보여 준다. 그의 연구의 또 다른 특색은 이 동물들의 사회적 행동과 기타 행동들을 주의 깊게 연구함으로써 뇌의 어떤 부분이 어떤 행동을 조절하는지에 대해 밝혀낼 가능성을 더 높여 준다는 점이다.

얼굴에 특이한 무늬를 가진 다람쥐원숭이들은 서로 인사를 나눌 때 일종의 의식 또는 과시 행동을 보인다. 수컷들은 이빨을 드러내고 우리의 막대기를 흔들어 대며 날카로운 소리로 끽끽거린다. 이것은 아마도 상대방에게 겁을 주려는 시도로 보인다. 그리고 다리를 번쩍 들어 발기한 음경을 보여 준다. 오늘날 인간 사회에서 이러한 행동은 거의 무례한 것으로 받아들여질 것이다. 그러나 다람쥐원숭이의 세계에서 이것은 분명 나름대로 의미 있는, 세심하게 계산된 행동으로서, 사회적 서열에서 지배적 위치를 유지하는 데 이용된다.

매클린은 다람쥐원숭이의 어떤 작은 뇌 부위가 손상될 경우, 성적 행동이나 공격 행동을 비롯한 다른 많은 행동들은 멀쩡하게 남아 있되 이 과시 행동은 할 수 없게 된다는 사실을 발견했다. 과시 행동에 관여하는 그 부위는 바로 전뇌에서 가장 오래된 부분이다. 사람을 비롯한 영장류들이 공유하고 있고 그 기원이 오랜 옛날 포유류 및 파충류 조상까지 거슬러 올라가는 부위이다. 영장류가 아닌 포유류와 파충류의 관습적 행동이나 과시 행동도 이 부위가 조절하는 것으로 보인다. 뿐만 아니라 파충류에 기원을 둔 이 영역에 손상을 입으면 관습적 행위 이외의 다른 자동적 행동들, 예를 들어 걷기나 달리기 같은 행동에도 장애가 일어나는 것으로 나타났다.

성적 과시와 지배 서열에서의 위치 간의 상관 관계는 영장류 세계에서 빈번하게 관찰된다. 일본원숭이(Japanese macaque)들 사이에서는 매일같이 벌어지는 올라타기 행위를 통해 사회 계급이 유지되고 강화된다. 낮은 계급의 수컷은 마치 발정기의 암컷이 짝짓기할 때 취하는 것과 같은 특유의 복종 자세를 취한다. 그러면 높은 계급의 수컷이 잠깐 동안 그 위에 올라타는 의식을 거행한다. 이 올라타기는 매우 흔하게, 그리고 형식적으로 이루어진다. 여기에는 성적인 의미는 거의 없는 것으로 보이며, 오히려 집단 안에서 각자의 위치를 알기 쉽게 보여 주는 상징 역할을 하는 것으로 보인다.

다람쥐원숭이의 행동에 대한 한 연구에서 집단의 우두머리인 카스파라는 녀석은 집단 내의 어떤 원숭이보다도 활발하게 과시 행동을 펼쳤다. 집단 전체에서 음경을 드러내는 과시 행동의 3분의 2는 카스파의 짓으로 드러났지만, 실제로 카스파가 교미를 벌이는 장면은 관찰되지 않았다. 카스파의 경우에 지배력을 확립하려는 동기는 매우 강렬했지만, 그 반면에 성적으로는 그다지 동기 유발이 일어나지 않았던 것으로 보인다. 이와 같은 사실은 성과 지배라는 두 기능이 동일한 신체 기관계와 관련되어 있지만 한편으로 서로 분리되어 있음을 암시한다. 이 집단을 연구한 과학자들은 다음과 같이 결론을 내렸다.

"따라서 음경을 드러내는 과시 행동은 집단의 지배 서열에서 가장 효과적인 사회적 신호로 여겨진다. 이 행위는 일종의 의식과 같은 것

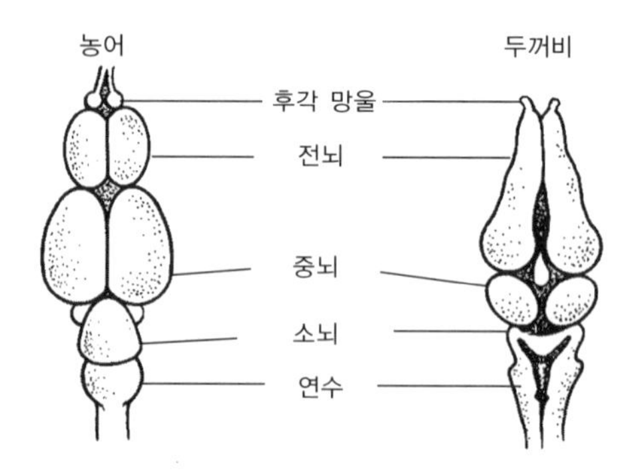

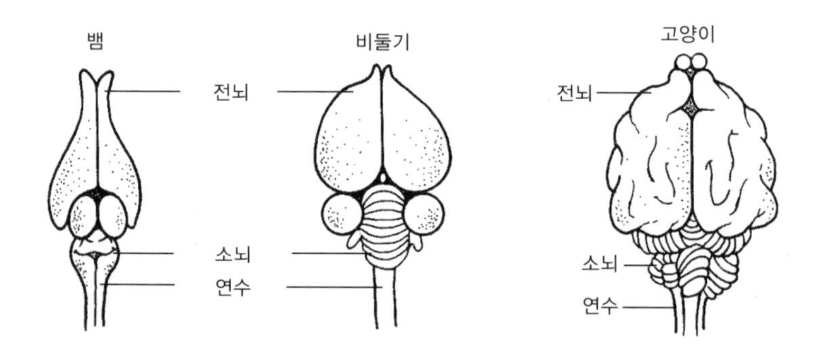

그림 5 어류, 양서류, 파충류, 조류, 포유류의 뇌를 비교해서 나타낸 그림. 소뇌와 연수는 후뇌의 일부이다.

이 되어 '내가 주인이다.' 라는 의미를 획득하게 되었다. 이는 성적 활동에 뿌리를 두고 있을 가능성이 가장 높지만 지금은 생식 활동에서 분리되어 사회적 의사소통 수단으로 사용되고 있다. 다시 말해서 음경을 드러내는 행동은 성적 행동에서 유도된 의식이지만 생식 목적이 아닌 사회적 목적으로 사용된다."

1976년 어느 텔레비전 토크쇼에서 프로 미식 축구 선수들을 초청했다. 사회자가 어느 선수에게 라커룸에서 홀딱 벗고 왔다갔다하면서로 부끄럽지 않느냐고 물었다. 그러자 질문을 받은 선수는 즉각 대답했다.

"아뇨, 부끄럽기는커녕 다들 보란 듯 활개치고 돌아다니죠. 임시 선수나 심부름꾼 같은 몇 명만 빼고 말예요. 마치 서로 이렇게 말하는 것 같아요. '자, 내 거 봤지? 네 건 어느 정도인지 좀 보자.'"

성과 공격성과 지배 성향 간의 행동 및 신경해부학적 관계는 다양한 연구에서 드러나고 있다. 큰고양잇과 동물을 비롯한 수많은 동물들의 짝짓기 의식의 앞부분은 거의 싸움과 구별하기 어려울 정도이다. 집에서 기르는 고양이가 이따금씩 심술 궂게 큰 소리로 가르릉거리며 발톱으로 소파나 커튼, 사람의 옷을 긁어 대는 것을 볼 수 있다. 지배력을 확립하고 유지하는 데 성을 이용하는 것은 경우에 따라서 인간의 동성 및 이성 사이의 관행에서도 찾아볼 수 있다.(물론 지배력의 확립과 유지가 그와 같은 관행의 유일한 요소는 아니다.) 그리고 '추잡한' 욕설에서도 그 증거를 찾아볼 수 있다. 영어권이나 유사한 언어에서 가장 흔히 쓰이는 두 단어로 된 욕설(Fuck you를 의미—옮긴이)은 사실 엄청난 육체적 쾌락을 자아내는 행동을 가리킨다. 이 영어 단어는 아마도 치다, 찌르다 등의 의미를 가진 게르만 어와 중세 네덜란드 어의 동사 fokken에 기원을 둔 것으로 보인다. 어찌 보면 당혹스러운 이 욕설의 의미는 짧은꼬리원숭이류의 상징 언어에 해당되는 음성 언어로 이해할 수 있다. 비록 그 앞에 '내가(I)'라는 주어가 생략되어 있지만 말하는 사람이나 듣는 사람이나 주체가 어느 쪽인지는 분명히 알고 있다. 이 욕설이나 그와 유사한 많은 표현들이 일본원숭이의 올라타기 의식에 해당되는 인간의 대용물인 것으로 보인다. 앞으로 살펴보게 되겠지만 그와 같은 행동의 기원은 아마도 원숭이보다 훨씬 더 먼 과거로, 수억 년의 지질학적 시간을 거슬러 올라갈 수 있을 것이다.

다람쥐원숭이를 가지고 실시한 실험 등을 통해서 매클린은 '삼위일체의 뇌'라고 하는 뇌 구조와 진화에 대한 매혹적인 모델을 만들어 냈다. 그에 따르면 "우리는 우리 자신과 세계를 세 가지 서로 다른 심적 구조의 눈으로 바라볼 수밖에 없다." 그중 두 구조는 언어 능력이 결핍되어 있다. 매클린은 인간의 뇌가 "서로 연결된 세 개의 생물학적 컴퓨터"로 발달해 왔다고 주장했다. 그리고 이 세 부분은 각각 "고유의 특별한 지능과 고유의 주관성, 고유의 시간 감각과 공간 감각, 고유의 기억과 운동 능력 및 온갖 기능"을 가지고 있다고 설명했다. 이 세 개의 뇌는 각기 구분되는 진화의 주요 단계와 대응된다. 또한 이 세 개의 뇌는 신경해부학적으로나 기능적으로 서로 구분되고, 도파민이나 콜린에스테라아제(cholinesterase)와 같은 신경 화학 물질의 분포에서도 뚜렷한 차이를 보인다.

인간의 뇌에서 가장 오래된 부분은 척수, 연수, 뇌교(다리뇌) 등 후뇌와 중뇌를 형성하는 영역들이다. 이 척수와 후뇌와 중뇌의 조합을 매클린은 '신경계의 차대(neural chassis)'라고 불렀다.(차대(車臺)는 기차와 차체를 받치며 바퀴에 연결되어 있는 철로 된 테를 말한다.—옮긴이) 이 영역은 심장 박동, 혈액 순환, 호흡 등의 자기 보존 기능과 생식 기능을 관장하는 신경 기구들을 포함하고 있다. 어류나 양서류의 뇌는 오로지 이러한 부분들로 이루어져 있다. 그러나 파충류와 그 이상의 고등동물이 전뇌를 상실하면, 매클린의 표현에 따르면 그들은 "운전자 없이 방치된 자동차나 비행기처럼 아무런 목적도 없고 움직일 수도 없는" 상태가 된다.

실제로 내 생각에 대발작(grand mal) 간질은 뇌 안에서 일어난 일종의 전기적 폭풍 때문에 인지 능력이라는 운전자가 사라진 상태라고 묘사할 수 있다. 그 순간에는 신경계의 차대를 제외한 뇌의 모든 부분의 운영이 멈추게 된다. 이는 환자를 수억 년 전의 시간으로 퇴보시키는 매우 심원한 손상이다. 이 병에 아직까지 사용되는 이름을 부여한 고대 그리스 사람들은 이 상태의 심원한 측면을 인식하고 이것을 신이 내린 병이라고 불렀다.

매클린은 신경계의 차대 위에 존재하는 세 종류의 운전자를 구별해 냈다. 가장 오래된 운전자는 중뇌를 둘러싸고 있다.(그리고 대부분 신경해부학자들이 후각선조체(olfactostriatum, 후각줄무늬체), 선조체(corpus striatum, 줄무늬체), 담창구(globus pallidus, 창백핵)라고 부르는 영역들로 이루어져 있다.) 우리뿐만 아니라 다른 포유류나 파충류 역시 이 부분을 가지고 있다. 이 부분은 아마도 수억 년 전에 진화되었을 것이다. 매클린은 이 부분을 파충류의 뇌 또는 R 복합체라고 불렀다. R 복합체를 둘러싸고 있는 것은 변연계(邊緣系, limbic system, 가장자리계통)이다. 이러한 이름이 붙은 것은 이 부위가 뇌의 경계에 놓여 있기 때문이다.(limb은 가장자리라는 의미이다. 우리는 팔다리를 limb이라고 부르는데, 그 이유는 팔다리가 몸통에 비해 말초, 즉 주변부에 있기 때문이다.) 다른 동물들 역시 변연계를 가지고 있다. 그러나 파충류의 변연계는 우리처럼 정교하게 발달되지는 않았다. 변연계는 아마도 1억 5000만 년 이전에 진화되었을 것으로 생각된다. 마지막으로 뇌의 가장 바깥쪽에 진화 단계에서 가장 나중에 나타난 신피질(새겉질)이라는 부분이 있다. 고등동물이나 다른 영장류와 마찬가지로 인간은 상대적으로 커다란 신피질을 가지고 있다. 진화의 정도에서 앞서 가면 앞서 갈수록, 그 동물의 신피질은 더욱더 발달되어 있는 것이 분명하다. 가장 정교하게 발달한 신피질은 바로 우리 인간(그리고 돌고래와 고래)의 신피질이다. 아마도 수천만 년 전에 처음 나타났을 신피질은 인간이 처음 출현했던 몇 백만 년 전부터 급속히 발달해 왔다. 74쪽에 인간의 뇌를 나타낸 그

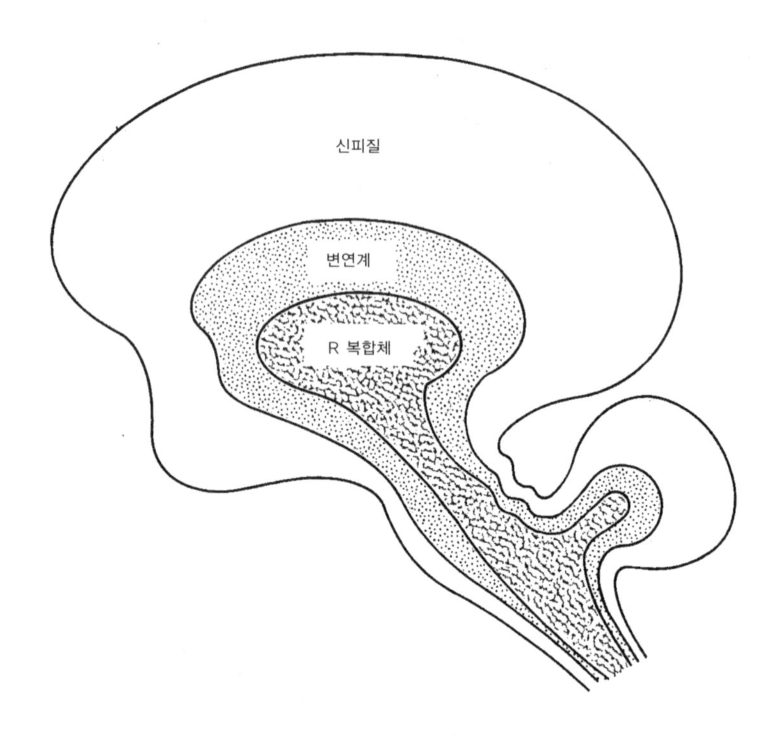

그림 6 인간 뇌의 R 복합체, 변연계, 신피질을 나타낸 그림(매클린의 자료 참조)

림이 제시되어 있다. 그리고 현존하는 세 종류의 포유류가 가진 변연계와 신피질을 비교해 볼 수 있는 그림이 76쪽에 제시되어 있다. 삼위일체의 뇌라는 개념은 2장에서 논의한, 몸무게 대비 뇌 무게의 비율에 대한 연구로부터 독자적으로 도출된 사실, 즉 포유류 및 영장류(특히 인간)의 출현이 뇌의 진화에서 폭발적인 진전이 있었던 시기와 일치한다는 결론과 일맥상통한다.

생명의 뿌리 깊은 구조를 진화 과정에서 변경시키는 것은 쉬운 일이 아니다. 그와 같은 심원한 변화는 생물에게 치명적일 수도 있다. 그러나 옛날부터 존재하던 시스템 위에 새로운 시스템을 추가하는 것으로도 근본적인 변화를 이루어 낼 수 있다. 이러한 사실은 19세기 독일의 해부학자인 에른스트 헤켈(Ernst Haeckel)의 발생 반복설(recapitulation)이라는 가설을 상기시킨다. 이 가설은 학계에서 여러 차례에 걸쳐서 받아들여졌다가 거부당하기를 반복했다. 헤켈은 배 발달 과정에서 동물은 조상들이 진화 과정에서 겪었던 변화의 순서를 반복한다고 주장했다. 실제로 인간의 태아는 자궁 속에서 물고기, 파충류, 영장류가 아닌 포유류와 무척 비슷한 단계들을 거쳐서 비로소 인간 비슷한 형태로 발달한다. 물고기 단계에서는 심지어 아가미의 흔적인 길게 찢어진 틈마저도 나타난다. 이것은 탯줄을 통해 영양분을 공급받는 인간의 태아에게는 전혀 쓸모없는 것이다. 그러나 인간의 발생 과정에서는 필수적으로 나타나는 변화이다. 아가미는 우리의 조상들에게 꼭 필요한 것이었기 때문에 우리는 인간이 되기 위해 아가미 단계를 거쳐야만 한다는 것이다. 인간 태아의 뇌 역시 안에서부터 시작해서 바깥으로 발달해 나간다. 개략적으로 말하자면, 신경계의 기본틀, R 복합체, 변연계, 신피질의 순서로 발달하는 것이다(244쪽의 그림 42 인간 뇌의 발생학적 발달 관계에 관련된 그림 참조).

개체 발생이 계통 발생을 반복하는 이유를 다음과 같이 생각해 볼 수 있다. 자연선택은 종이 아니라 각 개체에 적용되는 것으로서 수정란이나 태아에게도 그리 적용되지 않는다. 따라서 진화상의 최신 변화는 출생 후에 나타난다. 포유류의 태아에게서 나타나는 아가미의 흔적처럼 출생 후에까지 남아 있게 되면 개체의 적응에 불리하게 작용할 요소들도 태아에게 심각한 문제를 일으키지 않고 출생 전에 사라지기만 한다면 자연선택을 통한 배제를 피할 수 있다. 아가미 흔적은 고대의 어류로부터 물려받은 흔적이 아니라 고대의 어류의 배로부터 물려받은 흔적이다. 수많은 새로운 기관계는 새로운 시스템의 부가나 보존을 통해서가 아니라 오래된 시스템의 수정을 통해 발달

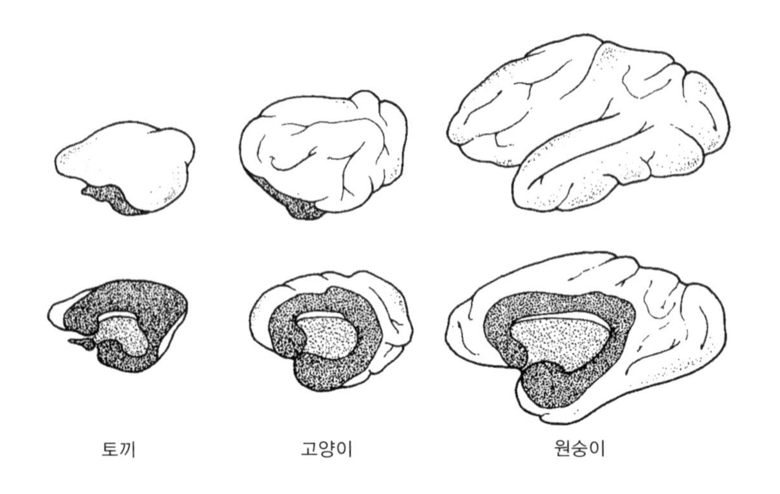

그림 7 왼쪽부터 각각 토끼, 고양이, 원숭이의 뇌를 각각 위에서 본 모습과 옆에서 본 모습이다. 가장 진하게 보이는 부분이 변연계로, 옆에서 본 뇌의 모습에서 더 잘 보인다. 흰색 부분은 신피질로, 위에서 본 뇌의 모습에서 가장 잘 보인다.

된다. 예를 들어서 지느러미가 다리로 변하고 다리가 물갈퀴나 날개로 변한다. 또는 발이 손이 되었다가 다시 발이 되기도 한다. 피지선이 유선(乳腺)이 되고 새궁(아가미를 이루는 뼈 가운데 활 모양으로 휘어진 뼈—옮긴이)이 귀의 뼈로 변한다. 상어의 비늘은 상어의 이빨이 되었다. 이처럼 기존 조직의 기능은 그대로 보존한 채 새로운 조직이 부가되는 식의 진화가 이루어지는 데에는 그럴 만한 이유가 한두 가지 있게 마련이다. 그 이유는 새로운 기능뿐만 아니라 오래된 기능도 계속 필요하거나 아니면 생존에 필요한 옛 시스템을 건너뛰는 것이 불가능하기 때문이다.

자연에는 이러한 진화적 발달의 사례가 많이 있다. 그중 하나를 아무렇게나 골라 보자. 식물은 왜 녹색일까? 녹색 식물은 광합성을 통해 태양 광선의 스펙트럼 중에서 빨간색과 보라색 영역의 빛을 이

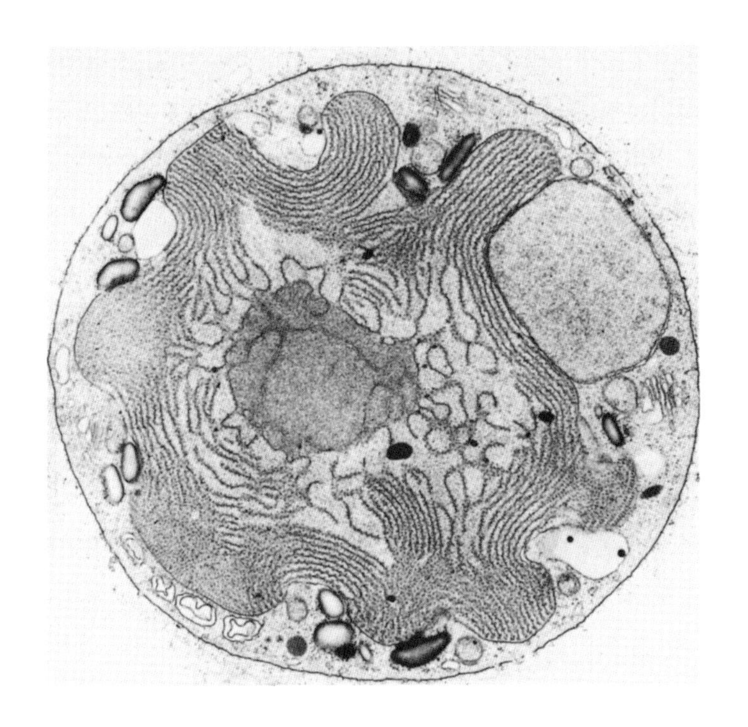

그림 8 작은 홍조류 식물인 포르피리디움 크루엔튬(*Porphyridium cruentum*)의 전자 현미경 사진. 광합성 공장에 해당되는 엽록체가 세포의 거의 대부분을 차지하고 있다. 2만 3000배 배율의 이 사진은 스미소니언 연구소의 방사선 생물학 연구소의 엘리자베스 갠트(Elizabeth Gantt)가 찍은 것이다.

용해서 물분자를 분해하고 탄수화물을 축적하며, 다른 식물 활동을 수행한다. 그런데 태양은 사실 빨간색과 보라색보다 노란색과 초록색 영역의 빛을 더 많이 방사한다. 광합성 색소로 오직 엽록소만 가지고 있는 식물은 가장 풍부한 빛들을 이용하지 못하고 버리는 셈이다. 많은 식물들이 뒤늦게나마 이 점을 '깨닫고' 그에 따라 적절한 적응을 이루어 낸 것으로 보인다. 카로티노이드나 피코빌린과 같이 붉은색 빛을 반사하고 노란색과 녹색 빛을 흡수하는 다른 색소들의 진화가 이루어졌다. 장한 일이다. 그런데 이런 새로운 광합성 색소를 갖춘 식물들이 엽록소를 내던져 버렸을까? 그렇지 않다. 위의 홍조류 사진에서 줄무늬처럼 보이는 것들로 둘러싸인 부분에 엽록소가 들어 있다. 그리고 줄무늬 부분을 밀어 넣고 있는 작은 구와 같은 덩어리에 홍조류를 붉은색으로 만들어 주는 피코빌린이 들어 있다. 이 식물은 신중하게도 노란색과 녹색 빛으로부터 받은 에너지를 엽록소로 전달한다. 엽록소는 이제 더 이상 빛을 흡수하지는 않지만 여전히 식물의 광합성 과정에서 빛과 화학 반응을 연결해 주는 중요한 다리 구실을 한다. 자연은 식물로부터 엽록소를 떼어 내고 더 나은 색소로 하여금 그 자리를 대신하도록 만들지 못했다. 엽록소가 생명의 조직에 너무나 깊게 뿌리를 내리고 있기 때문이다. 부차적인 색소들을 가지고 있는 식물들은 확실히 보통 식물들과 다르다. 더 효율적으로 에너지를 이용한다. 그러나 광합성 과정의 중심에는 여전히 엽록소가 자리 잡고 있다. 비록 그 책무는 조금 줄어들었지만 말이다. 나는 뇌의 진화 역시 이와 유사한 방식으로 진행되었을 것이라고 생각한다. 뇌의 가장 깊고 오래된 부분은 여전히 기능을 수행하고 있다.

1. R 복합체

만일 앞서 논의한 관점이 옳다면, 인간 뇌의 R 복합체는 공룡의 머릿속에서 하던 기능을 오늘날에도 수행하고 있다고 볼 수도 있을 것이다. 그리고 변연계 피질은 퓨마나 땅늘보의 사고 방식으로 사고한다고 말할 수 있다. 뇌의 진화의 새로운 단계들은 각기 그 이전에 존재했던 뇌 부분의 생리적 변화를 수반할 것이라는 사실은 의심의 여지가 없다. 예를 들어서 R 복합체의 진화는 중뇌의 변화를 동반할 것이다. 뿐만 아니라 우리는 뇌의 각기 다른 요소들이 협력해서 수많은 기능들을 조절하고 있다는 사실을 알고 있다. 그러나 동시에 신피질 아래에 있는 뇌의 요소들이 먼 조상들의 뇌에서 수행했던 기능을 지금도 여전히 수행하지 않는다면 그것이 오히려 놀랍게 느껴질 것이다.

매클린은 R 복합체가 공격적 행동, 영토 본능, 의식을 만들어 내고 사회적 서열을 형성하는 데 중요한 역할을 한다는 것을 보여 주었다. 다행히도 이따금씩 예외가 보이기는 하지만, 과연 R 복합체는 오늘날의 인간의 관료 체제나 정치적 행동의 상당 부분을 형성하고 있는 것으로 보인다. 미국의 정치 회합이나 러시아 최고 회의(Supreme Soviet)에서 신피질이 전혀 작용을 하지 않는다는 이야기는 아니다. 어쨌든 그와 같은 모임에서 서로 의사소통을 가능하게 하는 것은 바로 언어이고, 언어는 신피질의 산물이니 말이다. 그러나 우리의 실제 행동 가운데에서 파충류에 관련된 언어로 묘사되는 행동이 얼마나 많은지 따져 보면 여러분은 아마 놀라움을 금치 못할 것이다. 우리는 무자비한 살인자에게 '냉혈한'이라는 표현을 흔히 사용한다. 마키아벨리는 군주에게 "알고서도 일부러 내면의 야수의 행동을 따르라." 하고 조언했다.

이러한 개념을 어느 정도 예측이라도 한 듯 미국의 철학자 수잔 랑어(Susanne Langer)는 다음과 같은 글을 남겼다.

"인간의 삶은 동물들과 마찬가지로 관습(ritual)으로 점철되어 있다. 우리의 삶은 이성과 관습, 지식과 종교, 산문과 운문, 사실과 꿈으로 짜여진 직물과 같다. …… 관습은 예술과 마찬가지로 본질적으로 경험을 상징으로 전환하는 과정의 능동적 귀결이다. 관습은 '오래된 뇌'가 아닌 피질에서 태어났다. 피질이 인간의 부속물로 자리잡게 되면서 이 기관의 가장 기본적인 필요성에 의해 태어나게 된 것이다."

R 복합체가 '오래된 뇌'에 있다는 사실을 제외하고는 랑어의 통찰은 사실에 부합하는 것으로 보인다.

나는 파충류의 뇌가 인간의 활동에 영향을 준다는 주장에 내포되어 있는 사회적 의미에 대해 분명히 해 두고 싶다. 만일 관료제적 행동이 근본적으로 R 복합체에 의해 조절되는 것이라면, 우리의 미래에는 아무런 희망이 없다는 말일까? 인간의 경우 신피질은 전체 뇌의 약 85퍼센트를 차지하고 있다. 이러한 사실은 신피질이 뇌간(뇌줄기), R 복합체, 변연계에 비해 얼마나 중요한지를 알려 주는 하나의 지표라고 할 수 있을 것이다. 신경해부학이나 정치사, 그리고 내적 성찰 모두 우리 인간이 파충류의 뇌에서 보내오는 충동에 굴복하고자 하는 욕구에 저항할 수 있는 능력을 가지고 있음을 보여 준다. 예를 들어 미국 헌법의 권리 장전을 R 복합체가 착안하거나 작성했을 리는 없다. 우리가 다른 종의 동물에 비해서 유전적으로 미리 계획된 행동에 노예와 같이 종속되지 않을 수 있는 것은 바로 우리의 적응성, 긴 유년기 덕분이다. 그러나 만일 삼위일체의 뇌가 인간이 어떻게 작용하는지에 대한 정확한 모델이라면 인간 본성의 파충류적 요소, 특히 관습적이고 위계적인 행동을 무시해 버리는 것은 도움이 되지 않을 것이다. 오히려 이 모델은 우리가 인간이라는 존재를 이해하는 데 많은 도움을 줄 수 있을지도 모른다.(예를 들어서 나는 수많은 정신 질환, 이를테면 파괴형 정신분열증(hebephrenic schizophrenia, 감정 변화가 심하고 순간적인 망상과 환각을 보이며 단편적이고 부적절한 행위와 매너리즘을 보이는 정신분열증의 일종——옮긴이)의 관습적 측면이 R 복합체에 있는 어떤 중추의 과도한 활성으로 인한 것인지 아니면 R 복합체를 억제하거나 제어하는 기능을 맡고 있는 피질의 특정 부위가 제 기능을 하지 못해서 일어난 것인지 알고 싶다. 그리고 어린아

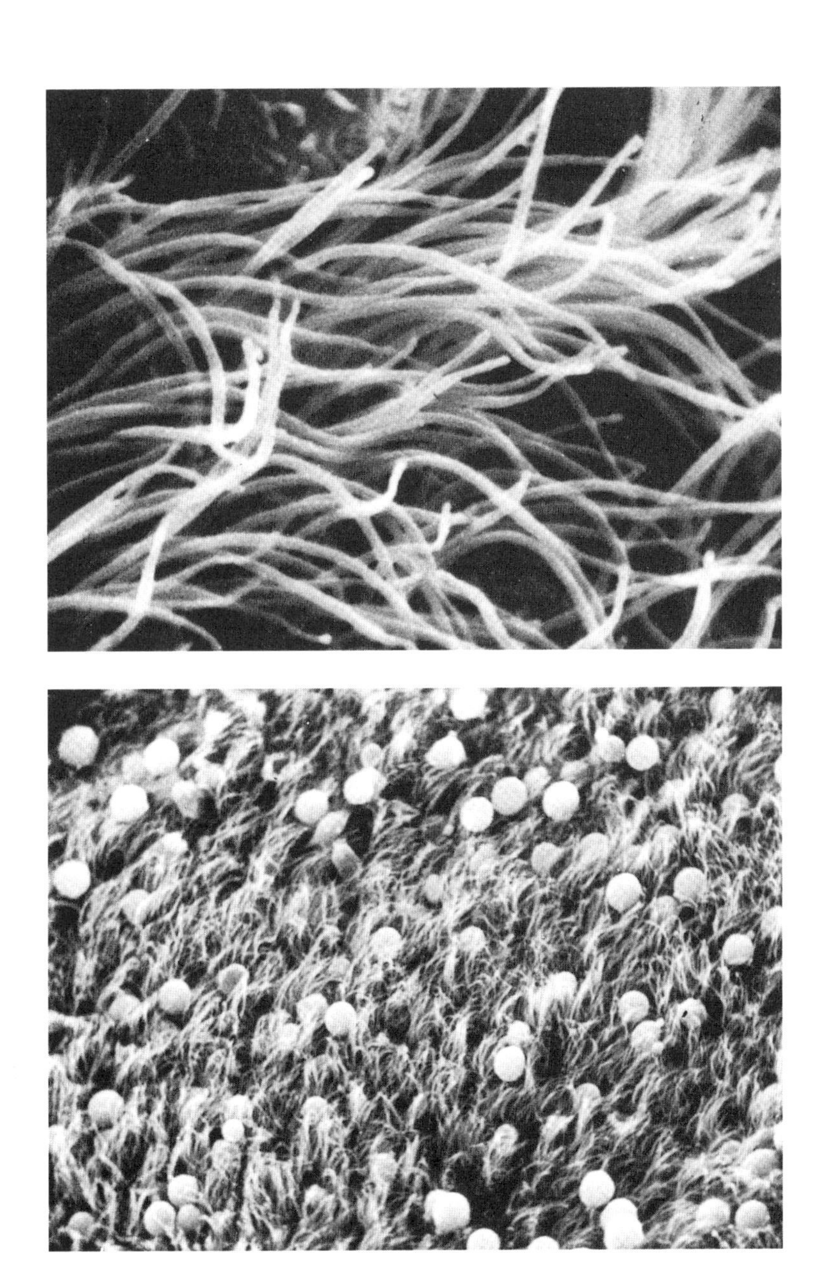

그림 9 두 사진은 웨인 주립 대학교의 리처드 스티저(Richard Steger)가 전자 현미경으로 뇌의 제3뇌실을 찍은 것이다. 미세하게 굽이치는 털 또는 섬모가 작고 둥근 뇌의 단백질을 운반하는 것이 마치 커다란 비치 볼을 머리 위로 들고 지나가는 군중들처럼 보인다.

이들이 빈번하게 보이는 습관적 행동들이 신피질의 불완전한 발달 때문인 것은 아닐까 생각한다.)

이와 관련해서 체스터턴(G. K. Chesterton)은 다음과 같이 놀랄 만큼 적절한 묘사를 남겼다.

"우리는 사물을 외래의 법칙이나 우연한 법칙으로부터 떼어 놓을 수는 있지만 그 자체의 자연적 법칙으로부터 분리할 수는 없다. …… 세 변의 감옥에 갇힌 삼각형을 그 속박으로부터 해방시키려고 애쓰지 마라. 세 변의 속박이 무너져 버린 순간 삼각형의 생명도 끝나게 될 테니."

그러나 모든 삼각형이 정삼각형일 필요는 없다. 다시 말해 우리는 삼위일체의 뇌를 구성하는 각 요소들의 상대적 역할을 상당한 정도로 조절할 수 있는 능력을 가지고 있다.

2. 변연계

변연계는 강렬하고 생생한 정서를 불러일으키는 영역이다. 이러한 사실은 즉각 파충류의 마음의 또 한 가지 측면을 암시한다. 파충류의 마음은 강렬한 열정이나 고통스러운 자기 모순과는 거리가 멀며, 유전자와 뇌가 명령하는 행동을 충실하고 둔감하게 따른다.

변연계에서 방출되는 전류는 이따금씩 신경증에 걸리거나 환각제를 복용했을 때 나타나는 증상과 흡사한 상태를 만들어 낸다. 사실상 수많은 향정신성 약품이 작용하는 부위들이 바로 변연계에 있다. 아마도 고양된 느낌이나 경외감과 같이 오직 인간들만 느낄 수 있을 다양한 정서들을 조절하는 것 역시 변연계일 것이다.

다른 분비샘에 영향을 주고 인체의 내분비계를 전반적으로 지휘하는 '분비샘의 대장' 격인 뇌하수체가 변연계의 중심 부위이다. 내분비계의 불균형이 사람의 기분을 좌우한다는 사실은 변연계와 마음 상태 간의 관련성에 대한 중요한 암시라고 할 수 있다. 변연계에는 편도라고 하는 작은 아몬드 모양의 조직이 있다. 편도는 공격성과 공포에 모두 깊이 관여하고 있다. 얌전하게 길들여진 동물의 편도에 전기 자극을 가하면 그 동물은 거의 믿을 수 없을 정도로 큰 공포를 느끼거나 극도로 흥분된 상태를 보인다. 집고양이가 조그맣고 하얀 생쥐를 보고서 겁에 질려 움츠러든 사례도 있다. 한편 스라소니처럼 원래 사나운 동물의 편도를 적출해 내자 사람이 만지거나 지분거려도 가만히 있는 고분고분한 동물로 변하기도 했다. 변연계의 기능 이상은 뚜렷한 이유 없이 격노나 공포 또는 우울감을 불러일으킬 수 있다. 과도한 자극이 자연스럽게 이루어진 경우에도 역시 같은 결과가 나타난다. 그러한 문제를 가지고 있는 사람들은 부조리하고 부적절한 감정을 느끼게 된다. 이러한 사람들을 미쳤다고 하기도 한다.

뇌하수체의 편도나 시상하부와 같은 변연-내분비계의 정서 조절 역할 중 적어도 일부는 이 조직들이 분비해서 뇌의 다른 영역에 영향을 미치는 작은 호르몬 단백질, ACTH(adrenocorticotropic hormone)을 통해 수행된다. 이 분자는 시각적 기억, 불안, 주의의 지속과 같이 다양한 심적 기능에 영향을 줄 수 있다. 작은 시상하부의 단백질이 뇌의 제3뇌실(third ventricle, 셋째뇌실)에서 발견되기도 했다. 제3뇌실은 시상하부를 변연계 안의 또 다른 영역인 시상으로 연결시켜 주는 영역이다. 81쪽의 놀라운 전자 현미경 사진 두 장은 제3실의 활동을 자세히 보여 주고 있다. 90쪽의 그림은 지금 설명한 뇌의 해부학적 구조를 이해하는 데 도움을 줄 것이다.

그림 10 존 저먼(John Germann)이 그린 중생대의 파충류 리카이노프스(*Lycaenops*)의 상상도. 포유류와 비슷한 이 생물은 아마 변연계의 진화가 상당히 이루어진 최초의 동물일 것이다.(미국 자연사 박물관의 허락을 얻어 게재)

인간의 이타적 행동이 변연계에서 시작되었다고 믿을 만한 여러 가지 이유가 있다. 실제로 몇몇 드문 예외(주로 사회성 곤충들의 사례)를 제외하고 자신의 새끼를 보살피는 데 상당한 주의를 기울이는 생물은 포유류와 조류뿐이다. 그것은 오랜 적응 기간을 통해 대량의 정보를 처리할 수 있게 된 포유류와 영장류의 뇌의 이점을 십분 활용한 진화적 발달이다. 사랑을 처음 발견한 동물은 아마도 포유류인 듯하다.*

많은 동물의 행동이 주로 포유류가 강렬한 정서를 갖도록 진화되었고, 조류의 경우 그와 같은 진화가 그다지 이루어지지 않았다는 생각을 뒷받침해 준다. 집에서 기르는 동물들은 주인에게 뚜렷한 애착을 보인다. 많은 포유류 어미들이 새끼를 떼어 놓으면 슬퍼하는 듯한 행동을 보인다는 사실도 잘 알려져 있다. 그렇다면 동물이 느끼는 정서의 범위는 어느 정도일까? 말도 이따금씩 불꽃처럼 타오르는 애국적 열정을 느낄 수 있을까? 개는 우리가 신에게 느끼는 종교적 도취감을 사람에게 느끼는 것은 아닐까? 우리와 의사소통을 할 수 없는 동물들이 느끼는 강렬하거나 미묘한 감정들에는 무엇이 있을까?

변연계에서 가장 오래된 부분은 바로 후각 피질이다. 후각 피질은 냄새와 관련되어 있다. 냄새에 수반되는 정서적 측면에 대해서는 대부분의 사람들이 잘 알고 있다. 기억을 저장하고 환기시키는 능력에 관여하는 주요 요소는 변연계에 있는 해마(hippocampus)라는 조직에 위치하고 있다. 이러한 연결 고리는 해마가 손상된 사람들이 보이는 심각한 기억 손상을 통해 잘 드러난다. 오랫동안 간질 발작의 병력을 가지고 있던 H. M.이라는 환자의 예는 유명하다. 그는 발작의 빈도와 강도를 줄이기 위해 양쪽의 해마 주변의 영역 전체를 절제하는 수술을 받았다. 그런데 그는 수술 직후 기억상실증에 걸리고 말았다. 지각 능력도 잘 보존되었고 새로운 운동 기술도 배울 수 있었으며 어느 정도 지각과 관련된 학습이 가능했지만, 문제는 몇 시간 이상 된 일은 모조리 잊어버린다는 것이었다. 그는 "제 삶은 매일 매일 소멸되어 버립니다. 어떤 즐거움도 어떤 슬픔도 하루가 지나면 깡그리 사라져 버리지요."라고 말한다. 우리는 꿈에서 깨어났을 때 조금 전 무

* 새끼를 부양하고자 하는 경향에서의 포유류와 파충류의 상대적 차이에도 물론 예외는 있다. 나일악어의 어미는 알에서 갓 부화된 새끼들을 자신의 입에 넣은 채로 비교적 안전한 강물 속으로 옮겨 준다. 반면 세렝게티의 수컷 사자는 새로 지배자의 자리를 차지하게 되면 무리의 모든 새끼들을 죽여 버린다. 그러나 전반적으로 볼 때 포유류가 파충류에 비해 새끼를 보살피는 데 훨씬 더 많은 노력을 기울인다. 1억 년 전에는 그와 같은 구분은 더욱 뚜렷했을 것이다.

슨 일이 일어났는지 기억하기 어려움을 느낀다. 그는 자신의 삶이 그와 같은 어리둥절한 느낌의 연속이라고 표현했다. 그런데 놀랍게도 이러한 심각한 손상에도 불구하고 그의 IQ는 해마 절제술 이후에 더욱 높아졌다. 그는 분명 냄새들을 식별해 낼 수 있었으나 그 냄새의 원천이 무엇인지 말하는 데에는 어려움을 보였다. 그는 또한 성적 활동에 대해 완전히 흥미를 잃은 것으로 보였다.

또 다른 사례가 있다. 어느 젊은 미국 공군 병사가 동료 병사와 장난으로 결투를 벌이다가 작은 연습용 펜싱 칼에 찔렸다. 오른쪽 콧구멍에 꽂힌 칼은 바로 그 위에 있는 변연계의 작은 부위에 구멍을 내고 말았다. 그 결과, 기억이 심각하게 손상되었다. 그의 상태는 H. M.의 경우와 비슷했지만 그 정도로 심각하지는 않았다. 광범위한 지각 능력과 인지 능력은 고스란히 남아 있었다. 그의 기억 손상은 언어 측면에서 두드러지게 나타났다. 뿐만 아니라 이 사고를 겪은 후 그는 성교 불능 상태가 되었고 고통에도 무감각해졌다. 한 번은 그가 햇볕에 달아오른 배의 갑판 위를 맨발로 돌아다니다가 발바닥에 심한 화상을 입었다. 그러나 곁에 있던 사람이 어디서 살이 타는 듯한 고약한 냄새가 난다고 투덜대는 것을 듣기 전까지 그는 발의 통증도 냄새도 느끼지 못했다.

이러한 사례들을 살펴볼 때 성교와 같이 복잡한 포유류의 활동에는 삼위일체의 뇌의 세 가지 요소──R 복합체, 변연계, 신피질──가 동시에 관여하는 것이 틀림없는 듯하다.(우리는 이미 R 복합체와 변연계가 성적 행동에 작용하는 것에 대해 논의해 왔다. 신피질이 관여한다는 사실에 대한 증거는 내적 성찰로부터 쉽게 얻을 수 있을 것이다.)

오래된 변연계의 한 부분은 입과 미각 기능을 전담하고 있다. 또 다른 부분은 성기능에 관여한다. 성교와 냄새 간의 연결 고리는 매우 오래되었으며 곤충의 세계에서 크게 발달했다. 그와 같은 사실은 우리의 먼 조상들의 삶에서 냄새에 대한 의존성이 얼마나 중요하고 또 한편으로 불리한 것이었는지를 동시에 밝혀준다.

나는 언젠가 구리금파리(green bottle fly)의 머리를 매우 가느다란 전선으로 오실로스코프에 연결해서 파리의 후각계가 생성하는 전류를 그래프로 나타내는 실험을 목격한 일이 있다.(몸에서 절단된 지 얼마 되지 않는 파리의 머리는 여러 가지 측면에서 볼 때 여전히 제 기능을 수행한다고 말할 수 있다. 파리의 후각계에 직접 전선을 연결하기 위해서 머리를 절단했다.*) 실험자는 파리의 머리 앞에 다양한 종류의 냄새들을 흘려보냈다. 여기에는 암모니아와 같이 불쾌하고 자극적인 기체도 포함되어 있었다. 그러나 오실로스코프는 별다른 반응을 나타내지 않았다. 그 다음 같은 종의 암컷이 내뿜는 성적 유인 효과를 가진 화학 물질을 절단된 파리 머리 앞으로 소량 흘려보냈다. 그러자 갑자기 오실로스코프 스크린의 완만한 선이 수직으로 치솟았다. 구리금파리는 암컷의 성적 유인물 이외에는 거의 아무것도 냄새를 맡지 못했다. 그런데 이 성적 유인물의 냄새는 기가 막히게 잘 맡는 것이었다.

이와 같은 후각의 전문화는 곤충의 세계에서는 상당히 흔히 보이는 현상이다. 수컷 누에나방은 깃털같이 생긴 더듬이에 암컷의 성 유

---

* 절지동물의 머리와 몸은 따로따로 절단된 후에도 잠시 동안은 매우 훌륭하게 제 기능을 수행할 수 있다. 사마귀 암컷은 수컷의 뜨거운 구애에 대해 구혼자의 머리를 베어 버리는 것으로 답한다. 이러한 행위는 인간의 눈으로 볼 때는 그다지 호감 가는 행동이라고 할 수 없지만, 곤충의 눈으로 볼 때는 꼭 그렇지만도 않다. 성적 행동을 억제하는 수컷의 뇌를 제거해 버리면 수컷의 남은 부분이 짝짓기를 더욱 원활하게 할 수 있기 때문이다. 짝짓기를 마친 사마귀는 기념으로 성대한 만찬을 즐긴다. 물론 암컷 혼자서 말이다. 어쩌면 이러한 이야기는 지나친 성적 억제가 얼마나 위험한지를 보여 주는지도 모른다.

인 물질이 초당 40개만 닿아도 암컷의 존재를 알아차릴 수 있다. 그러니까 암컷 누에나방 한 마리는 성 유인 물질을 초당 100분의 1마이크로그램만 내뿜어도 사방 1.6킬로미터 반경 안에 있는 모든 수컷들을 유인할 수 있는 것이다. 누에가 존재하는 것은 그 덕분이다.

냄새를 이용해서 짝을 찾는 현상의 가장 흥미로운 사례를 남아프리카에 서식하는 딱정벌레의 일종에서 찾아볼 수 있다. 이 벌레는 겨울 동안에는 땅 속에 구멍을 파고 들어가 있다가 봄이 되어 땅이 녹으면 땅 위로 나온다. 이때 수컷이 암컷보다 몇 주나 앞서서 기진맥진한 상태로 땅을 파고 올라온다. 그런데 남아프리카의 이 지역에는 암컷 딱정벌레가 내뿜는 성 유인 물질과 동일한 향기를 내는 난초가 살고 있다. 사실상 난초와 딱정벌레는 서로 똑같은 분자를 생산해 내도록 진화된 것이다. 수컷 딱정벌레는 극심한 근시이다. 그리고 난초의 꽃잎은 근시인 딱정벌레의 눈에 수컷을 받아들이려고 교미 자세를 취한 암컷의 모습과 흡사하게 보이도록 진화되어 왔다. 수컷 딱정벌레는 몇 주에 걸쳐서 이 꽃에서 저 꽃으로 옮겨 다니며 방탕한 성적 쾌락에 흠뻑 젖는다. 몇 주 후 땅 위로 올라온 암컷 딱정벌레의 충격을 상상해 보라. 그 상처 입은 자존심과 정당한 분노를! 그동안 난초들은 호색한 딱정벌레 덕택에 성공적으로 꽃가루받이를 마치게 된다. 당혹스러운 현실을 직면한 딱정벌레는 그나마 남은 힘을 딱정벌레 종의 대를 잇는 데 쏟아 부을 것이다.(덧붙여 말하자면, 난초 입장에서는 수컷 딱정벌레에게 지나치게 매력적으로 보이지 않는 편이 더 낫다. 만일 수컷 딱정벌레가 난초에 완전히 정신이 팔려 번식에 실패하게 된다면 난초도 곤란해질 테니 말이다.) 이리하여 우리는 순전히 후각에 의존하는 성적 자극의 한계점 하나를 배우게 되었다. 또 다른 한계는, 모든 암컷 딱정벌레들이 동일한 성 유인 물질을 만들어 내기 때문에, 수컷 딱정벌레로서는 마음에 품고 있는 이상적 암컷과 사랑에 빠질 수 없다는 점이다. 수컷 곤충들은 암컷을 유혹하기 위해 자태를 뽐내기도 하고, 사슴벌레의 경우에서 보듯 암컷을 얻기 위해 수컷끼리 턱을 마주 대고 결투를 벌이기도 한다. 짝짓기 과정에서 암컷의 성 유인 물질이 중심 역할을 차지하는 경우, 곤충들 간의 성 선택 범위를 감소시키는 것으로 보인다.

파충류, 조류, 포유류는 짝을 찾는 다른 방법들을 개발해 왔다. 그러나 성과 냄새 간의 관련성은 고등 동물의 신경해부학적 구조에서나 인간 경험의 일화에서도 찾아볼 수 있다. 나는 가끔 디오더런트, 특히 '여성용' 디오더런트는 성적 자극을 숨겨서 우리의 마음이 다른 일에 집중할 수 있도록 하기 위해 만들어진 물건이 아닐까 하고 생각해 본다.

3. 신피질

심지어 물고기도 전뇌에 손상을 입으면 스스로 주도적으로 행동하는 경향이나 조심성 등이 사라지게 된다. 고등 동물에게서 훨씬 정교하게 발달한 이와 같은 특징들은 신피질에 자리 잡고 있는 것으로 보인다. 신피질은 바로 인간 특유의 인지적 기능의 상당 부분을 담당하고 있는 뇌 부위이다. 우리는 종종 신피질을 네 개의 주요 영역 또는 엽(葉)으로 나누어서 이야기한다. 전두엽(이마앞엽), 두정엽(마루엽), 측두엽(관자엽), 후두엽(뒤통수엽)이 그 넷이다. 초기의 신경생리학자들은 신피질이 신피질 내의 다른 영역들과 주로 연결되어 있다고 주장했다. 그러나 사실은 신피질이 피질하 영역과 깊이 연결되어 있음이 오

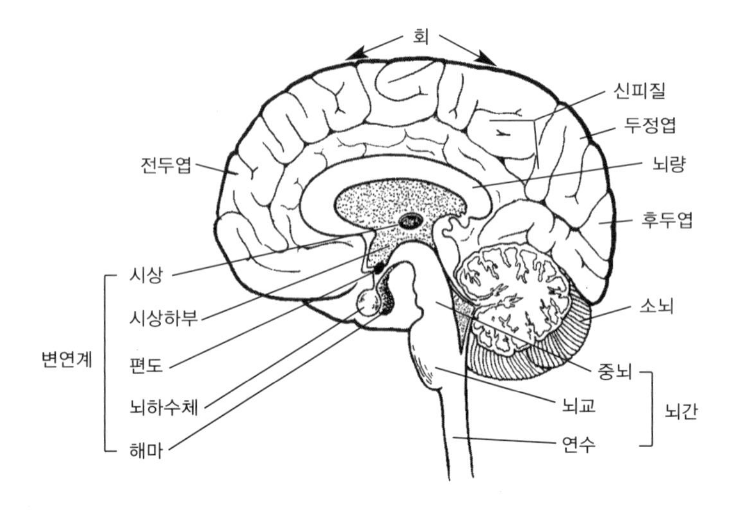

그림 11 인간의 뇌를 옆에서 자른 단면. 신피질이 가장 넓은 면적을 차지하고 있으며 그보다 작은 변연계, 뇌간, 후뇌가 있다. 그림에 R 복합체는 나타나지 않는다.

늘날 밝혀졌다. 그런데 방금 언급한 신피질의 분류가 실제로 기능적인 단위인지는 확실하지 않다. 각각의 엽은 확실히 독자적인 기능을 가지고 있다. 그러나 일부 기능은 둘 이상의 엽이 공동으로 수행한다. 전두엽은 특히 깊이 있는 사고와 활동의 조절을 담당하는 것으로 보인다. 두정엽은 공간 지각, 그리고 뇌와 뇌를 제외한 신체 내부의 정보 교환에 관여한다. 측두엽은 다양하고 복잡한 지각 기능을 담당한다. 후두엽은 인간과 다른 영장류에게 가장 중요한 감각인 시각을 처리하는 데 초점을 맞추고 있다.

수십 년 동안 신경생리학자들 사이에서 우세했던 견해에 따르면, 나중에 자리 잡은 전두엽은 미래를 예측하고 계획하는 기능을 담당한 부위일 것이다. 미래에 대한 예측이나 계획은 모두 인간 특유의 기능이다. 그러나 최근 연구 결과는 상황이 그렇게 단순하지 않음을 시사하고 있다. 매사추세츠 공과 대학 소속의 미국의 신경생리학자 한스루카스 토이버(Hans-Lucas Teuber)는 수많은 전두엽 손상의 사례—주로 전쟁이나 총기 사고에 따른 부상—들을 연구해 왔다. 그 결과, 전두엽 손상 환자의 상당수가 뚜렷한 행동 변화를 보이지 않음을 관찰했다. 그러나 심각하게 전두엽이 손상된 환자는 "어떤 사건이 앞으로 어떻게 진행될지 예측하는 능력이 완전히 결여되고, 그 사건에 자신이 어떻게 영향을 줄 수 있는지 전혀 가늠하지 못하는 것으로" 보인다고 보고했다. 토이버는 전두엽이 인지적 예측뿐만 아니라 운동, 특히 수의 운동의 결과를 예측하는 기능도 담당한다는 사실을 강조했다. 전두엽은 또한 시각과 직립 자세 간의 관계에도 관여하고 있는 것으로 보인다.

따라서 전두엽은 두 가지 서로 다른 경로를 통해 오직 인간에게만 부여된 독특한 기능에 관여하고 있는 셈이다. 전두엽이 미래에 대한 예측을 관장한다면, 전두엽이야말로 근심의 본거지, 불안의 원천이라고 말할 수 있을 것이다. 전두엽을 가로로 절개하면 환자의 불안감이 줄어드는 이유가 바로 이것이다. 그러나 전전두엽 절개술은 불가피하게 환자의 인간다움을 크게 감소시킨다. 우리가 미래를 예측하기 위해 치러야 할 대가는 바로 불안과 근심이다. 재앙을 예측하는 것은 분명 즐거운 일일 리 없다. 폴리아나(미국의 작가 엘리노어 포터가 쓴 동화의 주인공으로, 지나치게 낙천적인 성격을 지닌 여자이다.—옮긴이)는 카산드라(그리스 신화에 나오는 트로이의 공주. 나쁜 일을 예언하는 사람을 상징한다.—옮긴이)보다 훨씬 더 행복할 것이다. 그러나 우리 인간의 본성 가운데 카산드라와 같은 요소는 생존을 위해서 꼭 필요하다. 카산드라적 요소가 만들어 낸 미래를 통제하는 원리들은 윤리, 마술, 과학, 법률의 기원이 되었다. 미래의 재앙을 예견하는 것의 이점은 재앙을 피할 조치를 마련하고, 장기적 이익을 위해 단기적 이익을 희생할 수 있게 해 준다는 것이다. 그와 같은 예측 능력의 결과로, 물질적으로 안전한 기반을 갖춘 사회를 건설할 수 있었다. 이 사회에서 여가 시간이 생겨났고, 이러한 여가야말로 사회적 · 기술적 혁신을 이루어 낼 수 있는 발판이 되어 준다.

우리가 추측하는 또 다른 전두엽의 기능은 바로 인류의 직립 자세를 가능하게 해 주는 것이다. 전두엽이 발달하기 전까지는 우리는 직립 자세를 취하는 것이 불가능했을 것이다. 나중에 좀 더 자세히 살펴보겠지만, 두 발로 서게 된 덕분에 우리는 손을 자유롭게 사용할 수 있게 되었다. 손의 사용은 인간의 문화와 생리적 특징에 커다란 변화를 가져왔다. 현실적으로 볼 때, 인간의 문명은 바로 전두엽의 산물이라고 말해도 과언이 아니다.

눈에서 받아들인 시각적 정보는 인간의 뇌에서 주로 머리의 뒤쪽에 자리 잡은 후두엽에 도달한다. 한편 청각적 자극은 관자놀이 안쪽에 자리 잡은 측두엽의 윗부분에 도달한다. 시각 장애인이나 청각 장애인의 경우에 신피질의 이러한 부위들의 발달이 크게 저해되어 있다는 단편적인 증거들이 있다. 예를 들어 총상을 입어 후두엽이 손상된 환자는 종종 시각의 결함을 경험한다. 환자는 다른 모든 면에서는 정상이지만 시야의 주변부만 볼 수 있고, 시야의 중심부는 어둡고 컴컴한 얼룩이 떠다니는 것처럼 보이기도 한다. 더욱 기괴한 지각 현상이 나타난 사례도 있었다. 시계(視界)가 기하학적으로 일정하게 휘어지거나 둥둥 떠 있는 것처럼 보이는 것이다. 또는 환자의 오른쪽 바닥에 놓인 물체가 왼쪽 허공에 떠 있는 것처럼 보이기도 하고 공간이 180도 회전한 것처럼 보이는 '시각 발작(visual fit)'이 일어나기도 한다. 어쩌면 다양한 양상의 후두엽 손상과 시각의 결함을 짜 맞추면 후두엽의 어느 부분이 구체적으로 어떤 시각 기능을 담당하고 있는지 체계적으로 추정할 수도 있을 것이다. 아주 어린 아이인 경우라면 후두엽 손상이 영구적인 시각 결함으로 이어지지는 않는다. 아이의 뇌는 스스로 손상을 복구하거나 인접한 영역으로 기능을 옮기는 능력을 가지고 있기 때문이다.

청각 자극과 시각 자극을 연결하는 능력은 측두엽에 자리 잡고 있다. 측두엽에 발생한 손상은 일종의 언어상실증, 즉 말을 이해하지 못하는 상태를 만들어 낼 수 있다. 뇌 손상을 입은 환자가 어떤 경우에는 말로는 완전하게 의사소통을 하면서 글은 전혀 읽지도 못하고 쓰지도 못한다거나, 반대로 문자 언어에는 완전히 능통한데 말을 하지 못하거나 알아듣지 못한다는 사실은 참으로 놀랍고도 의미심장하다. 어떤 환자는 글을 읽을 수는 있는데 쓰지는 못한다. 숫자는 읽을 수 있는데 문자는 읽지 못하는 환자도 있다. 사물의 이름을 말할 수 있는데 색깔은 말하지 못하는 경우도 있다. 이처럼 신피질에는 놀라울 정도로 기능 분화가 이루어져 있다. 이는 읽기와 쓰기, 또는 문자를 인지하는 것과 숫자를 인지하는 것이 매우 비슷한 기능이라는 일반의 통념과 정면으로 배치되는 사실이다. 발표되지 않은 연구 가운데에는 뇌 손상을 입은 환자들이 수동태 문장, 아니면 전치사 구문, 아니면 소유격만을 이해하지 못하게 된 사례들을 다룬 것도 있다.(어쩌면 언젠가 뇌에서 가정법을 관장하는 영역의 위치도 발견될지도 모른다. 그렇다면 영어의 가정법에 해당하는 접속법을 영어 사용자보다 더 다양하고 복잡하게 사용하는 라틴계 사람들은 이 조그만 뇌 구조가 엄청나게 발달했고 영어를 사용하는 사람들은 이 부분이 쪼그라든 것으로 발견될지도 모른다.) 문법을 비롯한 다양한 추상 작용들은 놀랍게도 뇌의 특정 영역에 배선되어 있는 것으로 나타났다.

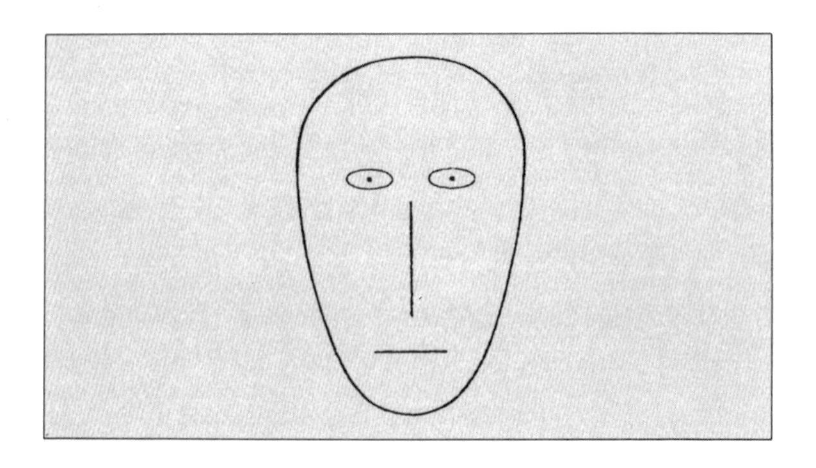

그림 12 측두엽 손상 환자가 사과라고 생각한 얼굴 그림.

측두엽이 손상된 어느 환자는 사람 얼굴을 알아보지 못하는 특이한 결함을 보였다. 그는 가족의 얼굴도 알아보지 못했다. 의사가 그에게 위의 그림을 보여 주자, 그는 이 그림이 '혹시' 사과가 아니냐고 말했다. 왜 사과인지 설명해 보라고 하자, 그는 그림의 입 부분이 사과에 난 상처인 것 같다고 말했다. 가운데의 코는 사과의 꼭지가 사과 표면 위로 접혀 들어간 것이라고 말했고, 두 눈은 벌레 먹은 구멍이 두 개 난 것이라고 설명했다. 그런데 이 환자는 집이나 기타 무생물을 그린 그림은 무엇인지 정확하게 알아맞혔다. 광범위한 실험을 통해, 오른쪽 측두엽이 손상되면 비언어적 정보를 기억하지 못하고, 반면에 왼쪽 측두엽이 손상되면 전형적으로 언어에 대한 기억을 상실한다는 사실이 밝혀졌다.

글을 읽고 지도를 만들 수 있는 능력, 3차원 공간 속에서 우리 자신의 위치를 가늠하는 능력, 적절한 상징을 사용하는 능력—이 모든 능력들은 아마도 언어의 사용, 아니면 적어도 언어의 발달에 영향을 주었을 것이다.—은 우리의 정수리 쪽에 위치하고 있는 두정엽의 손상에 커다란 영향을 받는다. 전투 중에 두정엽 부분을 관통하는 부상을 입은 병사는 1년 동안 발을 신발에 집어넣지 못했고, 병실에서 자신의 침대를 찾지 못했다. 그는 나중에는 거의 완전히 회복되었다.

신피질의 두정엽에 있는 각회(angular gyrus, 모이랑)가 손상되면 인쇄된 글자를 읽지 못하는 읽기언어상실증(alexia, 뇌 손상으로 인해 문자를 인식하지 못하는 상태이며, 이보다 덜 심한 경우는 읽기곤란 또는 읽기장애(dyslexia)라고 한다.—옮긴이)가 될 수 있다. 두정엽은 인간의 모든 상징 언어에 관여하는 것으로 보인다. 그리고 뇌 손상 가운데 일상의 활동을 기준으로 측정하는 지적 능력에 가장 심각한 저하를 가져오는 것이 바로 두정엽에 생긴 손상이다.

신피질의 추상 기능 중에서 가장 중요한 것이 바로 인간의 상징적 언어 활동, 특히 읽기와 쓰기와 수학이다. 이러한 활동은 측두엽, 두정엽, 전두엽, 그리고 아마도 후두엽의 협동을 통해 수행되는 것으로 보인다. 그러나 모든 상징 언어가 신피질의 산물인 것은 아니다. 예를 들어 신피질의 흔적도 찾아볼 수 없는 벌이 정교한 춤의 언어를 가지고 있다. 벌이 춤을 통해 먹을 것이 위치한 곳의 방향과 거리에 대한 정보를 주고받는다는 사실은 오스트리아의 곤충학자 카를 폰 프리슈(Karl von Frisch)가 처음 발견했다. 벌의 춤은 사실상 과장된 몸짓 언어, 벌이 먹이를 발견했을 때 실제로 보여 주는 활동을 모방한 것이라고 할 수 있다. 사람으로 치자면 냉장고 쪽으로 발걸음을 옮길 때 하는, 혀로 입술을 핥으며 손으로 배를 두드리거나 문지르는 행동과 마찬가지이다. 그러나 이러한 언어의 어휘는 지극히 제한되어 있다. 기껏해야 몇십 개의 낱말로 이루어져 있다. 반면 인간의 어린이들이 긴 유년기에 하는 학습은 거의 전적으로 신피질의 기능인 것으로 보인다.

후각 처리 과정의 대부분은 변연계가 담당하고 있지만 일부는 신피질에서 이루어진다. 이와 같은 기능의 분화는 기억 처리 과정에도 적용되는 것으로 보인다. 후각 피질을 제외한 변연계의 가장 중요한 영역은 조금 전 언급한 해마 피질이다. 후각 피질이 절제된 동물들도 비록 그 효율은 떨어지지만 냄새를 맡을 수 있다. 이것은 뇌 기능의 중복성의 한 예이다. 오늘날 사람들을 대상으로 한 실험에서 냄새에 대한 단기 기억이 해마에 자리 잡는다는 사실이 밝혀졌다. 해마의 본래 기능은 어쩌면 전적으로 냄새에 대한 단기 기억을 저장하는 것이었는지도 모른다. 이는 먹이나 짝을 찾아내는 데 매우 중요하다. 그러나 인간의 해마에 양측성 손상(bilateral hippocampal lesion)이 생길 경우, 앞서 언급한 환자 H. M.처럼 심각한 단기 기억 결함이 생긴다. 그와 같은 손상을 가진 환자들은 말 그대로 돌아서는 순간 모든 것을 잊어버린다. 해마와 전두엽 모두 인간의 단기 기억에 관여하고 있는 것이 분명하다.

이러한 발견들이 암시하는 가장 흥미로운 점 가운데 하나는 단기 기억과 장기 기억이 대개 뇌의 다른 부분에 저장된다는 사실이다. 고전적 조건화—파블로프의 개가 종소리만 들어도 침을 흘리게 되는 현상—를 관장하는 부위는 변연계인 것으로 보인다. 이러한 예는 장기 기억에 속하기는 하지만 매우 제한된 종류의 장기 기억이라고 할 수 있다. 가장 정교한 종류의 인간의 장기 기억은 신피질에 위치하고 있다. 이는 우리가 앞일을 예측하는 능력과 일맥상통한다. 사람이 나이가 먹으면 방금 전 들은 말을 잊어버리곤 한다. 어린 시절에 경험한 사건은 생생하고 정확하게 기억하면서도 말이다. 이러한 경우에는 단기 기억이나 장기 기억 모두 별 문제가 없다. 단지 그 둘

간의 연결 고리에 문제가 있는 것이다. 새로운 자료를 장기 기억 속에 입력하는 데 어려움을 겪는 것이다. 펜필드는 나이 든 사람들에게 찾아오는 이러한 어려움은 동맥 경화나 그 밖의 신체 장애 때문에 해마에 혈액 공급이 충분하지 않기 때문에 생긴다고 믿었다. 따라서 노인 또는 그다지 나이가 많지 않은 사람이라도 다른 측면에서는 완전히 기민하고 지적으로 명료한데도 단기 기억에 심각한 문제가 생길 수 있는 것이다.* 이러한 현상은 한편으로 단기 기억과 장기 기억이 명확히 구분되어 있음을 다시 한 번 주지시킨다. 이는 뇌에서 단기 기억을 처리하는 장소와 장기 기억을 처리하는 장소가 따로 마련되어 있다는 사실과도 일맥상통한다. 작은 식당의 종업원은 수많은 손님들의 다양한 주문을 주방에 정확하게 전달할 수 있다. 그러나 한 시간쯤 지나면 그 정보들은 종업원의 머리에서 말끔히 지워져 버린다. 손님의 주문은 단지 단기 기억에만 들어갈 뿐, 장기 기억에 저장되지 않았기 때문이다.

기억을 되살리는 절차의 메커니즘 역시 복잡하다. 우리는 종종 뭔가—어떤 단어, 사람 이름, 누군가의 얼굴 모습이나 어떤 경험—가 자신의 장기 기억에 들어 있다는 사실을 알지만 그것을 끄집어 낼 수 없을 때가 있다. 아무리 애를 써 보아도 기억 속에서 그 정보를

* 실제로 혈액 공급과 지적 능력 사이에 상관 관계에 대한 일련의 의학적 증거가 존재한다. 몇 분 동안 산소 공급이 중단되었던 환자가 영구적이고 심각한 정신적 결함을 갖게 되는 사례는 오래전부터 알려져 왔다. 뇌졸중을 예방하기 위해 막힌 경동맥의 찌꺼기를 제거하는 수술을 받은 환자가 예기치 않았던 혜택을 덤으로 얻은 사례도 있었다. 수술을 받은 지 몇 주가 지나서 지능 검사를 해 보니 환자의 IQ가 18점이나 높아졌다는 보고가 있다. 이는 상당한 정도의 개선이 아닐 수 없다. 어떤 사람들은 유아에게 고압 산소 처치를 하면 지능이 더 높아질지도 모른다는 제안을 내놓기도 했다.

찾아낼 수가 없다. 그러나 옆으로 조금 에둘러서 다가가면, 다시 말해서 기억하려는 대상과 약간 관련되어 있거나 그 주변에 있는 것들을 떠올려 보면 뜻밖으로 애초에 기억하고자 했던 대상이 떠오르는 경우가 있다.(인간의 시각 역시 이와 비슷한 측면이 있다. 우리가 희미한 물체, 예를 들어서 별을 똑바로 응시할 때 우리는 와(窩, fovea)를 사용한다. 와는 망막에서 가장 예민한 부분으로 원추세포(cone cell, 원뿔세포)가 가장 밀집해 있는 곳이다. 그러나 우리가 시선을 조금 비껴서, 또는 옆으로 조금 에둘러서 사물을 바라볼 때에는 우리는 간상세포(rod cell, 막대세포)를 동원하게 된다. 이 세포는 희미한 조명 상태에서 예민하게 반응한다. 따라서 별과 같은 사물을 더 잘 볼 수 있게 된다.) 왜 옆으로 에둘러 생각하는 것이 기억을 떠올리는 데 더 도움이 되는지 알아내는 것은 흥미로울 것이다. 어쩌면 에둘러 생각하는 것은 단순히 다른 신경 경로를 통해서 기억의 자취를 밟아 가는 것일지도 모른다. 그러나 이는 특별히 효율적인 두뇌 공학을 암시하는 것은 아니다.

우리는 모두 특별히 생동감 넘치거나 너무나 무섭거나 지혜로 가득하거나 그 밖에 어떤 면에서든지 기억해 둘 만한 꿈을 꾸다가 한밤중에 깨어나 "아침에도 이 꿈을 꼭 기억해 내야지." 하고 생각한 경험이 있을 것이다. 그런데 이튿날이면 꿈의 내용이 단 한 조각도 생각나지 않거나 그 꿈에 담긴 정서의 희미한 흔적만이 남아 있을 것이다. 그러나 꿈에서 깨자마자 옆에서 자고 있는 배우자를 깨워서 꿈의 내용을 이야기해 준 경우에는 이상하게도 이튿날 꿈의 내용을 잘 떠올릴 수 있다. 이와 마찬가지로 한밤중에 꿈에서 깼을 때 꿈의 내용을 글로 적어 놓는다면, 이튿날 그 메모를 들여다보지 않아도 꿈의 내용을 완벽하게 기억할 수 있다. 이러한 현상은 전화번호 따위를 외울 때에도 적용된다. 여러분이 전화번호를 듣고 단순히 그 번호를 생각해 보기만 한다면 번호를 깡그리 잊어버리거나 숫자의 순서가 뒤

바뀌게 될 것이다. 그런데 전화번호를 큰소리로 말해 보거나 종이 위에 써 본다면 나중에도 잘 기억할 수 있다. 이는 우리의 뇌에는 생각이 아닌 음성과 이미지를 기억하는 부분이 따로 존재한다는 것을 의미한다. 나는 그와 같은 종류의 기억은 우리가 수많은 사고를 하게 되기 전에 발생했던 것이 아닐까 짐작해 본다. 우리에게 이따금씩 찾아오는 철학적 숙고보다는 다가오는 뱀의 쉭쉭거리는 소리, 땅으로 쏜살같이 내려오는 매의 그림자 등을 기억하는 것이 절실하게 중요했던 그 시절에 말이다.

인간 본성에 대하여

삼위일체의 뇌라는 뇌 기능 분화의 모델은 분명 흥미롭지만, 뇌의 기능이 완벽하게 분화되어 있다는 생각은 지나치게 단순한 논리라는 점을 강조하고 싶다. 인간의 관습적 행동이나 정서적 행동은 분명 신피질의 추상적 추론의 영향을 강하게 받는다. 오래전부터 사람들은 종교적 신념의 정당성을 분석적으로 입증하려 했고 권위주의적 행동을 철학적으로 정당화하려 했다. 왕권 신수설, 즉 왕의 권리는 신이 준 것이라는 주장에 대한 토머스 홉스의 '증명'이 그 예이다. 마찬가지로 인간 외의 동물들, 그리고 심지어 영장류가 아닌 동물들 역시 희미하게나마 분석 능력의 흔적을 보여 준다. 나의 다른 책 『우주적 연관성(*The Cosmic Connection*)』에 묘사한 바와 같이, 나는 돌고래가 일종의 분석 능력을 가지고 있다는 확실한 인상을 받았다.

이와 같은 인상을 마음에 새긴 후에는 대략 다음과 같이 정리했다. 우리 삶의 관습적이고 위계적 측면은 R 복합체의 영향을 크게 받으며, 이는 우리의 파충류 조상들과 공유하고 있는 특성이다. 우리 삶의 이타적이고 정서적이며 종교적인 측면은 상당 부분 우리 뇌의 변연계의 영향을 받고 있으며, 영장류가 아닌 포유류 조상들(그리고 아마도 조류)과 공유하고 있다. 그리고 신피질의 산물인 추론 기능은 일정 범위까지는 고등 영장류 및 돌고래나 고래와 같은 고래류 동물과 공유하고 있다. 비록 관습, 정서, 추론 모두 인간 본성의 중요한 측면들이지만, 그 가운데에서 인간 고유의 특성이라고 할 수 있는 것들은 바로 추상적 연합 능력과 추론 능력일 것이다. 호기심과 문제를 풀고자 하는 충동은 우리 인간 종의 가장 커다란 정서적 특징이다. 그리고 무엇보다 독특한 인간의 활동은 바로 수학, 과학, 기술, 음악, 예술 등이다. 이는 우리가 보통 '인문학(humanity)'이라고 부르는 것보다 좀 더 넓은 범위를 아우른다. 사실 바로 이 humanity라는 단어의 일반적 쓰임은 인간이 무엇인지에 대한 우리의 시각이 유난히 편협하다는 사실을 반영해 준다. 따지고 보면 수학은 시만큼이나 humanity(인간의 속성)이다. 그리고 고래와 코끼리도 인간처럼 humane(자비심 있는, 인정이 있는)할 수 있다.

삼위일체의 뇌 모델은 비교 신경해부학 및 행동학으로부터 도출되었다. 그러나 오래전부터 우리는 내적 성찰을 통해서 우리 자신이라는 존재를 탐구해 왔다. 따라서 만일 삼위일체의 뇌 모델이 맞는 것이라면, 인간의 자기 인식의 역사 속에서 이러한 모델을 암시하는 흔적을 찾을 수 있어야 할 것이다. 널리 알려진 가설 가운데 삼위일체의 뇌 모델을 조금이나마 연상시키는 것은 바로 인간의 마음의 구조를 이드(id), 자아(ego), 초자아(superego)로 나눈 지그문트 프로이트의 이론이다. R 복합체의 공격적이고 성적인 측면은 프로이트가 묘사한 이드(이드는 라틴 어로 it이라는 의미이다. 즉 우리 본성의 짐승과 같은 측

그림 13 마우리츠 코르넬리우스 에스헤르, 「모자이크 II」

면을 가리킨다.)에 잘 들어맞는다. 그러나 프로이트의 이드는 R 복합체에서 나타나는 관습적이고 위계적인 측면을 그다지 강조하지 않는다. 그는 정서, 특히 프로이트의 세계에서 종교적 계시에 해당되는 '대양 체험(oceanic experience)'을 자아의 기능으로 보았다. 그러나 프로이트의 초자아는 특별히 추상적 추론을 담당하는 곳이 아니다. 그 대신 사회적 억압이나 부모의 구속을 내면화하는 기능을 담당한다. 그러나 삼위일체의 뇌 모델에서 그와 같은 기능은 오히려 R 복합체가 수행하는 것으로 보인다. 따라서 내가 보기에 정신분석학적 마음의 3각 구조는 삼위일체의 뇌 모델과 아주 약간만 부합한다.

아마 그보다 더 나은 메타포는 마음을 의식, 비활성 상태로 있다가 자극을 받으면 깨어나는 전의식, 억제되어 있거나 그 밖의 이유로 접근할 수 없는 무의식으로 나눈 프로이트의 분류일 것이다. 프로이트가 "사람이 신경증에 걸릴 수 있는 능력과 문화의 발달을 이룰 수 있는 능력은 동전의 양면과 같다."라고 말했을 때 그가 주목한 것은 정신 구조의 각 요소들 간에 존재하는 긴장이었다. 그는 무의식의 기능을 '1차 과정(primary process)'이라고 불렀다.

삼위일체의 뇌 모델과 좀 더 잘 들어맞는 예는 플라톤의 대화 『파이드로스』에 나오는 인간의 정신 구조에 대한 은유일 것이다. 소크라테스는 인간의 영혼을 두 마리의 말이 끄는 마차에 비유했다. 검은 말과 흰 말이 제각기 다른 방향으로 내달리고 있고, 말을 통제하는 마부의 힘은 약하다. 마차라는 비유 자체가 매클린의 신경계의 차대라는 비유와 기가 막힐 정도로 비슷하다. 두 마리의 말은 각각 R 복합체와 변연계라고 할 수 있고, 이리저리 흔들리며 내달리는 말과 마차를 가까스로 통제하고 있는 마부는 신피질이라고 할 수 있다. 한편 프로이트는 자아를 이리저리 날뛰는 말을 타고 있는 사람으로 비유한 적이 있다. 프로이트의 비유와 플라톤의 비유 모두 정신 구조의 각 부분이 가진 상당한 정도의 독립성과 각 부분 간의 긴장 상태를 강조하고 있다. 이러한 상태야말로 우리의 인간 조건이고 우리가 돌아가게 될 지점이다. 세 요소들이 신경해부학적으로 서로 연결되어 있기 때문에 삼위일체의 뇌라는 모델은 『파이드로스』의 마차처럼 일종의 메타포일 뿐이다. 그러나 이는 매우 유용하고 심오한 메타포로 드러날 수도 있다.

4장

메타포로서의 에덴

이제 그대들은 낙원을 떠난 것을 괴로워하지 않을 것이다.
그대의 마음속에 더 행복한 낙원을 지니게 될지니…….
그들은 손을 잡고서 이리저리 방황하며
천천히 에덴을 가로질러 쓸쓸한 길로 들어섰다.
— 존 밀턴, 『실낙원』

왜 그대는 사람들이 가지 않은 길로 접어들었던 것이냐?
약한 손과 강한 심장을 가진 그대가
왜 그다지도 성급히 길들여지지 않은 용의 소굴로 들어갔던 것이냐?
그토록 무방비한 상태로…….
아, 거울처럼 빛나는 방패인 지혜는 그때 대체 어디에 있었단 말이냐?
— 퍼시 비시 셸리, 「아도니스」

곤충들은 표면적에 비해서 몸무게가 매우 적다. 그래서 딱정벌레는 높은 곳에서 떨어져도 재빨리 종속도(terminal velocity, 자유 낙하시 가속도가 붙을수록 공기 저항도 커져서 두 힘이 상쇄되어 등속도 운동을 하는 단계에 이르는데, 이를 종속도라고 한다.—옮긴이)에 도달한다. 공기 저항이 벌레를 너무 빠르게 떨어지지 않도록 해 주는 것이다. 벌레는 땅 위에 떨어진 후에 유유히 기어가 버린다. 겉보기에 아무런 이상이 없어 보인다. 다람쥐같이 몸집이 작은 포유류의 경우에도 마찬가지이다. 예를 들어 생쥐를 수천 미터 깊이의 갱도 아래로 떨어뜨려 보자. 바닥의 지면이 부드럽다면, 조금 어리둥절하기는 하겠지만 생쥐는 멀쩡하게 털고 일어나 돌아다닐 것이다. 그러나 인간은 대개 몇십 미터 높이에서 떨어지면 목숨을 잃거나 심각한 불구가 되기 일쑤이다. 우리 인간은 몸집이 큰 탓에 표면적에 비해 몸무게가 너무 많이 나가기 때문이다. 따라서 나무 위에서 살던 우리의 조상들은 매사에 주의를 기울여야 했다. 팔을 뻗어 이 가지에서 저 가지로 몸을 옮기는 순간마다 목숨이 걸린 곡예를 펼쳤던 것이다. 도약 하나하나가 바로 진화의 기회였다. 자연선택의 강력한 힘이 매번 작용했고, 그 결과 우아하고 민첩하며 정확한 양안시(binocular vision, 두눈보기)와 만능의 손재주, 뛰어난 눈과 손의 협응력, 뉴턴 중력에 대한 직관을 가진 생물의 진화가 이루어졌다. 그리고 이와 같은 각각의 기술들은 뇌, 특히 신피질의 진화에서 커다란 진보를 요구했다. 따라서 인간의 지능은 우리 조상들이 나무 위에서 보낸 수백만 년의 세월 덕택이라고 볼 수 있다.

나무에서 내려와 사바나 평원에 정착하게 된 후에도 우리는 여전히 그 우아한 도약과 숲 꼭대기의 환한 햇살 속에서 중력을 무시하고 날아오르던 그 황홀한 순간들을 갈망해 온 것은 아닐까? 오늘날 인간의 아기들이 보이는 놀람 반사(startle reflex, 신생아가 큰 소리나 기타 자극이 주어질 때 몸을 움츠리거나 눈을 감는 등의 반사적 행동을 보이는 현상—옮긴이)는 나무 꼭대기에서 떨어지는 것을 방지하기 위한 신체 기능의 잔재는 아닐까? 우리가 밤에 이리저리 날아다니는 꿈을 꾸고 레오나르도 다빈치나 우주 비행 이론의 선구자인 콘스탄틴 치올코프스키(Konstantin Tsiolkovskii)의 삶이 보여 준 것처럼 낮에도 비행을 꿈꾸어 온 것은 높게 솟은 나무 가지 위에서 보냈던 시절에 대한 향수 어린 그리움은 아닐까?*

---

* 현대의 로켓 기술과 우주 탐험 능력은 로버트 고다드(Robert H. Goddard) 박사에게 힘입은 바 크다. 현대적인 로켓의 거의 모든 중요한 측면들이 수십 년에 걸친 그의 고독한 연구에서 탄생했다. 고다드가 로켓에 관심을 갖게 된 것은 어느 마술 같은 한 순간에서 비롯되었다. 1899년 어느 가을날 뉴잉글랜드의 고등학교 2학년생이었던 고다드는 벚나무에 기어 올라갔다. 나뭇가지에 앉아서 무심히 나무 주변의 바닥을 내려다보던 그에게 갑자기 인간을 화성에 데려다 줄 운송체(vehicle)에 대한 전망이 마치 계시와도 같이 떠올랐다. 그 순간 고다드는 그러한 운송체를 만들어 내는 데 일생을 바치기로 결심했다. 정확히 1년 후 그는 그 나무에 또다시 올라갔다. 그리고 남은 일생 동안 10월 19일을 그날의 경험을 되새기는 개인적 기념일로 삼았다. 그를 역사적인 업적으로 이끈 화성 여행에 대한 전망이 떠오른 장소가 다름 아닌 나뭇가지 위였다는 것이 그냥 우연에 지나지 않는 것일까?

사람 외의 다른 포유류들, 심지어 영장류나 고래류가 아닌 포유류도 신피질을 가지고 있기는 하다. 그렇지만 인간으로 이어지는 진화적 계통에서 최초로 신피질의 발달이 대규모로 일어난 것은 언제일까? 비록 우리의 유인원 조상 중 현재까지 생존하고 있는 종은 전혀 없지만 이 질문의 답을 얻거나 적어도 질문에 접근해 볼 방법은 있다. 화석의 두개골을 살펴보는 것이다. 사람이나 유인원, 원숭이 그리고 다른 포유류의 뇌는 두개골의 공간을 거의 다 차지하고 있다. 다른 동물, 이를테면 어류는 그와 다르다. 아무튼 포유류의 이러한 특성을 이용해 두개골의 주형을 떠 보면, 우리는 인간의 직접적 조상이나 방계 친족뻘 되는 동물의 두개강의 부피를 구할 수 있고, 그로부터 뇌의 부피를 어림할 수 있다.

발견된 화석 가운데 무엇이 인간의 조상이고 누가 조상이 아니냐 하는 문제에 대해서는 지금도 고생물학자들 사이에서 뜨거운 격론이 벌어지고 있다. 그리고 그동안 생각해 왔던 것보다 훨씬 더 이른 시점에 생존했던 것으로 추정되는, 놀랄 만큼 인간과 유사한 특성을 지닌 동물의 화석이 거의 해마다 발견되고 있다. 확실한 것으로 여겨지는 사실 중 하나는 약 500만 년 전에 연약한 오스트랄로피테쿠스(gracile Australopithecine)라고 하는, 유인원과 비슷한 동물이 번성했다는 것이다. 이들은 두 발로 걸었고, 뇌의 부피는 약 500세제곱센티미터였다. 오늘날의 침팬지보다 100세제곱센티미터 정도 더 큰 뇌를 가졌다. 이러한 증거를 통해서 고생물학자들은 "직립 보행이 대뇌화(大腦化, encephalization, 정밀한 감각 기능과 세밀한 운동 기능이 점차 뇌의 아랫부분에서 윗부분인 대뇌피질 부위로 이관되어 대뇌피질 부위가 크게 발달하는 현상—옮긴이)보다 선행한다."라는 결론을 이끌어 냈다. 쉽게 말해서, 우리의 조상들은 일단 두 발로 걷기 시작했고, 그 다음 큰 뇌를 갖게

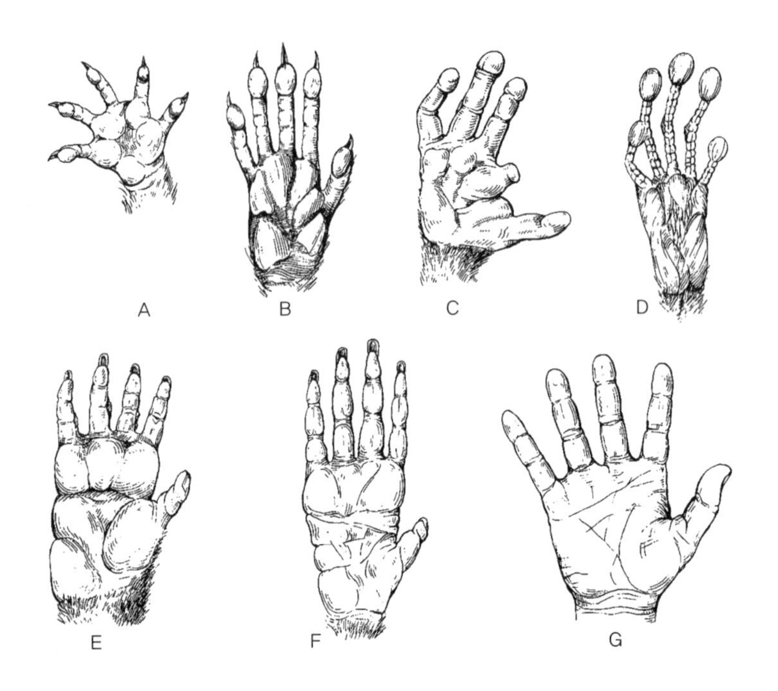

그림 14 동물의 손은 각 동물의 생활 방식에 맞추어 적응해 왔다. A. 주머니쥐 B. 나무두더쥐 C. 늘보붙이포토 D. 안경원숭이 E. 비비원숭이(이 경우에 손은 부분적으로 발 역할을 하고 있다.) F. 오랑우탄 G. 사람(엄지손가락이 상대적으로 길고 다른 손가락과 마주 댈 수 있다.)

되었다는 말이다.

약 300만 년 전쯤 되자 두 발로 걷는 다양한 동물들이 나타나기 시작했다. 이들의 두개골 부피는 가지각색이었고, 일부는 100만~200만 년 전에 출현했던 동아프리카의 연약한 오스트랄로피테쿠스에 비해 상당히 큰 두개골을 지녔다. 그중 인류 조상에 대한 연구의 선구자인 케냐 국적의 백인 루이스 리키(Louis Leakey)가 호모 하빌리스(*Homo habilis*)라고 명명한 종은 두개골 부피가 약 700세제곱센티미터에 이르렀다. 고고학적 증거에 따르면 호모 하빌리스는 도구를 만들었던 것으로 보인다. 두 발로 걸음으로써 손이 자유롭게 되므로, 도구가 직립 보행의 원인이자 결과라는 생각을 처음으로 주창한 사람은 찰스 다윈이다. 이와 같은 커다란 행동의 변화가 뇌 부피의 커다란 변화와 비슷한 시기에 일어났다고 해서 어느 한쪽이 다른 쪽의 원인이라고 단정할 수는 없다. 그러나 이전에 우리가 논의한 사항들을 고려한다면 둘 사이의 인과 관계의 고리는 매우 그럴듯하다.

112쪽의 표는 1976년까지 수집된, 인간의 가장 근접한 조상들과 그들의 방계 친족들에 대한 증거들을 나열하고 있다. 서로 상당한 차이를 보이는 두 오스트랄로피테쿠스들은 호모 속이 아니다. 다시 말해서 인간이 아니다. 이들은 아직 완전한 직립 보행을 하지 못했고, 뇌의 부피도 오늘날 성인 평균의 3분의 1에 지나지 않았다. 만일 우리가 지하철 같은 곳에서 오스트랄로피테쿠스와 마주친다면 아마 이마가 거의 없는 그의 모습에 충격을 받을 것이다. 현생 인류의 이마가 아무리 좁다 한들 그보다 더 좁을 수는 없을 것이다. 두 종류의 오스트랄로피테쿠스 간에는 상당한 차이가 있다. 강건한 오스트랄로피테쿠스(robust Australopithecine)는 키가 더 크고 몸무게도 더 많이 나갔으며 강력한 '호두까기' 이빨을 가졌다. 그리고 이 종은 상당한 정도의 진화적 안전성을 보였다. 오스트랄로피테쿠스 로부스투스(*Australopithecus robustus*)의 두내강 부피는 시간적으로 수백만 년씩 떨어져 있는 표본들 사이에서 크게 변하지 않았던 것이다. 한편 치아의 상태로 미루어 짐작건대 연약한 오스트랄로피테쿠스는 역시 풀과 더불어 고기도 먹었던 것으로 보인다. 이들은 그 이름에 나타나 있듯 좀 더 체구가 작고 연약하다. 그러나 이 종은 오스트랄로피테쿠스 로부스투스에 비해서 훨씬 더 오래되었고 두내강 부피도 더 크게 변했다. 그러나 무엇보다 중요한 사실은 연약한 오스트랄로피테쿠스의 화석이 발견되는 장소가 특정 유물군과 관련되어 있다는 사실이다.

그림 15 500만 년 전의 연약한 오스트랄로피테쿠스 가족.

바로 돌이나 동물의 뼈와 뿔과 이빨로 만든 도구들이다. 그들은 엄청난 노력을 기울여 이러한 재료들을 조각하고, 깨뜨리고, 문지르고, 윤을 내서 뭔가를 깎고, 벗겨 내고, 빻고, 자르는 도구들을 만들었다. 오스트랄로피테쿠스 로부스투스는 어떤 도구와도 관련성을 보이지 않는다. 몸무게 대비 뇌의 무게는 연약한 오스트랄로피테쿠스가 오스트랄로피테쿠스 로부스투스의 거의 두 배에 이른다. 따라서 이러한 두 배의 차이가 도구의 사용 유무와 관련된 것은 아닐까 하는 추측이 뒤따르는 것은 당연하다.

오스트랄로피테쿠스 로부스투스와 거의 비슷한 시기에 새롭게 출현한 동물이 바로 최초의 진정한 인간이라고 할 수 있는 호모 하빌리스(*Homo habilis*)이다. 호모 하빌리스는 두 종류의 오스트랄로피테쿠스보다 몸집도 크고 뇌의 부피도 더 크다. 그리고 몸무게 대비 뇌의 무게는 연약한 오스트랄로피테쿠스와 비슷한 정도이다. 호모 하빌리스는 기후 변화 때문에 숲이 점점 줄어들던 무렵에 출현했다. 이들은 드넓은 아프리카 사바나 지역에서 살았다. 그들은 어마어마하게 다양한 포식 동물로 가득한 아주 위험한 환경을 마주하게 되었을 것이다. 키가 작은 수풀로 우거진 이 평원 지대에 최초의 현생 인류와 최초의 현생 말이 거의 같은 시기에 출현했다.

지난 6000만 년 동안 유제류(발굽을 가진 동물—옮긴이)들은 계속해서 진화해 왔으며, 그 과정은 화석에 잘 기록되어 있다. 그 긴 진화의 역사의 최종 산물이 바로 오늘날의 말이다. '말의 시조'로 불리는 에오히푸스는 약 5000만 년 전에 나타났으며, 그 크기는 대략 영국개인 콜리와 비슷했고, 뇌의 부피는 약 25세제곱센티미터로 몸무게 대비 뇌의 크기는 오늘날 그와 비슷한 포유류의 절반에 지나지 않았다. 그 이후에 말은 뇌의 절대적 · 상대적 크기에서 괄목할 만한 진화

표 1

종	가장 오래된 표본	두개강 부피	키와 몸무게	몸무게 대비 뇌의 무게	비고
오스트랄로피테쿠스 로부스투스(파란트로푸스(Paranthropus)와 진잔트로푸스(Zinjanthropus) 포함)	350만 년 전	500~550 세제곱센티미터	1.5미터 40~60킬로그램	~90	잘 씹을 수 있는 기관을 갖췄음. 정수리에 시상 능선(sagittal crest, 두개골의 윗부분 가운데의 선을 따라 앞에서 뒤까지 뼈가 돌출된 부분) 존재. 엄격한 채식을 했을 것으로 짐작됨. 불완전한 직립 보행. 이마가 없음. 관목 지대에서 서식. 도구 사용 증거 없음.
오스트랄로피테쿠스 아프리카누스(연약한 오스트랄로피테쿠스)	600만 년 전	430~600 세제곱센티미터	1~1.25미터 20~30킬로그램	~50	강한 송곳니와 앞니. 잡식성으로 추정. 불완전한 직립 보행. 이마가 약간 있음. 관목과 덤불 지대에서 서식. 돌과 뼈로 만든 도구 사용.
호모 하빌리스	370만 년 전	500~800 세제곱센티미터	1.2~1.4미터 30~50킬로그램	~60	넓은 이마. 확실한 잡식성. 완전한 직립 보행. 사바나 초원에서 서식. 석기 사용. 집을 지어 생활했을 가능성이 있음.
호모 에렉투스(피테칸트로푸스)	150만 년 전	1750~1250 세제곱센티미터	1.4~1.8미터 40~80킬로그램	~65	넓은 이마. 확실한 잡식성. 완전한 직립 보행. 다양한 지역에 서식. 다양한 석기 사용. 불 사용.
호모 사피엔스	20만 년 전	1100~2200 세제곱센티미터	1.4~2미터 40~100킬로그램	~45	넓은 이마. 확실한 잡식성. 완전한 직립 보행. 지구 전체에 서식. 돌, 금속, 화학, 전기, 핵을 이용한 도구 사용.

를 거듭했다. 특히 전두엽의 신피질이 크게 발달했다. 이러한 진화에는 말의 지능의 상당한 발달이 수반되었을 것이 분명하다. 나는 평행을 이루는 말과 인간의 지능 발달에 공통적인 원인이 있었던 것인지 궁금하다. 예를 들어 영장류를 공격했던 것과 동일한 맹수의 공격을 피하기 위해서 말은 더욱 빠른 발과 기민한 감각과 지능을 필요로 했던 것은 아닐까?

호모 하빌리스는 비교적 넓은 이마를 가지고 있었다. 이것은 전두엽과 측두엽의 신피질 영역과 뇌에서 언어를 관장하는 영역이 상당히 발달했음을 암시한다. 만일 우리가 현대적인 대도시의 대로변에서 최신 유행 스타일의 옷을 차려입은 호모 하빌리스를 우연히 마주친다면, 아마 그저 흘낏 쳐다보고 지나갈 것이다. 그나마 시선을 끄는 것도 그의 키가 유난히 작기 때문일 것이다. 호모 하빌리스는 상당히 정교하고 다양한 도구들과 함께 발견되었다. 뿐만 아니라 호모 하빌리스가 출토된 부근에서 돌을 둥그렇게 배열해 놓은 흔적이 많이 발견되었다. 이는 호모 하빌리스가 거처할 곳을 스스로 만들었다는 이야기가 된다. 이는 플라이스토세의 빙하 시대나 인간이 주로 동굴에 거처했던 시절보다도 훨씬 전에 호모 하빌리스가 야외 가옥을, 목재, 나무의 잔가지, 풀, 돌 등을 가지고 만들었다는 이야기이다.

호모 하빌리스와 오스트랄로피테쿠스 로부스투스는 거의 동시에 출현했기 때문에 둘 중 어느 한쪽이 다른 쪽의 조상이었을 가능성은 거의 없다. 연약한 오스트랄로피테쿠스 역시 호모 하빌리스와 같은 시대에 살았지만, 이 종의 기원은 훨씬 오래전으로 거슬러 올라간다. 따라서 확실하지는 않지만 진화적으로 밝은 전망을 지닌 호모 하빌리스와 진화의 막다른 골목에 서 있던 오스트랄로피테쿠스 로부스투스가 모두 연약한 오스트랄로피테쿠스 아프리카누스에서 비롯된 것

그림 16 수백만 년 전 올두바이 계곡(Olduvai Gorge) 근처의 동아프리카 사바나 지역. 전경의 오른쪽 구석에 세 명의 원인이 보인다. 이들은 아마도 오스트랄로피테쿠스나 호모 하빌리스일 것이다. 배경으로 보이는 활화산은 지금 오늘날의 응고롱고로(Ngorongoro) 화산이다.

일지도 모른다. 이 경우 오스트랄로피테쿠스 아프리카누스 역시 오랫동안 생존해서 그들의 후손과 같은 시대를 살았던 것 같다.

두개강 부피가 현대인과 비슷한 수준에 이른 최초의 인간은 호모 에렉투스(*Homo erectus*)이다. 몇년 동안 호모 에렉투스의 주요 표본은 주로 중국에서 얻어졌으며, 이들은 약 50만 년 전에 출현했을 것이라고 생각되었다. 그런데 1976년 케냐 국립 박물관의 리처드 리키(Richard Leakey)가 150만 년 전 지층에서 호모 에렉투스의 거의 완전한 두개골을 발견했다. 중국에서 발견된 호모 에렉투스의 표본이 분명하게 모닥불의 흔적과 관련되어 있는 것으로 미루어 보아, 우리의 조상들은 150만 년보다 더 이전부터 불을 사용해 왔는지도 모른다. 신화 속의 프로메테우스는 우리가 생각했던 것보다 훨씬 더 나이를 많이 먹은 셈이다.

도구와 관련된 고고학적 흔적에서 무엇보다 놀라운 점은 일단 도구가 나타나기 시작하자 발견되는 유물의 수가 곧 어마어마한 양으로 늘어났다는 점이다. 맨 처음 도구 사용의 영감을 얻은 어느 연약한 오스트랄로피테쿠스가 자신이 발견한 도구 만드는 법을 친구들과 친족들에게 널리 가르쳐 주었던 것으로 보인다. 이전에 존재하지 않았던 도구가 어느 시점 이후에 대량으로 발견되었다는 사실은 오스트랄로피테쿠스들이 교육 제도를 가지고 있었다는 가정으로밖에 설명되지 않는다. 아마도 도구를 만들어 내고 사용하는 지식, 연약하고 스스로를 방어할 신체 수단이 거의 없는 호모 속의 동물이 전 지구의 지배자로 떠오를 수 있도록 만들어 준 이 귀중한 지식을 대를 물려 전승하는 일종의 석공 조합과 같은 것이 존재했던 것이 틀림없다. 호모 속이 독자적으로 도구를 고안해 냈는지, 아니면 오스트랄로피테쿠스들에게 그 지혜를 빌려 온 것인지는 알 수가 없다.

몸무게와 뇌의 무게의 비율을 나타낸 표에서 볼 수 있듯이 측정 오차를 고려할 때 연약한 오스트랄로피테쿠스나 호모 하빌리스나 호모 에렉투스나 현생 인류 모두 그 수치가 엇비슷하다. 따라서 최근 수백만 년 동안 이루어진 그 엄청난 진보는 몸무게 대비 뇌의 무게로 설명할 수 없다. 아마도 뇌 무게 자체의 절대적인 증가와 새로운 기능의 분화, 뇌 안에서의 복잡도 증가, 그리고 무엇보다도 신체 외적 학습을 통해 이러한 진보가 이루어졌다고 생각할 수 있다.

리키는 수백만 년 전의 인간과 비슷한 형태의 화석들 가운데 상당수가 두개골에 구멍이 나거나 금이 가 있다는 사실에 주목했다. 이러한 손상 가운데 일부는 표범이나 하이에나가 만들었을 것이다. 그러나 리키와 남아프리카의 해부학자 레이먼드 다트(Raymond Dart)는 부상 가운데 상당수는 바로 우리 조상들에게 입었을 것이라고 믿는다.

플라이오세와 홍적세 시대에 여러 종의 원시 인류들 간에 피 터지는 경쟁이 있었을 것이 분명하다. 그 결과 도구 제작과 사용에 남달리 뛰어난 단 한 계통만이 살아남게 되었다. 그리고 그 계통이 바로 우리 자신으로 이어진 것이다. 연약한 오스트랄로피테쿠스는 똑바로 서서 두 발로 걸어다녔고, 유연하고 재빠르며 키가 1미터 정도 되는 '작은 사람' 이었다. 나는 때때로 키 작은 땅의 요정, 장난꾸러기 난쟁이 등에 대한 신화가 그 시대에 대한 유전적 · 문화적 기억을 드러내는 것이 아닌가 생각한다.

원인의 두개골 부피가 급격하게 증가하는 것과 발맞추어 인간의 해부학적 구조에 또 다른 엄청난 변화가 일어났다. 옥스퍼드 대학교의 해부학자인 윌프레드 르 그로스 클락 경(Sir Wilfred Le Gross Clark)이 지적한 바와 같이 인간의 골반에 대대적인 변화가 일어났다. 이는 머리가 엄청나게 커진 아기를 낳기 위해 필요한 변화였을 것이다. 산도를 둘러싼 골반의 테두리가 오늘날의 여성들의 수준보다 더 커지게 된다면 여성들은 효율적으로 걸을 수 없을 것으로 보인다.(여자 아이들은 태어날 때부터 남자 아이들에 비해서 커다란 골반을 지니고 있다. 그리고 사춘기에 이르면 또다시 여성의 골반 크기가 대폭 커진다.) 이 두 가지 진화적 사건이 어깨를 맞대고 함께 진행되어 온 사실은 자연선택이 어떻게 작용하는지를 보여 주는 좋은 예이다. 유전적으로 커다란 골반을 지니게 된 여성들은 커다란 뇌를 가진 아기를 낳을 수 있었을 것이다. 그리고 이 머리 큰 아이들은 우수한 지능 덕분에 성인기에 이르러 골반이 작은 여성이 낳은 머리가 작은 아이들과의 경쟁에서 성공적으로 우위를 점할 수 있었으리라. 돌도끼를 가진 자는 홍적세의 격렬한 분쟁과 충돌 속에서 승리를 거두었을 가능성이 더 크다. 더욱 중요한 사실로서 그는 사냥에도 더욱 성공적이었을 것이다. 그런데 돌도끼를 발명해 내고 계속해서 만들어 내기 위해서는 남보다 더 큰 뇌가 필요했던 것이다.

내가 알기로 지구의 수백만 종의 동물 가운데 어미가 새끼를 출산할 때 극심한 고통을 느끼는 종은 오직 인간뿐이다. 이는 아마도 최근까지 계속해서 두개골의 부피가 커졌기 때문인 것으로 생각된다. 현대 남성과 여성은 호모 하빌리스보다 두개의 크기가 두 배 더 크다. 출산에 고통이 따르는 이유는 인간의 두개골의 진화가 엄청나게 빠르게 진행되었으며 최근까지도 계속되어 왔기 때문이다. 미국의 해부학자 찰스 저드슨 헤릭(Charles Judson Herrick)은 신피질의 발달을 다음과 같이 묘사한다.

"계통학의 역사의 후반에 일어난 신피질의 폭발적인 성장은 비교해부학적 관점에서 볼 때 진화적 변화의 가장 극적인 사례이다."

갓 태어난 아기의 숫구멍, 즉 두개골이 완전히 닫히지 않은 상태는 최근 이루어진 뇌의 진화를 우리 몸이 아직 완벽하게 수용하지 못했음을 보여 주는 사례일지도 모른다.

뜻밖에도 『성서』의 「창세기」에 지능의 진화와 출산의 고통 간의 관계가 언급되어 있다. 선과 악을 구분하는 지혜의 나무의 열매를 따먹은 것에 대한 벌로서 신은 하와에게 이렇게 말한다.*

"너는 고통을 겪으며 자식을 낳을 것이다."(「창세기」 3장 16절)

---

* 한편 신이 뱀에게 내린 벌은 다음과 같다. "이제부터 너는 배로 기어다니리라." 이 말은 그렇다면 그 전에는 파충류들이 다른 방식으로 이동했음을 암시한다. 그런데 이는 정확하게 사실과 맞아떨어진다. 뱀은 네 발 달린, 용과 비슷하게 생긴 파충류 조상으로부터 진화되어 왔다. 수많은 뱀들이 아직까지도 조상들이 가졌던 다리의 흔적을 몸에 지니고 있다.

그런데 신이 모든 종류의 지혜 나무의 열매를 따먹지 못하도록 금지한 것이 아니라 하필이면 선과 악을 구별하는 지혜 나무 열매를 따먹지 못하게 했다는 점이 흥미롭다. 선과 악을 구별하는 데 필요한 추상 능력과 윤리적 판단이 자리할 곳이 신피질이 아니고 어디에 있겠는가? 에덴 이야기가 씌어졌던 시대에도 사람들은 인지 능력의 발달이 인간에게 신과 같은 힘과 엄청난 책임을 부여한다는 사실을 깨닫고 있었던 것이다. 신은 이렇게 말했다.

"보아라, 이 사람이 우리 가운데 하나처럼, 선과 악을 알게 되었다. 이제 그가 손을 내밀어서, 생명나무의 열매까지 따서 먹고, 끝없이 살게 하여서는 안 된다." (「창세기」 3장 22절)

그리하여 인간은 에덴에서 쫓겨나게 되었다. 그리고 신은 불타는 검을 든 천사들을 에덴 동산의 동쪽으로 보내서 인간의 야심으로부터 생명의 나무를 지키도록 했다.*

아마도 에덴 동산은 지금으로부터 300만~400만 년 전 우리의 조상들의 눈에 비쳤던 지구의 모습과 크게 다르지 않았을 것이다. 당시는 호모 속의 조상들이 다른 종의 동식물들과 일체가 되어 완벽한 조화를 이루며 살았던 전설적인 황금 시대이다. 『성서』에 따르면 인간은 에덴에서 추방된 후에 죽음과 고된 노동의 형벌을 받고, 성적 자극을 막기 위해 옷으로 치부를 가리게 되었으며, 남성이 여성을 지배하고, 식물을 길들이고(카인), 동물을 길들이며(아벨), 살인을 저지르게 되었다(카인과 아벨). 이 모든 사실들은 역사적 · 고고학적 증거와 상당히 잘 맞아떨어진다. 메타포로서의 에덴 동산에서 추방되기 전

* 「창세기」 3장 24절에서는 천사들(Cherubim은 Cherub의 복수형)로 나와 있고, 한편 불칼은 단수(a flaming sword)로 표시되었다. 아마 불칼의 공급이 원활치 못했던 모양이다.

까지 살인의 증거는 없었다. 그러나 인간으로 직접 이어지지 않았던 직립 보행 원인들의 두개골에 난 상처들로 미루어 짐작건대, 우리의 조상들은 심지어 에덴 동산에서조차 인간과 비슷한 수많은 동물들을 죽였던 것으로 보인다.

우리의 문명은 아벨이 아니라 살인자 카인으로부터 비롯되었다. 문명이라는 의미의 civilization이라는 단어 자체가 도시를 가리키는 라틴 어에서 비롯된 것이다. 이 최초의 도시들이 만들어 냈던 여가 시간, 공동체 조직, 노동의 분화를 바탕으로 해서 인류 문명의 대표적 특징이라고 생각하는 예술과 기술이 탄생할 수 있었다. 「창세기」에 따르면 최초의 도시는 카인이 세웠다고 한다. 카인은 농업의 발견자이고, 농업은 고정된 거처를 필요로 하는 기술이다. 그리고 카인의 후예이자 라멕(라멕은 카인의 5대째 직계 후손, 즉 카인의 증손자의 손자이다.—옮긴이)의 아들들이 '청동과 철의 기술'과 악기를 발명했다고 한다.(성서에는 라멕의 아들 유발이 관악기와 현악기를 다루는 자의 조상이 되었고, 또 다른 아들 두발가인은 청동과 쇠로 날카로운 도구를 만드는 이들의 조상이 되었다고 나온다.—옮긴이) 야금술과 음악—기술과 예술—은 카인의 후예들의 산물이다. 그리고 살인으로 이어지는 열정은 결코 줄어들지 않았다. 라멕은 이렇게 말했다.

"나에게 상처를 입힌 남자를 내가 죽였다. 나를 상하게 한 젊은 남자를 내가 죽였다. 카인을 해친 벌이 일곱 갑절이면, 라멕을 해치는 벌은 일흔일곱 갑절이다."

그 이후로 살인과 발명 간의 끈끈한 관계는 오늘날의 우리에게까지 이어진다. 살인과 발명은 모두 농업과 문명의 산물이다.

전전두엽이 생겨나는 변화와 더불어 인간에게 주어진 예측 능력은 무엇보다 먼저 인간에 죽음에 대한 인식을 가져다주었을 것이다.

아마도 인간은 지구에서 자신이 언젠가 사라져 버리고 말 것이라는 사실을 비교적 명확하게 인식하고 있는 유일한 종일 것이다. 죽은 사람과 더불어 음식이나 물건을 함께 묻던 매장 의식은 우리의 사촌뻘인 네안데르탈인의 시대에까지 거슬러 올라간다. 이는 죽음에 대한 인식이 널리 퍼져 있다는 사실뿐만 아니라 죽은 이에게 사후의 삶을 보장해 주기 위한 의식이 이미 발달하기 시작했음을 보여 준다. 신피질의 급격한 성장이 일어나기 전, 즉 에덴에서 추방되기 전에는 죽음이 존재하지 않았다는 것이 아니라, 그 이전에는 아무도 죽음이 자신의 운명이라는 사실을 알지 못했다는 것이다.

에덴에서의 추방은 인간 진화의 역사에서 최근에 일어났던 주요 생물학적 사건들을 묘사하기에 적절한 메타포라고 할 수 있다. 그래서 이 신화가 그토록 큰 인기를 끌었는지도 모른다.* 그렇다고 해서 고대의 사건들에 대한 일종의 생물학적 기억이 존재한다고 믿어야 할 정도는 아니다. 그렇지만 내가 보기에 그러한 가능성에 대해 질문을 제기할 만도 하다. 그리고 만일 그와 같은 생물학적 기억을 저장하는 곳이 있다면 오직 유전 암호만이 그 후보가 될 수 있을 것이다.

5500만 년 전 에오세(Eocene, 시신세(始新世)라고도 한다.)에 영장류들이 엄청나게 번성했다. 나무에 사는 종과 땅 위에서 사는 종 모두. 그리고 그중 한 계통이 궁극적으로 인간으로 진화되었다. 그 당시의 영장류 가운데 일부, 예를 들어 테토니우스(*Tetonius*)라고 불리던 원원아목(原猿亞目, 원숭이는 크게 원원아목과 진원아목으로 나뉘는데, 원원아목은 청서번티기, 안경원숭이류, 여우원숭이류, 로리스류 등을 포함하며, 진원아목에 비해

* 서구에서의 이야기이다. 물론 다른 문명에도 깊은 통찰과 심오한 의미를 담은 인류 기원에 대한 신화가 많이 존재한다.

지능이 낮고 덜 발달되어 있다.—옮긴이)은 두개강의 주형을 떴을 때 안에 작은 마디가 나타나 있는 것을 볼 수 있다. 이곳에서 나중에 전두엽이 진화되었을 것이다. 뇌의 상태에 대한 화석 증거에서 조금이나마 인간에 가깝다고 할 수 있는 최초의 흔적이 나타난 시기는 우리가 프로콘술이나 드리오피테쿠스(*Dryopithecus*)라고 부르는 유인원이 출현했던 1800만 년 전으로 거슬러 올라간다. 프로콘술은 네 발로 걸어 다니고 나무에서 살았으며, 아마도 오늘날의 대형 유인원(great ape, 고릴라, 침팬지 등을 말한다.—옮긴이), 그리고 어쩌면 호모 사피엔스의 조상이었던 것으로 보인다. 현재 우리는 프로콘술을 인간과 유인원의 공통의 조상으로 여기고 있다.(그런데 일부 인류학자들은 프로콘술과 거의 비슷한 시기에 살았던 라마피테쿠스(*Ramapithecus*)를 인간의 조상으로 보기도 한다.) 프로콘술의 두개강 주형은 전두엽의 발달을 두드러지게 보여주고 있지만, 신피질의 뇌회(convolution, 뇌이랑)는 오늘날의 유인원이나 인간에 비해 훨씬 덜 발달한 상태로 보인다. 프로콘술의 두개골 부피는 여전히 매우 작은 편이다. 두개골 부피는 지난 몇백만 년 동안 유래 없이 폭발적으로 증가해 왔다.

전전두엽 절개술을 받은 환자들은 '연속된 자아감(continuing sense of self)'이 사라진 듯하다고 이야기한다. 이 연속된 자아감이란, 내가 특정한 개인으로 나의 삶과 주변 상황을 어느 정도 통제할 수 있다는 느낌, 내가 나라는 느낌, 나를 독특하고 유일한 존재로 보는 느낌을 말한다. 따라서 전두엽이 잘 발달되지 않은 하등 포유류나 파충류는 이러한 감각, 즉 진실이든 환상이든 간에 개인의 고유성과 자유 의지와 같은 느낌이 결여되어 있을지도 모른다. 그와 같은 감각은 인간의 대표적 특질이라 할 수 있으며, 그 기원을 거슬러 올라가다 보면 프로콘술에게 희미하게나마 처음 깃들었으리라 상상할 수 있다.

그림 17 「아담의 창조」, 볼로냐의 산페트로니오 교회의 문에 새겨진 야코포 델라 쿠에르치아(Jacopo della Quercia)의 부조.(사진: 알리너리(Alinary))

인간 문화의 발달과 우리가 인간의 독특한 특질이라고 여기는 생리학적 특성들의 진화는 말 그대로 서로 손을 맞잡고 나란히 걸어왔을 것이다. 우리가 달리기나 의사소통, 손의 사용 등에서 우수한 유전적 자질을 갖게 되면 될수록, 더욱 효과적인 도구와 사냥 전략을 개발해 낼 수 있었을 것이다. 우리의 도구와 사냥 전략이 성공적이면

그림 18 「인간의 머리를 가진 파충류가 아담과 하와를 유혹하다」, 볼로냐의 산페트로니오 교회의 문에 새겨진 야코포 델라 쿠에르치아의 부조. 사진: 알리너리)

성공적일수록 특유의 유전적 자질의 생존 확률은 더욱더 커졌을 것이다. 이러한 관점을 지지하는 대표적인 학자인 미국 캘리포니아 대학교의 인류학자인 셔우드 워시번(Sherwood Washiburn)은 다음과 같이 말했다.

"우리가 인간의 특성이라고 생각하는 것 중 상당수는 도구의 사용

그림 19 「에덴 동산에서의 추방」, 볼로냐의 산페트로니오 교회의 문에 새겨진 야코포 델라 쿠에르치아의 부조.(사진: 알리너리)

이후에 진화되었다. 현재 우리와 같은 해부학적 특성을 지녔던 조상들이 오랜 세월에 거쳐 문화를 발달시켰다기보다는 우리의 신체 구조의 상당 부분이 문화의 산물이라고 보는 것이 더 옳을 것이다."

인간 진화 분야의 학자들 가운데 일부는 폭발적인 뇌의 진화의 발달을 가져온 강력한 자연선택의 힘은 애초에는 인지 절차를 관장하는 신피질 영역보다는 주로 운동 피질 부분에 작용했을 것이라고 믿고 있다. 목표물을 향해 정확하게 투사하는 능력, 우아하고 민첩하게 움직이는 능력, 그리고 루이스 리키가 효과적으로 설명하기 위해 동원했던 그림에서처럼 벌거벗은 채로 거대한 동물들을 압도하고 꼼짝 못하게 만들었던 능력 등이 그들이 강조하는 특성이다. 오늘날 야구, 축구, 레슬링, 육상, 체스, 전쟁 등과 같은 활동들이 사람, 특히 남성의 마음을 끄는 것은 수백만 년 전 인류의 역사에서 그토록 커다란 중요성을 지녔으나 지금은 활용도가 점점 줄어들어 버린, 우리 뇌에 각인되어 있는 사냥 기술에 그 뿌리를 두고 있는 것은 아닐까?

맹수로부터 효율적으로 자신을 방어하거나 커다란 동물을 사냥하는 일은 모두 여러 사람의 협동을 필요로 하는 일이다. 인간이 진화되어 왔던 환경—플라이오세와 홍적세의 아프리카—에는 다양한 종류의 무시무시한 육식 포유류가 살았다. 아마 가장 인간에게 위협이 되었던 존재는 거대한 하이에나 무리였을 것이다. 떼 지어 몰려다니는 하이에나의 공격으로부터 자신을 지키는 것은 매우 어려운 일이었을 것이다. 그리고 혼자 있거나 무리를 지어 있는 커다란 사냥감 짐승에게 접근하는 것 역시 매우 위험한 일이 아닐 수 없었다. 따라서 사냥꾼들 사이에 일종의 몸짓 언어와 비슷한 것이 있어야만 했으리라고 짐작할 수 있다. 예를 들어서 우리는 홍적세에 인간이 베링해협(Bering Strait, 아시아의 데주뇨프 곶과 북아메리카의 프린스오브웨일스 곶 사이의 해협으로, 빙하 시대에 해수면이 낮아졌을 때는 베링 육교를 통해 아시아와 아메리카가 연결되어 동물들이 오갈 수 있었다.—옮긴이)를 통해 북아메리카에 들어간 지 얼마 되지 않아서 거대한 동물의 대량 살상이 일어났다는 사실을 알고 있다. 많은 경우에 동물들을 절벽 끝으로 몰아가서 죽였던 것으로 보인다. 혼자 있는 누(wildebeast, 아프리카산 큰 영양의 일종)에게 살금살금 접근하거나 영양 떼를 절벽으로 몰아 대기 위해서 사냥꾼들은 적어도 최소한의 상징 언어를 주고받아야 했을 것이다. 『성서』에서 아담이 했던 최초의 행위는 다름 아닌 언어 행위였다. 에덴에서 추방되기 훨씬 전에, 그리고 하와가 창조되기도 전에 아담은 에덴 동산의 동물들에게 이름을 붙였다.

몸짓을 이용한 상징 언어 가운데 일부는 물론 영장류가 나타나기 훨씬 전부터 존재했다. 갯과 동물을 포함하여 위계 서열을 형성하는 수많은 포유류 종들은 시선을 회피하거나 머리를 내밀어 목을 드러냄으로써 복종을 표시한다. 우리는 또한 짧은꼬리원숭이와 같은 다른 영장류 동물의 복종을 나타내는 의식에 대해 논의했다. 우리가 상체를 숙이고 무릎을 굽혀 절을 하거나 머리를 끄덕거려 인사를 나누는 것 역시 이와 비슷한 기원을 가지고 있을지도 모른다. 수많은 동물들이 깨무는 것으로 친근감을 표시한다. 좋아하는 상대방을 다치지 않을 정도로 살짝 깨무는 것이다. 이것은 마치 "봐, 난 널 물어 버릴 수도 있지만 물지 않아."라고 말하는 것과 같다. 인간 사이에서 인사의 표시로 오른손을 드는 것에도 이와 비슷한 의미가 담겨 있다고 볼 수 있다. "무기로 너를 공격할 수도 있지만 그렇게 하지 않기로 했어."라는 의미인 셈이다.*

수많은 인류의 수렵 공동체들이 광범위한 몸짓 언어를 사용해 왔다. 예를 들어서 북아메리카 원주민 역시 연기를 피워 올리는 신호를 이용한다. 호메로스에 따르면 트로이 전쟁이 끝난 후 그리스의 승전 소식은 트로이에서 그리스까지 수백 킬로미터의 거리에 놓인 일련의 봉화를 통해 전해졌다고 한다. 당시는 기원전 1100년이었다. 그러나 몸짓이나 신호 등의 언어로는 저장할 수 있는 정보의 양이나 정보를 교류하는 속도에 한계가 있을 수밖에 없다. 우리가 손을 다른 행위에 사용하고 있거나, 어둡거나, 뭔가가 가로막혀 손을 볼 수 없을 경우에는 몸짓 언어를 사용할 수 없다는 점을 다윈도 지적한 바 있다. 따라서 차츰차츰 음성 언어가 몸짓 언어를 보충해 주다가 결국에는 몸짓 언어를 밀어내고 중심적인 자리를 차지하게 되었으리라고 생각할 수 있다. 음성 언어는 처음에는 의성어(묘사하고자 하는 사물이나 행위의 소리를 본뜬 언어)로 시작되었을 것이다. 예를 들어서 아이들은 개를 '멍멍이' 라고 부른다. 그리고 거의 대부분의 인간의 언어에서 아이가 '엄마' 를 부르는 말은 아이가 엄마 젖을 빨다가 자신도 모르게 내뱉는 소리와 흡사하다. 그러나 이 모든 일들은 뇌 구조가 상당 정도로 개편된 후에야 일어날 수 있었다.

우리는 초기 인류의 두개골 흔적으로 미루어 우리의 조상이 사냥꾼이었다는 사실을 알 수 있다. 그리고 거대한 동물을 잡기 위해서 여러 명이 발맞추어 동물에 접근하려면 어떤 형태이든 언어가 필요했을 것이라는 사실을 깨달을 수 있다. 그런데 인간의 언어가 오랜 기원을 가지고 있다는 주장은 두개강 화석을 상세히 연구한 미국 컬

---

* 쫙 편 오른손을 들어 보이는 행위는 어떤 면에서는 문화와 시대를 뛰어넘어 호의를 나타내는 '보편적인' 신호로 받아들여진다. 로마 황제의 근위대에서부터 아메리카 원주민인 수 족의 정찰대에 이르기까지, 이와 같은 신호는 같은 의미로 통했다. 인간의 사회에서 무기를 휘두르는 쪽은 대개 남성이므로, 오른손을 드는 것은 남성 특유의 인사법이라고 볼 수 있다. 최초로 태양계 밖으로 나간 인류의 창조물인 파이오니어 10호 우주선에 탑재한 벽장식 그림에 그려진 벌거벗은 남녀의 모습(290쪽의 그림)에서 남자가 활짝 편 손을 들어 인사를 보내고 있는데, 여기에도 같은 의미가 담겨져 있을지도 모른다. 『우주적 연관성』에서 나는 그 장식에 그려진 인간의 모습은 우리가 외계에 보내는 메시지 가운데 가장 모호한 부분이라고 이야기한 적이 있다. 그러나 나는 여전히 의문에 잠긴다. 우리와 완전히 다른 생물학적 특성을 가진 존재가 그림 속의 남성의 몸짓에 담긴 중요한 의미를 추론해 낼 수 있을까?

그림 20 인간의 언어 발달은 인류 진화의 전환점이 되었다. 문자가 발명되기 전 이야기 전승 문화에서 언어 발달은 정점을 이룬다.(사진: 냇 파브맨, 라이프 타임라이프 사진 에이전시의 허락을 얻어 게재)

럼비아 대학교의 인류학자 랠프 할러웨이(Ralph L. Holloway)를 통해 뜻밖의 도움을 받을 수 있었다. 할러웨이는 라텍스 고무를 가지고 화석 두개골의 본을 떴다. 그리고 그는 두개골의 모습을 통해 어느 정도 상세한 뇌의 모습을 추론해 냈다. 이것은 일종의 골상학이라고 할 수 있다. 그러나 두개골의 겉모습을 통해 유추하는 것이 아니라 내부를 가지고 유추하는 것이니만큼 훨씬 굳건한 기반에서 출발한다고 볼 수 있다. 할러웨이는 언어에 관여하는 몇몇 중추 가운데 하나인 브로카 영역이라는 뇌의 부분을 두개강의 화석에서 발견할 수 있다고 주장했다. 그리고 그가 브로카 영역을 찾아낸 화석은 200만 년도 더 된 호모 하빌리스의 것이었다. 따라서 언어, 도구, 문화의 발달은 거의 동시에 이루어졌다고 볼 수 있다.

그리고 지금으로부터 고작 수만 년 전에 인간과 비슷한 동물이 살았다. 네안데르탈인과 크로마뇽인들이 바로 그들이다. 이들의 두뇌 부피는 평균 약 1,500세제곱센티미터로 우리보다 100세제곱센티미터가량 더 크다. 대부분의 인류학자들은 네안데르탈인이나 크로마뇽인 모두 우리의 직계 조상이 아니라고 여긴다. 그렇다면 이러한 의문이 남는다. 이들은 대체 누구일까? 그리고 이들이 성취한 것은 무엇일까? 크로마뇽인은 몸집이 몹시 컸다. 일부 표본들의 키는 족히 180센티미터가 넘었다. 뇌 부피에서 100세제곱센티미터의 차이는 그다지 중요하지 않은 듯하며, 이들은 우리의 직계 조상들보다 그다지 영리하지 못했던 것으로 보인다. 아니면 그들은 아직까지 알려지지 않은 다른 종류의 신체적 장애를 가지고 있었는지도 모른다. 네안데르탈인은 이마가 좁았다. 그 대신 머리가 앞뒤로 긴 모습이었다. 네안데르탈인의 머리와 비교할 때 우리의 머리는 앞뒤로 길다기보다 위아래로 긴 모습이다. 그래서 그들에 비해 우리의 이마가 훨씬 아래위로 넓다. 그렇다면 네안데르탈인의 뇌는 주로 두정엽과 후두엽을 중심으로 발달했고, 우리의 조상은 전두엽과 측두엽의 발달이 두드러지게 일어난 것이라고 말할 수 있지 않을까? 그렇다면 네안데르탈인은 우리와 상당히 다른 심리 체계를 발달시켰던 것은 아닐까? 그리고 뛰어난 언어 능력과 예측 능력을 가졌던 우리의 직계 조상들이 건장한 체구에 지적 능력을 갖추었던 사촌들을 완전히 파괴해 버렸던 것은 아닐까?

지금까지 알려진 사실에 따르면 인간의 지능과 비슷한 것이 지구

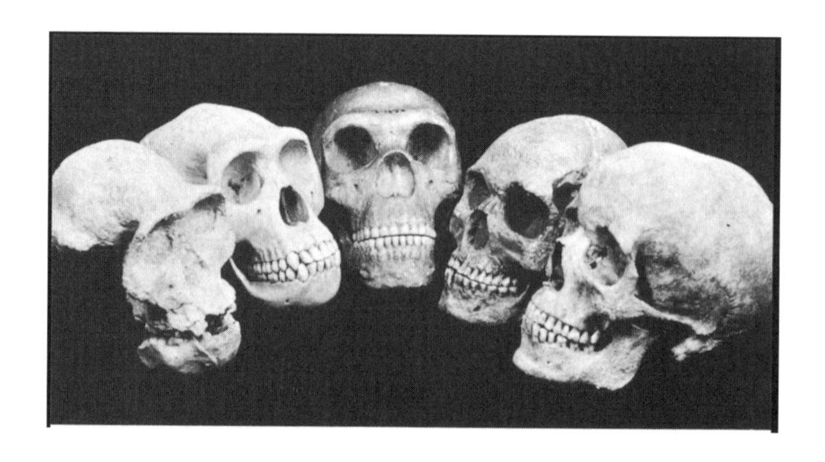

그림 21 홍적세 시기 인류의 두개골. 왼쪽부터 호모 하빌리스(복원이 불가능한 상태이다.), 호모 에렉투스, 네안데르탈인, 크로마뇽인, 호모 사피엔스의 두개골이다.(사진: 크리스 베이커)

에 나타난 것은 고작 지금부터 몇백만 년, 또는 잘 해야 몇천만 년 전의 일이다. 그런데 그 시간은 지구 역사의 수십분의 1에 지나지 않는다. 우주력에서 12월 말에 해당되는 시간이다. 그렇다면 지능은 왜 이토록 늦게 출현한 것일까? 물론 고등 영장류나 고래류의 뇌의 일부 특질들이 최근까지 진화하지 않았기 때문이라는 것이 그 대답이 될 것이다. 그렇다면 그 특질들이란 무엇일까? 나는 최소한 다음 네 가지의 가능성을 제시하고자 한다. 모두 내가 앞서 은연중에 또는 공공연히 언급한 가능성들이다. 첫째, 이전에는 그토록 무거운 뇌가 존재하지 않았다. 둘째, 이전에는 몸무게에 비교해 그토록 큰 뇌가 나타나지 않았다. 셋째, 이전에는 특정 기능 단위(예를 들어 커다란 전두엽과 측두엽)를 가진 뇌가 없었다. 넷째, 이전에는 그토록 많은 시냅스 또는 신경의 연결 단위를 가진 뇌가 없었다.(인간의 뇌의 진화와 더불어 각 뉴런이 인접한 뉴런과의 연결되는 정도나 미세 회로의 양이 증가했다는 증거가 나타나고 있다.) 첫째, 둘째, 넷째 설명은 정량적 변화가 정성적 변화를 유도해 냈다고 주장하고 있다. 내가 보기에 현재로서는 이 네 가지 가설 가운데 어느 것이 가장 확실한지 결론을 내릴 수 없을 것 같다. 오히려 나는 진실은 이 네 가지 가능성을 모두 또는 거의 다 아우르고 있으리라고 생각한다.

인간 진화를 연구하는 영국의 과학자 아서 키스(Arthur Keith) 경은 인간 뇌의 진화에 '루비콘 강'이라는 개념을 도입했다. 뇌의 부피가 호모 에렉투스의 용량—약 750세제곱센티미터, 대략 속도가 빠른 모터사이클의 엔진 출력에 해당된다.—에서부터 독특한 인간 고유의 특질이 출현하기 시작했다는 것이다. 어쩌면 루비콘 강은 정량적이라기보다는 정성적인 것일 수도 있다. 뇌 부피가 200세제곱센티미터 증가한 것은 우리에게 분석 능력과 예측 능력, 불안감 등을 가져다준 전두엽, 측두엽, 두정엽 등의 특정 발달에 비해 그다지 중요한 것이 아닐 수도 있다.

인간 진화에서의 '루비콘 강'이 무엇인가 하는 문제는 논쟁거리가 될 수 있지만, 루비콘 강이라는 개념 자체는 가치가 있다. 그렇다면 인간 진화의 결정적인 루비콘 강이 뇌 부피 750세제곱센티미터 근처 어딘가에 있고 100~200세제곱센티미터 정도의 차이는 지능의 중대한 결정 요인이 되지 않는 것으로 보인다면, 유인원들 역시 인간의 감각으로 어느 정도 인지할 수 있는 형태의 지능을 보이지 않을까? 침팬지의 뇌 부피는 전형적으로 400세제곱센티미터이고 롤랜드고릴라의 뇌 부피는 500세제곱센티미터이다. 이는 도구를 사용하던 연약한 오스트랄로피테쿠스의 뇌 부피의 범위 안에 드는 수치이다.

로마 시대의 유대인 역사학자 플라비우스 요세푸스(Flavius Josephus)는 인간이 에덴에서 추방된 데에 따른 형벌과 시련 가운데 하나로 동물들과 의사소통하는 능력을 잃어버린 것을 꼽는다. 침팬지는 커다란 두뇌와 잘 발달된 신피질을 가지고 있다. 그리고 침팬지 역시 긴 유년기를 가지고 있으며 뇌의 가소성이 나타나는 기간이 길다. 그렇다면 침팬지들도 추상적 사고를 할 수 있을까? 만일 침팬지들이 영리하다면 왜 말을 하지 못하는 것일까?

5장

동물의 추상 능력

나는 당신에게, 그리고 온 세상에게 묻고 싶다.
사람과 원숭이를 구분하는 일반적인 성질이 무엇이냐고.
나는 도저히 떠올릴 수가 없다.
누군가가 나에게 콕 집어서 하나를 제시해 주면 좋겠다.
허나 만일 내가 사람을 원숭이라고 하거나 원숭이를 사람이라고 한다면
나는 모든 교회와 성직자들로부터 파문당하고 말 것이다.
그러나 박물학자로서 나는 사람을 원숭이라고 말했어야 했다고 생각한다.
—칼 폰 린네

"짐승은 추상하지 못한다."라고 존 로크는 선언했다. 그는 단지 역사가 기록되기 시작한 이래로 사람들 사이에 우세하게 자리 잡아 온 의견을 표현한 것뿐이다. 그런데 버클리 주교는 이러한 의견에 대해 다음과 같이 냉소적으로 응수했다.

"만일 짐승들이 추상하지 못한다는 사실이 그와 같은 동물들을 구분하는 특징이라면, 나는 인간으로 행세하는 자들 중 많은 수가 그 무리에 포함되지 않을까 두렵다."

추상적 사고, 특히 섬세한 수준의 추상적 사고는 평범한 사람들의 일상에 항상 따라다니는 것은 아니다. 그렇다면 추상적 사고를 종류보다는 정도의 문제로 보면 안 될까? 그렇다면 다른 종의 동물들 역시 추상적 사고를 할 수 있지만, 우리에 비해서 그 빈도가 낮다든지 그 깊이가 얕다든지 한 것은 아닐까?

우리는 인간 이외의 다른 동물들은 지적 능력을 거의 가지고 있지 않다고 생각하는 경향이 있다. 그렇지만 과연 우리가 다른 동물들이 지능을 가졌을 가능성을 충분히 조사해 보았던 것일까? 아니면 프랑수아 트뤼포 감독의 신랄한 영화 「야생의 아이」에서 제시된 바와 같이, 우리는 단지 동물들이 우리 인간과 같은 양식으로 지능을 표출하지 않는다고 해서 동물들은 지능이 없다고 단정지어 버리는 것은 아닐까? 프랑스의 철학자 몽테뉴(Montaigne)는 인간과 동물의 의사소통에 대한 논의에서 이렇게 말했다.

"동물과 우리 인간의 의사소통을 가로막는 장애는 비단 동물뿐만 아니라 우리 쪽에도 존재하지 않겠는가?"*

물론 침팬지가 지능을 가지고 있음을 보여 주는 우화들이 풍부하게 존재하고 있다. 야생에서의 행동을 포함해 유인원의 지능에 대한 최초의 진지한 연구는 자연선택을 통한 진화 개념의 공동 발견자인 앨프리드 러셀 월리스가 인도네시아에서 수행한 것이라고 할 수 있다. 월리스는 자신이 연구한 새끼 오랑우탄이 "비슷한 상황에서 인

---

* 다른 동물의 의사소통 방법을 이해하고 그들과 의사소통을 하는 데 어려움을 느끼는 이유는 우리가 세상과 관계를 맺을 때 우리와 친숙하지 않은 방법을 받아들이지 못하기 때문일 수도 있다. 예를 들어서 돌고래와 고래는 상당히 정교한 초음파 위치 추적 방법을 통해서 자신의 주변을 지각한다. 그리고 풍부하고 정교한, 특유의 딸깍거리는 소리를 내서 서로 의사소통을 한다. 우리는 그 의미를 알아내기 위해 노력해 왔지만 아직 해석하지 못하고 있다. 최근 진행 중인 한 흥미로운 연구에 따르면, 돌고래들 간의 의사소통은 자신이 묘사하고자 하는 사물의 특징적인 초음파 반향 패턴을 재생해 내는 방식으로 이루어진다는 것이다. 다시 말해서 돌고래는 상어에 대해 뭐라고 '말'을 하는 것이 아니라, 단지 돌고래의 수중 음파 탐지 장치로 상어에게 음파를 보냈을 때 얻을 수 있는 청각적 반사 스펙트럼에 해당되는 음파를 동료 돌고래에게 보낸다는 것이다. 이러한 관점에서 보자면 돌고래 간의 의사소통의 기본적인 형태는 청각적 의성법 또는 가청 주파수로 그린 그림인 셈이다. 이 경우에 그림은 상어에 대한 캐리커처가 되겠다. 우리는 이러한 언어가 일종의 청각적 상징 암호를 이용해서 구체적 개념으로부터 추상적 개념으로 확장될 수 있으리라고 상상할 수 있다. 이와 같은 과정은 모두 메소포타미아나 이집트의 문자 언어에서도 나타났던 것이다. 따라서 아마도 돌고래들이 그들의 경험이 아니라 상상으로부터 아주 특별한 청각적 이미지를 만들어 낼 수도 있을 것이다.(현재 고래와 돌고래의 언어에 대한 연구는 많이 발전했다. 그들이 기본 어휘 목록을 가지고 있으며 그것을 조합해 의사소통한다는 사실이 밝혀졌다. 또 지역에 따라 사용하는 언어가 다르다는 것이 알려졌다. 심지어 어떤 학자는 돌고래가 지구에서 가장 수다스러운 동물일지도 모른다고 주장한다. ―옮긴이)

간의 아이와 똑같이" 행동한다고 결론 내렸다. 실제로 '오랑우탄'은 말레이 어로 '숲의 사람'이라는 의미이다. 토이버는 20세기 초반 20년 동안 카나리아 제도의 테네리페(Tenerife) 섬에서 최초로 침팬지의 행동 연구를 한 독일의 선구적 동물행동학자(ethologist)인 그의 부모들이 들려준 수많은 이야기들을 기억하고 있다. 바로 이곳에서 볼프강 쾰러(Wolfgang Köhler)가 술탄이라는 침팬지에 대한 유명한 연구를 수행했다. 술탄은 손에 닿지 않는 바나나를 얻기 위해 두 개의 막대기를 연결해서 사용한 '천재' 침팬지였다. 그리고 테네리페 섬에서 다음과 같은 재미있는 장면도 관찰되었다. 침팬지 두 마리가 닭을 괴롭히고 있었다. 침팬지 한 마리가 닭에게 먹이를 내밀어 닭을 유인했다. 그러면 다른 한 마리가 등 뒤에 숨기고 있던 철사로 닭을 찔렀다. 닭은 재빨리 뒤로 피했다. 그러나 얼마 지나지 않아 닭은 다시 먹이를 보고 다가왔고, 다시금 철사에 찔린 후 도망갔다. 이 일화에는 그동안 인간 고유의 특성이라고 여겨왔던 행동들의 멋진 조합이 들어 있다. 협동, 행동의 결과에 대한 예측과 계획, 속임수, 잔혹성 등이 그것이다. 그리고 이 이야기는 또한 닭이 회피 행동을 학습하는 능력이 매우 떨어진다는 사실 역시 드러내고 있다.

몇 년 전까지 침팬지와 의사소통을 하려던 시도 중 가장 적극적인 방법은 다음과 같았다. 갓 태어난 침팬지를 데려다가 갓 태어난 아이가 있는 집에서 같이 키웠다. 아기용 침대도 두 개, 흔들 요람도 두 개, 아기용 의자도 두 개, 아기용 변기도 두 개, 기저귀용 양동이도 두 개, 아기용 분도 두 개씩 갖추어 놓았다. 3년이 지나자 당연한 이야기겠지만 어린 침팬지는 손 조작, 달리기, 높이뛰기, 기어오르기, 그리고 그 밖의 다른 운동 능력에서 인간의 아기를 능가했다. 그러나 인간의 아기가 뭔가 종알종알 지껄이는 동안 침팬지는 고작 매우 힘겹게 '마마(엄마)', '파파(아빠)' '컵'이라는 단어만을 말할 수 있었다. 이 실험을 통해 연구자들은 언어, 추론, 기타 고차원적 정신 능력에서 침팬지는 고작 미미한 수준을 보일 뿐이라는 결론을 내렸다. "짐승은 추상하지 못한다."라는 것이다.

그런데 네바다 대학교의 심리학자인 비어트리스 가드너(Beatrice Gardner)와 로버트 가드너(Robert Gardner)는 이 실험을 다시 고찰한 후, 침팬지의 인두와 후두가 인간의 언어를 말하는 데 적합하지 못하다는 사실을 발견했다. 인간은 흥미롭게도 먹고, 숨을 쉬고, 의사소통을 하는 등 다목적으로 입을 사용한다. 그런데 귀뚜라미 같은 곤충은 다리를 문질러서 서로를 부른다. 즉 먹기, 숨쉬기, 의사소통의 세 가지 기능은 완전히 분리된 기관계에서 수행된다. 인간의 음성 언어는 우발적으로 얻은 기능인 것으로 보인다. 인간이 원래 다른 기능을 가지고 사용되던 기관을 의사소통에 이용하게 되었다는 사실은 우리의 언어 능력이 비교적 최근에 진화된 것이라는 사실을 뒷받침해 준다. 가드너는 침팬지 역시 상당한 수준의 언어 능력을 가지고 있으나 그들의 해부학적 한계 때문에 표현하지 못하는 것일 수도 있다고 추론했다. 그렇다면 침팬지의 해부학적 구조의 약점이 아니라 강점을 살릴 수 있는 상징 언어 체계가 없을까?

가드너는 멋진 생각을 떠올렸다. 침팬지에게 '미국 청각 장애자 및 농아 언어'라고 불리는 미국 표준 수화(Ameslan, American sign language)를 가르치는 것이다! 수화는 침팬지의 뛰어난 손 조작 능력을 십분 활용하기에 이상적일 것이다. 또한 수화는 음성 언어의 중요한 구조적 특성을 모두 갖추고 있는 언어이다.

현재 가드너 및 다른 연구자들이 와쇼, 루시, 라나를 비롯한 침팬지들과 미국 표준 수화나 그 밖의 다른 몸짓 언어를 이용해서 대화를 나눈 사례에 대한 보고나 영상 기록 자료들은 방대한 양에 이른다. 침팬지들은 약 100~200개의 단어들을 구사할 수 있을 뿐만 아니라 어느 정도 차이가 나는 문법 패턴과 구문을 구별해 낼 수 있었다. 뿐만 아니라 침팬지들은 놀랍게도 새로운 단어나 구를 만들어 내는 풍부한 창의력을 보였다.

어느 날 꽥꽥거리며 연못 위에 내려앉는 오리의 모습을 본 와쇼는 몸짓으로 '물새(waterbird)'라고 말했다. 영어나 다른 언어에서도 동일한 어구가 존재한다. 그러나 와쇼는 그 상황에서 자신이 알고 있는 물과 새를 조합해서 새롭게 이 단어를 만들어 낸 것이다. 사과말고는 둥그렇게 생긴 과일을 본 일이 없었으나 주요 색깔의 이름을 알고 있던 라나는 어느 날 실험실의 조수가 오렌지를 먹는 광경을 보고서 '오렌지색 사과(orange apple)'라고 말했다. 한편 루시는 수박을 맛보고는 '사탕 음료(candy drink)' 또는 '마시는 과일(drink fruit)'이라고 말했다. 이는 사실 수박이라는 의미의 영어 watermelon과 거의 같은 의미이다. 그런데 루시는 매운 무를 처음으로 맛보고 혼이 난 이후로 언제든 무만 보면 '울음 나고 아프게 하는 음식(cry hurt food)'이라고 불렀다. 한편 와쇼는 자신의 컵에 우연히 작은 인형이 들어간 것을 보더니 '내 음료에 든 아기'라고 말했다. 와쇼가 옷이나 가구 등을 더럽힐 때마다 연구자들이 '더럽다'라는 몸짓 언어를 가르쳐 주었더니, 와쇼는 그 표현을 가지고 흔히 쓰이는 욕설의 의미를 이끌어 냈다. 와쇼는 자신을 불쾌하게 만드는 붉은털원숭이를 볼 때마다 '더러운 원숭이(dirty monkey), 더러운 원숭이, 더러운 원숭이'라는 몸짓 신호를 거듭해서 만들어 보였다. 이따금씩 와쇼는 "더러운 잭, 음료수 좀 줘.(Dirty Jack gimme drink.)"라고 말하기도 했다. 라나는 창의적인 악동 기질을 발휘해서 자신의 조련사를 "너 초록색 똥!(You

그림 22 와쇼(왼쪽)가 털모자를 보고 미국 표준 수화로 '모자'라고 말하고 있다.

green shit!)"이라고 부르기도 했다. 침팬지가 욕설을 발명해 낸 것이다. 와쇼는 또한 일종의 유머 감각을 지닌 듯했다. 어느 날 조련사의 어깨에 올라타고 있을 때, 아마 고의는 아니었겠지만, 와쇼는 조련사의 어깨 위에 실례를 하고 말았다. 그러더니 '웃겨(funny), 웃겨'라는 수신호를 보냈다.

루시는 마침내 "로저가 루시를 간질인다.(Roger tickle Lucy.)"라는 어구와 "루시가 로저를 간질인다.(Lucy tickle Roger.)"라는 어구의 차이점을 구별할 수 있게 되었다. 두 가지 활동 모두 루시가 진심으로 기쁨을 느끼던 것이었다. 마찬가지로 라나 역시 "팀이 라나의 털을 골라 준다.(Tim groom Lana.)"라는 어구에서 "라나가 팀의 털을 골라 준다.(Lana groom Tim.)"라는 어구를 만들어 냈다. 한편 와쇼가 잡지를 '읽는' 장면도 목격되었다. 와쇼는 천천히 책장을 넘기면서 그림을

그림 23 와쇼(왼쪽)가 막대 사탕을 보고 미국 표준 수화로 '단 것'이라고 말하고 있다.

찬찬히 들여다보다가 딱히 누구에게랄 것 없이 수화로 그 사진에 해당되는 신호를 만들었다. 이를테면 호랑이 사진을 보고서 '고양이'라고, 베르무트의 광고 사진을 보고는 '음료'라고 수화로 말했다. 문을 통해서 '열다'라는 기호를 배운 와쇼는 그 개념을 서류 가방에도 적용할 줄 알았다. 와쇼는 또한 실험실의 고양이와 수화를 가지고 대화를 나누려고 시도했다. 그러나 결국 그 고양이는 실험실 유일의 문맹자인 것으로 밝혀졌다. 이 놀랍고 멋진 의사소통 방법을 익히게 된 와쇼는 고양이가 이런 방법을 모르고 있다는 사실에 충격을 받았을지도 모른다. 그리고 어느 날 루시를 길러 준 어미인 제인이 실험실을 떠나게 되자, 루시는 제인의 뒷모습을 물끄러미 바라보더니 수화로 이렇게 말했다. "나를 울린다. 나는 운다.(Cry me. Me cry.)"

보이스 렌즈버거(Boyce Rensberger)는 사려 깊고 재능 있는 《뉴욕 타임스》의 기자였다. 그의 부모는 모두 듣지도 말하지도 못하는 청각 장애인이었지만, 그는 정상적으로 듣고 말할 수 있었다. 그러나 그가 세상에서 가장 처음 배운 언어는 다름 아닌 미국 표준 수화였다. 그는 《뉴욕 타임스》의 유럽 특파원으로 한동안 나가 있었다. 그가 미국에 돌아와서 처음 부여받은 임무는 가드너의 침팬지 와쇼를 대상으로 한 연구를 취재하는 것이었다. 렌즈버거는 침팬지와 얼마간의 시간을 보낸 후에 이렇게 말했다.

"갑자기 나는 내게 가장 친숙한 모국어(native tongue)로 나와 다른 종의 일원과 대화를 나누고 있다는 사실을 깨달았다."

물론 이때 tongue(혀)라는 표현은 말을 의미하는 비유적 표현이다. 그와 같은 비유는 우리의 언어 구조에 깊이 뿌리내리고 있다. 그런데 사실상 렌즈버거는 다른 종의 동물과 '혀'가 아닌 '손'으로 대화를 나눈 것이다. 그리고 이처럼 단순한 혀에서 손으로의 전환은 인간으로 하여금 오래전(요세푸스에 따르면 에덴 동산에서 추방된 이후)에 잃어버렸던 능력, 다른 동물들과 의사소통하는 능력을 되찾아 주었다.

침팬지와 다른 인간이 아닌 영장류들은 미국 표준 수화뿐만 아니라 다양한 종류의 다른 몸짓 언어를 배웠다. 미국 조지아 주 애틀랜타에 있는 여키스 지역 영장류 연구 센터에서 연구자들은 '여키시(Yerkish)'라고 하는 특별한 컴퓨터 언어를 배웠다. 컴퓨터는 사용자와의 대화를 모두 기록할 수 있다. 따라서 밤에 지켜보는 사람이 없을 때 침팬지가 혼자서 컴퓨터와 무슨 대화를 나누었는지 연구자들이 나중에 확인할 수 있었다. 그 결과 우리는 침팬지가 록 음악보다 재즈를 선호하고 사람에 대한 영화보다 침팬지에 대한 영화를 더욱 좋아한다는 사실을 알게 되었다. 라나는 1976년 1월까지 「침팬지의 해부학적 구조의 발달」이라는 영화를 245번이나 보았다. 라나는 분

그림 24 자신의 컴퓨터 앞에 앉아 있는 라나. 컴퓨터를 작동시키기 위해서는 사진의 잘린 윗부분에 있는 막대를 당겨야 한다. 막대를 잡아당기면 콘솔 아래쪽에서 주스, 물, 바나나, 초콜렛이 나오게 되어 있다.

명 좀 더 다양한 침팬지 영화를 바랐을 것이다.

143쪽의 사진에서 라나는 올바른 여키시 언어로 바나나 한 개를 달라고 컴퓨터에 요구하고 있다. 컴퓨터에게 물, 주스, 초콜릿, 사탕, 음악, 영화를 보여 달라거나 창문을 열어 달라거나 놀아 달라고 요구하는 데 필요한 구문을 제시했다.(컴퓨터는 대개의 경우 라나의 요청을 들어 주었지만 항상 들어 주는 것은 아니었다. 예를 들어서 한밤중에 "제발, 컴퓨터, 라나를 간질여 주세요."라는 요청이 입력될 경우, 이런 요청은 무시되었다.) 시간이 흐를수록 문법의 창의적인 적용이 요구되는 더욱더 정교한 요청문과 다른 문장들이 개발되었다.

라나는 컴퓨터 화면에 나타난, 자신이 입력한 문장을 보고 문법적으로 잘못된 부분들을 지워 나갔다. 한번은 라나가 정교한 문장을 만들고 있는데, 장난기가 발동한 조련사가 따로 떨어진 자신의 컴퓨터 입력 장치에서 라나의 문장에 뜻을 엉터리로 만드는 단어를 반복해서 삽입했다. 그러자 라나는 자신의 컴퓨터 모니터를 한번 들여다보고, 따로 떨어진 컴퓨터 모니터 앞에 앉은 조련사를 힐끗 보더니 컴퓨터에 새로운 문장을 입력했다. "제발, 팀, 방에서 나가 주세요."

와쇼의 언어 능력이 발달해 가던 초기에 브로노프스키와 그의 동료가 와쇼의 몸짓 언어 사용의 중요성을 부인하는 과학 논문을 발표한 일이 있다. 와쇼는 의문을 던지거나 부정하는 능력이 없기 때문이라는 것이었다. 그러나 그것은 당시 제한된 정보를 가지고 있던 브로노프스키가 잘못 판단한 것이었다. 나중에 관찰된 사실에 따르면, 와쇼나 다른 침팬지들은 완벽하게 질문을 던지기도 하고 그들에게 제시된 주장을 부정하기도 했던 것이다. 그리고 아이들이 입으로 하는 말이나 침팬지가 손으로 하는 말의 어떤 근본적인 차이를 찾아보기 어려웠다. 그런데 우리는 조금도 망설이지 않고 아이들의 언어 능력을 지능의 증거로 삼고 있지 않은가? 브로노프스키의 논문을 읽으면서 나는 그의 글에 약간이나마 인간 우월주의가 스며든 듯한 인상을 지울 수 없었다. "짐승은 추상하지 못한다."라는 로크의 주장이 여전히 메아리 치고 있는 듯했다. 1949년 미국의 인류학자 레슬리 화이트(Leslie White)는 단호하게 이렇게 말했다.

"인간의 행동은 상징적 행동이고, 상징적 행동은 인간의 행동이다."

화이트가 와쇼, 루시, 라나를 보면 어떤 생각이 들까?

침팬지의 언어와 지능에 대한 이러한 발견들은 '루비콘 강' 주장

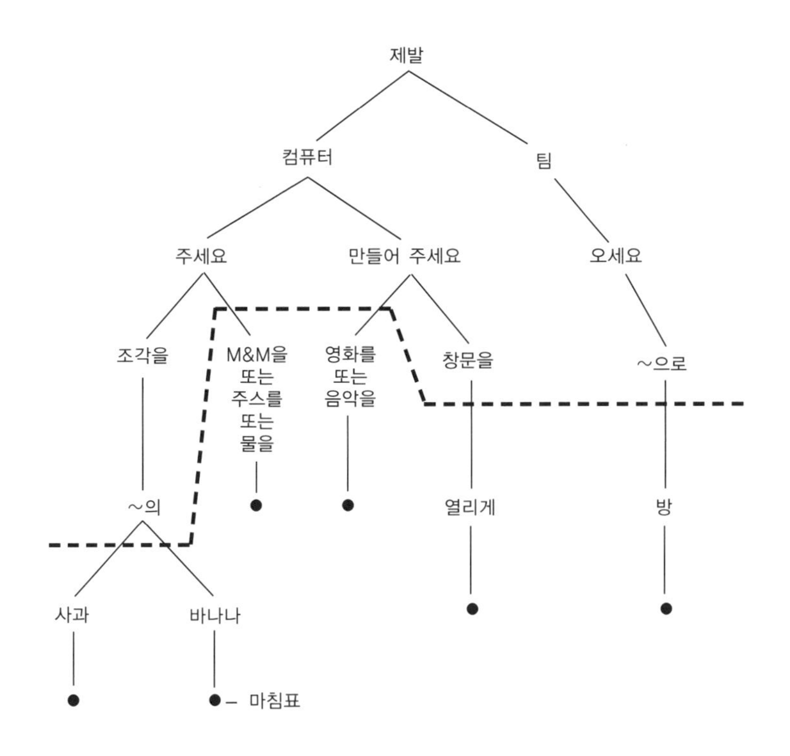

그림 25 이 그림은 다양한 요청문을 만들 수 있는 논리 나무(logic tree)이다. 이 시스템은 정중하고도 문법에 잘 맞게 구성되어 있다. 모든 요청은 항상 '제발(please)'로 시작해서 마침표로 끝나게 되어 있다.

과 흥미롭게 연결되어 있다. 루비콘 강 주장이란 뇌의 총무게, 아니면 적어도 몸무게 대비 뇌의 무게가 지능을 판별하는 유용한 척도라는 주장이다. 이러한 견해에 반대되는 입장을 취하는 사람들은 소두증 환자의 뇌의 무게 범위 중 낮은 쪽과 다 자란 침팬지나 고릴라의 뇌 무게의 범위 중 높은 쪽이 서로 겹친다는 점을 지적하기도 했다. 그런데 소두증 환자는 심하게 결함이 있기는 하지만 어느 정도 언어를 사용할 수 있는데, 유인원은 그렇지 못하다는 것이다. 그러나 사실상 소두증 환자가 인간 언어를 구사할 수 있는 사례는 비교적 적은 편이다. 소두증 환자의 행동을 가장 잘 묘사한 문헌 중에 1893년 러시아의 의사인 코르사코프(S. Korsakov)가 남긴 것이 있다. 그는 '마샤'라는 이름의 여성 소두증 환자를 관찰했다. 마샤는 겨우 몇몇 가지 질문과 명령어를 이해할 수 있을 뿐이었고, 이따금씩 자신의 어린 시절을 기억해 내기도 했다. 가끔 뭐라고 재잘대는 경우도 있지만 거의 무슨 말인지 알아들을 수 없는 수준이었다. 코르사코프는 마샤의 말이 "논리적 연관성이 극도로 결여되어 있다."라고 보고했다. 그리고 그는 마샤가 제대로 적응하지 못하고 자동 인형과 같은 지능을 가지고 있음을 보여 주는 예로서 그녀의 식사 습관을 묘사했다. 식탁 위에 음식이 놓이면 마샤는 먹기 시작했다. 그런데 마샤가 한참 먹고 있는 중간에 갑자기 음식을 치우면, 마샤는 마치 식사가 다 끝난 것처럼 행동한다. 식사를 차려 주는 사람에게 감사 인사를 하고 경건하게 십자를 그었다. 그러다가 음식을 식탁 위에 되돌려 주면 마샤는 다시 먹기 시작했다. 이런 식의 행동이 끝없이 반복되는 것처럼 보였다. 내가 보기에는 와쇼나 루시가 마샤보다는 훨씬 흥미로운 식사 친구가 될 수 있을 듯하다. 그리고 소두증 인간과 정상 유인원을 비교하는 것은 지능에 관한 루비콘 강 주장과 배치되지 않는다고 생각한다. 물론 신경 연결부의 양과 질이 우리가 쉽게 인지할 수 있는 형태의 지능에 결정적인 영향을 미칠 것이다.

최근 스탠퍼드 의과 대학의 제임스 듀슨(James Dewson)과 그의 동료들이 최근 수행한 연구 역시 유인원의 신피질, 특히 인간과 마찬가지로 왼쪽 대뇌 반구에 언어 중추가 존재할 것이라는 생각을 생리학적으로 뒷받침해 주고 있다. 그들은 쉭쉭거리는 소리를 들으면 초록 불을 누르고 특정 음조를 들으면 빨간 불을 누르도록 원숭이들을 훈련시켰다. 소리가 나고 몇 초 후에 조절판 위의 어느 한 곳에서 초록

불 또는 빨간 불이 켜진다. 이때 불이 켜지는 위치는 매번 달라진다. 원숭이가 맞는 색깔을 누르면, 상으로 원숭이에게 먹을 것을 한 조각 준다. 이러한 훈련을 반복한 후에 점점 소리가 나는 시점과 불이 켜지는 시점 사이의 간격을 늘려 나가서 20초까지 이르게 되었다. 이제 원숭이는 상을 받으려면 어떤 소리를 들었는지를 20초까지 기억해야 하게 되었다. 그 다음 듀슨 연구 팀은 원숭이들의 왼쪽 대뇌 반구에 있는 측두엽의 신피질에서 이른바 청각 관련 피질 부위를 외과적 방법으로 절제했다. 그런 다음 이 원숭이들을 대상으로 위의 실험을 다시 수행했다. 그러자 원숭이들은 어떤 종류의 소리를 들었는지 잘 기억하지 못하는 것으로 나타났다. 소리를 듣고 나서 1초도 채 지나지 않아서 그 소리가 쉭쉭거리는 소리였는지 아니면 특정 음조였는지를 기억하지 못했다. 그런데 원숭이의 오른쪽 대뇌 반구에서 측두엽의 동일한 부위를 제거할 경우에는 소리 기억 테스트를 수행하는데 아무런 영향을 미치지 않았다. 듀슨은 보고서에서 이렇게 밝혔다.

"우리는 원숭이의 뇌에서 인간의 언어 중추에 해당되는 부위를 제거한 듯하다."

그런데 붉은털원숭이를 대상으로 청각적 자극 대신 시각적 자극을 이용한 실험에서는 신피질을 우반구에서 제거하든 좌반구에서 제거하든 차이를 보이지 않았다.

일반적으로(아니면 적어도 동물원 사육사들의 의견에 따르면) 다 자란 침팬지는 집에서 기르거나 사람과 같이 지내기에 위험하기 때문에 와쇼를 비롯하여 수화를 배운 침팬지들은 사춘기에 접어들자마자 실험에서 '은퇴'하게 되었다. 따라서 우리는 다 자란 원숭이나 유인원의 언어 능력에 대해서는 아직 알지 못한다. 가장 흥미로운 의문점 중 하나는 말을 배운 침팬지가 어미가 된 후 자신의 새끼들과 수화로 의사소통을 할 수 있을까 하는 문제이다. 그럴 가능성은 매우 높다. 그렇다면 처음 몸짓 언어를 배운 침팬지 집단이 그 이후 세대에 언어 능력을 대물림할 수 있을 것이다.(이후의 연구에서 와쇼의 수화를 새끼 침팬지들이 흉내 내면서 학습한다는 것이 밝혀졌다.—옮긴이)

실제로 그와 같은 의사소통 방법이 생존에 필수적인 상황에서는 체외에 저장된 정보 또는 문화적 정보를 대를 이어 전파시킨다는 증거들이 존재한다. 제인 구달(Jane Goodall)은 야생 상태에서 어미 침팬지가 적당한 나뭇가지를 찾아내고, 그것을 흰개미 집에 집어넣었다가 다시 빼낼 때 묻어 나오는 맛있는 흰개미 별식을 즐기는 일련의 복잡한 과정을 새끼 원숭이가 보고 그대로 흉내 내면서 배운다는 사실을 관찰했다.

뿐만 아니라 침팬지, 비비원숭이, 짧은꼬리원숭이, 그 밖의 다양한 영장류 집단에 따라 행동의 차이—문화적 차이라고 부르고 싶은 차이—가 나타난다고 보고되고 있다. 예를 들어 같은 종의 원숭이들이라고 할지라도 어떤 집단은 새알을 먹는 방법을 알고 있는데 인접한 곳에 사는 다른 집단은 새알을 먹을 줄 모른다. 영장류들은 수십 종류에 이르는 울음소리로 집단 내에서 의사소통을 한다. 예를 들어 어떤 울음소리는 "도망쳐라, 여기 맹수가 나타났다!"라는 의미를 가지고 있다. 그런데 이 울음소리는 집단에 따라서 조금씩 다르다. 말하자면 각 집단마다 고유한 사투리를 쓰는 셈이다.

한편 예기치 않았던 놀라운 실험이 수행되기도 했다. 일본 남쪽의 한 섬에서 짧은꼬리원숭이들의 개체 수가 늘면서 먹을 것이 부족해지자 원숭이들은 굶주림의 위험에 처하게 되었다. 그래서 일본의 영장류 학자들은 원숭이들의 배고픔을 조금이나마 해소하고자 바닷가 모래사장에 밀 알갱이들을 던져 주었다. 그런데 모래투성이 바닥에서 밀알만 따로 주워 내는 것은 무척이나 어려운 일이었다. 밀알 몇 톨 먹어 얻는 에너지보다 밀알을 골라내는 데 쓰는 에너지가 더 큰 상황이었다. 그런데 '이모'라는 이름의 영리한 원숭이가, 우연이었는지 약이 올라 홧김에 한 행동인지, 밀알이 뒤섞여 있는 모래를 한 줌 바닷물에 던졌다. 그러자 밀알은 떠오르고 모래는 가라앉았다. 그리고 이모는 이 사실에 주목했다. 이와 같은 방식으로 쉽게 밀알을 분리해 낸 이모는 (비록 축축하게 젖은 밀알이었겠지만) 배불리 먹을 수 있었다. 자신의 방식을 바꿀 줄 모르는 나이 든 원숭이들은 이모의 방식을 무시했지만, 어린 원숭이들은 그 발견의 중요성을 이해했는지 모두 이모를 따라서 하기 시작했다. 그 다음 세대에 이르자 이 관행은 좀 더 널리 퍼져 나갔다. 오늘날 그 섬에 사는 짧은꼬리원숭이들은 모두 물을 이용해 흙에서 먹을 것을 골라내는 방법을 알고 있다. 이는 원숭이들 사이에 존재하는 문화 전승의 한 예가 아닐 수 없다.

한편 그에 앞서 보고된, 일본 규슈 지방의 다카사키 산에 사는 짧은꼬리원숭이들의 사례 역시 이와 비슷한 문화적 진화를 보여 주고 있다. 다카사키 산의 방문객들은 종이에 싸인 캐러멜을 원숭이들에게 던져 주었다. 이는 일본의 동물원에서 흔히 있는 일이지만 다카사키 산의 야생 원숭이들로서는 캐러멜은 처음 접하는 물건이었다. 어린 원숭이들이 이 신기한 물건을 가지고 놀다가 우연히 종이를 벗기고 안에 든 캐러멜을 먹게 되었다. 이 관행은 주위의 어린 원숭이들, 어린 원숭이의 어미들, 우두머리 수컷(아주 어린 새끼 원숭이들을 돌보는 임무를 맡고 있다.), 그리고 사회적으로 새끼 원숭이들과 가장 멀리 떨어져 있는 청년기의 수컷 원숭이들에게까지 성공적으로 퍼져 나갔다. 이러한 문화적 적응(acculturation)은 3년에 걸쳐 이루어졌다. 자연 상태의 영장류 집단에서는 이미 존재하는 비언어적 의사소통 방법이 매우 풍부하기 때문에 좀 더 정교한 몸짓 언어를 발달시키도록 하는 압력이 거의 존재하지 않는 것으로 보인다. 그러나 만약에 몸짓 언어가 침팬지의 생존에 꼭 필요한 것이 된다면, 몸짓 언어가 문화로서 한 세대에서 다음 세대로 전달될 것임은 의심할 여지가 없다.

만약 의사소통을 할 줄 모르는 침팬지들이 모두 죽거나 생식에 실패한다면, 고작 몇 세대만 지나도 정교한 언어가 상당한 정도로 발달하게 될 것이라고 나는 생각한다. 기본적인 일상 영어가 약 1,000개의 어휘로 이루어져 있다고 한다. 그런데 침팬지들은 이미 그 수의 10분의 1이 넘는 어휘를 습득했다. 몇 년 전 같으면 가장 얼토당토않은 공상 과학 소설에나 나오는 이야기처럼 들리겠지만, 언어를 습득한 침팬지 집단이 몇 세대를 지나게 되면 침팬지의 자연사나 정신 세계에 대한 회고록 같은 것이 영어나 일본어로 출판될지도 모른다.(아마도 물론 저자란에는 '기록: 아무개' 라는 항목이 추가되어야 하겠지만.)

만약 침팬지에게 의식이 있다는 것이 밝혀진다면, 만약 침팬지들이 추상 능력을 가지고 있다는 것이 밝혀진다면, 그들도 오늘날 인간에게 부여된 '인권' 과 같은 것을 갖게 될까? 침팬지가 얼마나 영리해야 침팬지를 죽이는 행위에 살해죄가 성립하게 될까? 침팬지가 어떤 특징을 더 보이면 선교사들이 그들을 개종시켜야 할 대상으로 고려하게 될까?

나는 최근 대규모 영장류 연구소를 방문한 일이 있다. 소장이 직접 나를 연구소로 안내했다. 점점 좁아져 하나의 점이 되어 버리는 원근법을 강조한 그림 속의 길처럼 끝없이 이어진 복도의 양쪽에 침팬지의 우리가 늘어서 있었다. 각 우리마다 침팬지가 한 마리나 두 마리 또는 세 마리씩 들어 있었다. 내 생각에 침팬지들은 보통의 영장류 연구소(또는 전통적인 동물원)의 표준 방식대로 수용되어 있었다.

그런데 우리가 가장 가까운 우리 옆으로 다가가자 우리 안에 있던 두 마리의 수감자가 이를 드러내더니 믿을 수 없이 정확한 솜씨로 침을 뱉었다. 침은 목표물에 명중해서, 소장의 얇은 옷이 흠뻑 젖고 말았다. 그 후 녀석들은 짧게 끊어지는 끽끽거리는 소리를 냈다. 그러자 연이어 다른 침팬지들까지 동참해서—다른 녀석들은 소장과 나를 볼 수 없는 위치였다.—끽끽대는 소리는 복도를 따라 내려가면서 메아리처럼 울려 퍼졌다. 곧 연구실은 온통 외마디 비명과 쿵쿵 두드리는 소리와 창살을 흔들어 대는 소리로 넘쳐나게 되었다. 소장은 나에게 이런 상황에서는 침만 날아오는 것은 아니라고 설명하며 나가는 것이 좋겠다고 말했다.

나는 비인간적인 주립 교도소나 연방 교도소를 배경으로 한 1930~1940년대의 미국 영화들을 인상 깊게 기억하고 있다. 영화에서 폭군 같은 교도관이 다가오자 죄수들이 모두 식기를 가지고 창살을 두드려 댔다. 물론 연구소는 침팬지들을 잘 먹이고 건강하게 돌보고 있다. 만약 침팬지들이 '단지' 동물이라면, 추상하지 못하는 짐승에 지나지 않는다면, 이들의 처지를 인간 죄수에 비교하는 것은 어리석은 감상에 지나지 않을 것이다. 그러나 침팬지는 추상적 사고를 할 수 있다. 다른 포유류와 마찬가지로 침팬지들은 강한 정서를 가지고 있다. 이들은 분명 아무런 죄도 짓지 않았다. 대답을 구하고자 하는 것은 아니지만, 이러한 질문을 제기하는 것은 의미 있는 일이라고 생각한다. 왜 모든 문명 세계의 거의 모든 대도시에서 유인원들은 감옥에 갇혀 있는 것일까?

여러분도 알다시피 인간과 침팬지 간의 교배를 통해 번식 가능한 자손을 얻는 것이 가능할 수도 있다.* 자연 상태에서 이러한 실험이 이루어진 경우는 극히 드물 것이다. 적어도 최근에는 말이다. 그런데 만일 그와 같은 자손이 실제로 태어난다면, 그들의 법적 지위는 무엇일까? 내 생각에 침팬지의 인지 능력은 우리로 하여금 특별한 윤리적 고려의 대상이 되는 존재 집단의 경계에 대한 심사숙고를 요구하고 있다. 그와 같은 고려는 우리의 윤리적 전망을 아래로는 지구 생물의 분류군 아래쪽으로, 그리고 위로는 혹시 존재할지 모르는 외계 생물에게로 넓혀 나가는 데 도움을 줄 것이라고 나는 희망한다.

침팬지가 처음 언어를 배우게 되었을 때 그들이 어떻게 느꼈을지는 상상하기 힘들다. 아마도 지적 능력이 있으나 감각 기관에 심각한 장애를 가지고 있던 사람이 처음으로 언어를 발견하게 되었을 때와 얼마간 비슷하지 않을까? 보지도, 듣지도, 말하지도 못했던 헬렌 켈러가, 비록 이해력과 지능, 감수성 등이 그 어떤 침팬지보다도 크게 앞섰지만, 처음 언어를 발견했을 때에 관한 다음의 이야기는 침팬지들이 언어를 배워 나갈 때, 그리고 특히 그 언어가 그들의 생존을 강화시키거나 보상을 가져다주는 상황에서 침팬지들이 어떤 느낌을 가졌을지를 짐작케 한다.

어느 날 헬렌 켈러의 선생님은 헬렌을 산보에 데려가려고 준비하고 있었다.

> 선생님은 나에게 모자를 가져다주셨고, 그래서 나는 따뜻한 햇살 속에 산책을 하게 될 것이라고 짐작했다. 그 생각에—아무런 단어도 없이

* 최근까지도 인간의 체세포의 염색체 수가 48개인 것으로 알려져 있었다. 이제 우리는 그것이 정확하게 46개라는 것을 알고 있다. 침팬지는 분명히 48개의 염색체를 가지고 있다. 따라서 이런 경우라면 침팬지와 인간 사이에서 생식력 있는 자손을 얻는 경우는 극히 드물 것이다.

그저 감각만으로 이루어진 그 느낌을 생각이라고 부를 수 있을지 모르겠지만—나는 기뻐서 깡총깡총 뛰었다.

우리는 길을 따라 걸어 내려갔다. 우물막의 지붕을 덮고 있던 인동덩굴의 향기에 이끌려 우물까지 가게 되었다. 그곳에서 누군가가 펌프로 물을 길어 올리고 있었다. 선생님은 나의 손을 이끌어 물이 나오는 주둥이 아래로 가져갔다. 차갑게 흐르는 뭔가가 내 손에 쏟아졌을 때, 선생님은 손가락으로 나의 다른 손에 '물(water)' 이라는 단어를 썼다. 처음에는 천천히, 그리고 나중에는 빠르게. 나는 가만히 서서 나의 모든 주의력을 선생님의 손가락 움직임에 집중했다. 그때 갑자기 나는 뭔가 잊고 있었던 것에 대한 어렴풋한 자각이 떠오르는 느낌이 들었다. 내 가슴은 되찾은 생각에 대한 감격으로 벅차올랐고, 언어의 신비가 내 앞에 얼마간 모습을 드러낸 듯한 느낌이 들었다. 나는 그 '물' 이라는 단어가, 내 손 위로 흘러넘치는 이 멋지고 차가운 무언가의 이름이라는 것을 알 수 있었다. 이 살아 있는 단어는 나의 영혼을 깨우고 빛을 비추어 주었으며, 희망과 즐거움, 자유를 주었다! 물론 여전히 장벽이 존재하고 있었다. 그러나 이따금씩 이 장벽도 사라졌다.

나는 배우려는 열망으로 가득 차서 우물가를 떠났다. 모든 사물은 이름을 가지고 있었고, 각각의 이름은 새로운 생각들을 탄생시켰다. 우리가 집으로 돌아왔을 때 내 손에 닿는 모든 물건들이 생명과 활기로 전율하는 듯했다. 그것은 내가 얻게 된 새롭고 낯선 시각으로 그 물건들을 바라보았기 때문이다.

세 문단으로 이루어진 이 짧은 글의 가장 놀라운 측면은 헬렌 켈러가 스스로 자신이 언어와 관련된 잠재 능력을 가지고 있으며 단순히 그것을 활용할 물꼬를 트는 것만으로 그 능력은 스스로 펼쳐져 기능을 발휘할 수 있다는 느낌을 가졌다는 것이다. 이는 근본적으로 플라톤적 개념이다. 그리고 우리가 앞서 살펴본, 뇌의 손상 등의 증거를 통해 밝혀진 신피질의 생리학적 특성과 일치한다. 뿐만 아니라 매사추세츠 공과 대학의 놈 촘스키(Noam Chomsky)가 비교언어학 및 학습에 대한 실험을 통해 이끌어 낸 결론과도 일맥상통하고 있다. 최근 들어서 인간이 아닌 영장류의 뇌 역시 비록 정도는 다르지만 인간과 비슷한 양상으로 언어를 받아들일 준비가 되어 있음이 확실해졌다.

다른 영장류에게 언어를 가르치는 일은 장기적으로 우습게 볼 것이 아니다. 찰스 다윈의 『인간의 유래』에 다음과 같은 흥미로운 구절이 나온다.

"인간의 정신과 고등 동물의 정신 간의 차이는 정도의 문제이지 종류 자체가 다른 것은 아니다. 만일 개념의 일반화, 자기 자각의 형성 등과 같은 고차원적 정신 능력이 절대적으로 인간에게만 귀속된 특징이라면—나는 그러한 주장에 엄청난 회의를 품고 있지만—그렇다 하더라도 그와 같은 고차원적 정신 능력들이 다른 고도로 발달된 지적 기능에 따라 부수적으로 나타난 것일 뿐이다. 그리고 이처럼 고도로 발달된 지적 능력은 대부분 다시 완벽한 언어의 계속적 사용에 따른 결과물이다."

언어와 인간의 상호 의사소통의 엄청난 위력을 강조하는 유사한 의견을 매우 뜻밖의 장소에서 찾아볼 수 있다. 그것은 바로 「창세기」에 나오는 바벨탑 이야기이다. 이 이야기에서 신은 전능한 존재라는 자신의 위상에 대해 이상할 만큼 방어적 태도를 보이면서 인간이 천국에 닿는 탑을 쌓으려 할지 모른다고 걱정한다.(이때 신의 태도는 아담이 선악과를 따먹은 후 보였던 태도와 흡사하다.) 비유적 의미일지 모르지만 인류가 천국에 도달하는 것을 막기 위해 신은 소돔을 파괴하듯 탑을 파괴해 버리지는 않았다. 그 대신 이렇게 말했다.

“보아라, 만일 사람들이 같은 말을 쓰는 한 백성으로서, 이렇게 이런 일을 하기 시작하였으니, 이제 그들은, 하고자 하는 것은 무엇이든지, 하지 못할 일이 없을 것이다. 자, 우리가 내려가서, 그들이 거기에서 하는 말을 뒤섞어서, 그들이 서로 알아듣지 못하게 하자.”(「창세기」 11장 6~7절)

‘완벽한’ 언어의 지속적 사용……. 만일 침팬지들이 복잡한 몸짓 언어를 몇백 년, 몇천 년 동안 공통으로 사용하게 된다면 어떤 문화, 어떤 언어적 전통을 이루어 내게 될까? 만일 그와 같은 침팬지 공동체가 고립된 채로 계속 유지되어 나간다면 그들은 언어의 기원에 대해 어떤 견해를 갖게 될까? 가드너와 여키스 영장류 연구소의 연구원들은 희미한 전설 속의 영웅이나 다른 종의 신으로 기억되지 않을까? 마치 프로메테우스나 토트(Thoth, 이집트의 마법과 책과 산수의 신—옮긴이)이나 오안네스(Oannes, 바빌로니아의 전설에 나오는 반인반어로 인간에게 문명을 전파했다고 전해진다.—옮긴이)의 이야기처럼 유인원들에게 언어를 선물해 준 신성한 존재에 대한 신화가 생겨나지 않을까? 실제로 침팬지에게 몸짓 언어를 가르친 일화는 (진짜 허구인) 『2001 스페이스 오디세이』에 나오는 에피소드와 비슷한 정서적 · 종교적 빛깔을 띠고 있다. 이 소설 또는 영화에서 발달한 외계 문명의 사절단이 우리의 원인 조상들을 가르친다.

아마도 이 주제 전체에서 가장 놀라운 측면은 언어 사용의 변경 지대에 존재하는, 배우려는 열의로 넘치고 일단 언어를 배우고 나면 그것을 능숙하게 사용하고 창의적으로 적용할 수 있는 인간 이외의 영장류가 존재한다는 점일 것이다. 그러나 이 사실은 한편으로 이런 질문을 불러일으킨다. 도대체 왜 그들은 모두 언어 사용의 변경 지대에 존재하는 것일까? 왜 영장류 가운데 이미 복잡한 몸짓 언어를 갖추고 있는 종이 인간을 제외하고는 하나도 없는 것일까? 내 생각에 그 문제에 대해 가능한 대답 가운데 하나는 인간이 어느 정도 지능의 증거를 보이는 영장류들을 체계적으로 제거해 버렸기 때문이라는 것이다.(특히 사바나 초원 지대에 살던 영장류는 인간에게 몰살당했을 것이다. 아마 고릴라나 침팬지 등은 숲에 살았기 때문에 인간의 살육을 어느 정도 피할 수 있었을 것이다.) 우리 인간은 어쩌면 지능의 경쟁에서 패배한 종을 도태시킨 자연선택의 대리인 역할을 했던 것일지도 모른다. 내 생각에 인간은 인간 이외의 영장류의 지능과 언어 능력의 변경 지대를 거의 지능의 흔적이 눈에 띄지 않는 곳까지 몰고 갔던 것으로 보인다. 침팬지에게 몸짓 언어를 가르침으로써, 우리는 오래전에 우리가 저지른 과오를 바로잡고 있는 것일지도 모른다.

6장

꿈속의 용들

우리 인간은 오래고 오랜 존재이고,
우리가 꾸는 꿈은 에덴 동산에서 들었던 이야기들이다.
— 월터 데라메어, 「지나간 모든 것」

"음, 어쨌든 이건 정말 다행이야."
나무 아래로 걸어 들어가면서 앨리스는 말했다.
"안으로 들어가느라 너무나 더웠는데 말이지.
그런데 무엇의 안으로 들어간 거지? 그게 뭐더라?"
앨리스는 계속 중얼거렸으나 말하고자 하는 단어가 떠오르지 않아 당혹스러워졌다.
"그러니까 그 밑으로 말야. 그…… 그게 뭐더라? 아, 그거 말야!"
손을 나무 줄기 위에 얹으며 말했다.
"이걸 뭐라고 하더라? 생각이 안 나네……. 참, 그런데 나는 누구지? 이따가 기억해 내야지. 기억이 난다면 말이야. 꼭 기억해 내고 말 거야."
그러나 굳게 마음을 먹는 것도 별로 도움이 되지 않았다. 그리고 한참 동안 혼란을 겪은 후에 고작 나온 말이 "L! 분명 L로 시작하는 말인데!"였다.
— 루이스 캐럴, 『거울 나라의 앨리스』

용과 용의 분노 사이에 끼어들지 마라.
— 셰익스피어, 『리어왕』

처음에 나는
짐승처럼 지각 없이 나는 인간에게 지각을 주었다.
그들에게 마음을 부여해 주었다.
처음 그들은 보아도 제대로 보지 못했고 들어도 듣지 못했으며
마치 유령처럼 떼 지어서 꿈속을 헤매고 다녔다.
혼란스럽게 뒤얽힌 그 시절의 이야기들…….
— 아이스킬로스, 『사슬에 묶인 프로메테우스』

프로메테우스는 과연 의분에 사로잡힐 만했다. 그는 혼란과 미신에 사로잡힌 인류에게 문명을 선사해 주었다. 그 대가로 제우스는 그를 사슬로 바위에 붙들어 매고 독수리로 하여금 그의 간을 뜯어먹게 하는 고통스러운 벌을 내렸다. 앞에 인용한 글에 이어서 프로메테우스는 불 외에 자신이 인류에게 준 중요한 선물들을 열거한다. 그 선물들은 바로 천문학, 수학, 글자, 동물을 길들이는 법, 마차, 범선, 약물, 꿈이나 다른 방법을 통해 미래를 점치는 법이었다. 마지막에 언급된 선물은 현대인의 눈에는 좀 이상하게 보인다. 「창세기」의 에덴 동산에서의 추방이라는 일화와 더불어, 『사슬에 묶인 프로메테우스』는 서양 문학에서 인류의 진화에 대한 그럴듯한 비유를 제공하고 있다. 물론 이 경우에는 진화된 존재보다는 진화시킨 존재에 중점을 두고 있기는 하다. '프로메테우스'는 그리스 어로 '선견지명'을 의미한다. 그리고 이 자질은 신피질의 전두엽 부위에 존재하는 것으로 여겨지고 있다. 아이스킬로스의 인물 묘사에는 선견지명과 불안이 모두 그려지고 있다.

그렇다면 꿈은 인간의 진화와 어떤 관계가 있을까? 아이스킬로스는 인간 이전 우리의 조상들은 깨어 있는 동안에도 우리가 꿈꾸는 상태와 비슷한 삶을 살았을 것이라고 말하고 있다. 그리고 인간의 지능의 발달이 가져다준 주요 이익 중 하나가 꿈의 참된 본질과 중요성을 이해하는 능력이다.

인간의 마음은 크게 세 가지 상태로 존재하는 듯하다. 깨어 있는 상태, 잠자는 상태, 꿈꾸는 상태가 그 셋이다. 뇌파를 감지하는 장치인 뇌전도(electrocephalograph, EEG)의 기록에 나타나는 뇌의 전기적 활동 패턴은 이 세 가지 상태에서 뚜렷하게 구분된다.* 뇌파는 뇌의 전기 회로에서 발생되는 매우 작은 전류와 전압을 반영하고 있다. 이와 같은 뇌파 신호의 강도는 대개 마이크로볼트 단위로 측정된다. 뇌파의 주파수는 대개 1~20헤르츠(또는 초당 회전수)이다. 이는 북아메리카 지역에 공급되는 교류 전류의 60헤르츠보다 작은 값이다.

그런데 대체 잠은 무슨 소용 가치가 있는 것일까? 우리가 오랫동안 잠을 자지 않으면 우리 몸은 우리를 잠들게 만드는 신경 화학 물질을 생성하는 것이 분명하다. 잠을 자지 못하게 한 동물의 뇌 척수액에서 그와 같은 분자가 나타나는 것을 볼 수 있다. 그리고 그 척수액을 정신이 맑은 상태의 동물에게 주입하면 그 동물도 곧 잠들게 된

---

* 뇌전도(EEG)는 독일의 정신과 의사인 한스 베르거가 고안한 것이다. 그가 근본적으로 관심을 가졌던 분야는 텔레파시였다. 그리고 실제로 이 장치는 일종의 무선 텔레파시에 이용될 수 있다. 인간은 마치 전등을 켜고 끄듯 자신의 의지에 의해 특정 뇌파, 예를 들어서 α 리듬 상태를 개시했다가 중단할 수 있다. 물론 약간의 훈련이 필요하기는 하다. 훈련을 받은 사람에게 뇌전도와 무선 송신기를 부착할 경우, 이론적으로는 일종의 α파 모스 부호를 통해서 상당히 복잡한 메시지도 전달할 수 있다. 그리고 이러한 방법이 실용적으로 쓰일 수도 있을 것이다. 예를 들어 심한 뇌출혈로 온몸을 움직일 수 없게 된 환자가 이런 방법으로 의사소통을 할 수도 있을 것이다. 역사적 이유로 인해 꿈을 꾸지 않는 상태의 수면은 뇌전도에 의해 '서파 수면(slow wave sleep)', 꿈꾸는 상태는 '역설 수면(paradoxical sleep, 육체적으로는 깊이 잠든 상태이나 뇌파는 각성 상태와 비슷하기 때문에 붙은 이름—옮긴이)'이라는 이름이 붙었다.

다. 따라서 잠을 자는 데에는 뭔가 강력한 원인이 있는 것이 분명하다.

전통적으로 잠의 역할에 대해서 생리학이나 민간 의학 모두 원기를 회복시키기 위한 것이라고 설명해 왔다. 잠을 자는 동안 우리의 몸은 삶을 영위하는 동안 마주해야 하는 각종 요구에서 벗어나서 정신과 육체를 추스를 수 있는 기회를 갖는다는 것이다. 그러나 이러한 견해는 상식적으로 매우 그럴듯해 보이기는 하지만 실질적 증거는 부족하다. 뿐만 아니라 이 주장에는 좀 우려스러운 측면이 있다. 예를 들어서 동물은 자는 동안 매우 취약한 상태가 된다. 대부분의 동물들이 둥지, 동굴, 나무 구멍, 또는 깊이 들어가거나 위장하기 쉬운 장소에서 잠을 잔다. 그렇다고 하더라도 잠이 든 동안에는 상당히 무력한 상태에 빠지는 것은 사실이다. 우리가 밤이면 취약한 상태가 되는 것은 분명하다. 그리스 인들은 잠의 신인 모르페우스(모르페우스는 힙노스의 아들이며, 타나토스의 형제이자 잠의 신은 힙노스이다. 힙노스를 모르페우스라 한 것은 아마 저자의 오류인 듯하다.—옮긴이)와 죽음의 신인 타나토스를 형제로 보았다.

만일 잠을 자야 할 강력한 생물학적 요구가 존재하지 않는다면 자연선택을 통해 많은 동물들이 잠을 자지 않도록 진화되었어야 할 것이다. 두발가락나무늘보(two-toed sloth), 아르마딜로, 북아메리카산 주머니쥐, 박쥐 등의 많은 동물들이 계절적 휴면 상태에서는 적어도 하루에 19~20시간씩 잠을 잔다. 그러나 한편으로 뒤쥐, 까치돌고래(Dall's porpoise)와 같은 동물들은 거의 잠을 자지 않는다. 또한 사람들 중에서도 하루에 1~3시간만 자도 충분한 사람이 있다. 이들은 직업을 두 개, 세 개 가지고 배우자가 곤히 잠든 밤중에 어슬렁거리며 돌아다닌다. 그리고 그 밖의 모든 면에서 완전히 충만하고 기민하며 건설적인 삶을 영위해 나간다. 가족력을 살펴보면 잠을 적게 자는 특성

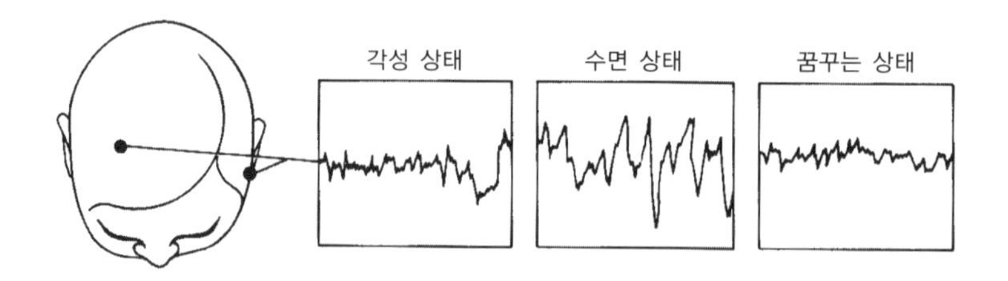

그림 26 정상인의 깨어 있는 상태, 잠든 상태, 꿈꾸는 상태의 특징적 뇌전도 패턴

은 유전적이라는 사실을 발견할 수 있다. 남편과 어린 딸이 잠을 안 자는 특성을 가지고 있는 가족의 예가 보고된 적이 있는데, 이 축복인지 저주인지 모를 특성에 경악하고 지칠 대로 지친 아내는 결국 도저히 같이 살 수 없다며 이혼을 요구했다. 그리고 딸의 양육은 남편이 맡기로 했다. 이러한 사례는 잠의 회복 기능이 잘해야 부분적인 것에 지나지 않음을 보여 준다.

그러나 수면은 매우 오래된 것이다. 뇌전도로 확인한 사실에 따르면 인간 외에도 모든 영장류와 거의 모든 포유류와 조류가 잠을 자는 것으로 밝혀졌다. 아마 잠의 기원은 파충류까지 거슬러 올라갈 것이다. 측두엽 아래 깊은 곳에 위치한 편도에 몇 헤르츠 정도의 전기 자극이 가해질 경우 측두엽 간질과 이에 수반하는 무의식 상태에서의 자동적인 행동을 일으키는 사람도 있다. 간질 환자가 해뜰 무렵이나 해질 무렵에 차를 운전하다가 수면 발작과 비슷한 상태에 빠진 경우도 보고되었다. 지평선 가까이에 위치한 해와 그 사람 사이에 말뚝 울타리가 길게 펼쳐져 있었는데, 그가 달리는 동안 울타리가 해를 가렸다 드러냈다 하며 깜박거리는 빛을 보내게 되었다. 그런데 특정 속도로 달릴 때 그 깜박거리는 빈도가 수면 발작을 일으키는 주파수와 우연히 동조(同調)했던 것이다. 생리 기능의 하루 주기 변화는 조개와 같은 연체동물에게까지 거슬러 올라간다. 측두엽 아래에 있는 다른 변연계 영역에 전기 자극을 가하면 꿈을 꾸는 것과 비슷한 상태가 유도되는 것으로 보아, 수면을 개시하는 중추와 꿈을 꾸게 하는 중추는 뇌의 깊은 곳에서 서로 그다지 멀리 떨어져 있지 않은 것으로 보인다.

최근 동물의 생활 방식에 따라서 자면서 꿈을 꾸는 동물이 있는가 하면 꿈을 꾸지 않는 동물이 있다는 증거가 제시되었다. 예일 대학교의 트루엣 앨리슨(Truett Allison)과 도미니크 시케티(Domenic Ciccheti)는 통계적으로 볼 때 포식자에 해당하는 동물은 잘 때 꿈을 꾸는 경우가 많았으나 먹이가 되는 동물은 자면서 꿈을 꾸지 않는 경향을 나타낸다는 사실을 보여 주었다. 이 연구는 포유류를 대상으로 실시되었으며 종 안에서의 차이가 아니라 종 간의 차이에만 적용된다. 꿈을 꾸면서 자는 동안 동물들은 완전히 움직이지 못하는 상태가 되며, 외부 자극에 대해 크게 둔감해진다. 반면 꿈을 꾸지 않는 잠은 훨씬 얕게 잠든 상태이다. 우리는 개나 고양이가 깊이 잠이 든 것처럼 보일 때에도 밖에서 나는 소리에 귀를 쫑긋거리는 것을 볼 수 있다. 한편 잠이 든 개가 마치 달리는 것처럼 다리를 꿈지럭거리면 사냥하는 꿈을 꾸는 것이라고 생각한다. 오늘날 주로 먹이가 되는 동물이 꿈을 꾸는 깊은 잠을 자지 않는다는 사실은 분명 자연선택의 산물인 것으로 보인다. 그러나 현재 주로 먹잇감 신세인 동물이라고 하더라도 그 조상은 포식자였을 수 있고 그 반대의 경우도 역시 성립된다. 뿐만 아니라 포식 동물들은 대개 뇌의 절대적 크기나 신체 대비 뇌의 크기가 먹이가 되는 동물에 비해서 더 크다. 잠이 뚜렷한 진화의 산물이라고 할 때, 오늘날 머리가 좋지 않은 동물들은 더 영리한 동물에 비해서 깊은 잠에 빠져 꼼짝할 수 없는 상태가 되는 빈도가 더 낮도록 진화되었다는 것은 이치에 맞는 이야기이다. 그런데 애초에 왜 동물

그림 27 몽골 공화국에서 발굴된 백악기 프로토케라톱스 알의 둥지.(사진 출처: 미국 자연사 박물관)

들은 깊은 잠을 자는 것일까? 깊이 잠들어 꼼짝하지 못하는 상태가 어째서 진화된 것일까?

아마 잠의 본래 기능에 대한 유용한 단서 가운데 하나는 돌고래나 고래를 비롯한 수중 포유류들이 잠을 극히 적게 잔다는 사실에서 찾아볼 수 있다. 그 이유는 바다 속에는 몸을 숨길 장소가 마땅치 않기 때문일 것이다. 그렇다면 반대로 잠의 기능이 동물의 취약성을 증가시키는 것이 아니라 오히려 감소시키는 것은 아닐까? 플로리다 대학교의 윌스 웨브(Wilse Webb)와 런던 대학교의 레이 메디스(Ray Meddis)가 이러한 주장을 내놓았다. 각 생물의 수면 방식은 그 생물의 생태 환경에 맞게 절묘하게 진화되었다. 너무 멍청해서 큰 위험이 도사리고 있는 동안에도 스스로 움직임을 멈추지 못하는 동물들이라면 거부할 수 없는 잠의 마력으로 인해 쥐 죽은 듯 움직이지 않고 그 시기를 넘기는 것이 유리할 수도 있다. 이러한 가설은 포식 동물의 어린 새끼의 경우 특별히 잘 맞아떨어진다. 새끼 호랑이는 매우 효과적인 보호색을 가졌을 뿐만 아니라 하루 중 상당 시간을 자면서 보낸다. 잠의 보호 효과는 매우 흥미로운 개념이며, 적어도 부분적으로는 맞는 것으로 보인다. 그렇다면 자연계에 거의 천적이 없다고 할 수 있는 사자는 왜 잠을 잘까? 그러나 이 질문은 가설에 별다른 타격을 주지 못한다. 왜냐하면 사자가 백수의 왕이었던 조상으로부터 진화해 온 것은 아닐 테니까 말이다. 마찬가지로 거의 두려울 상대가 없는 청소년기의 고릴라 역시 밤마다 잠자리를 마련한다. 그 이유 역시 고릴라가 좀 더 약한 조상으로부터 진화되어 왔기 때문일지도 모른다. 아마도 과거 어느 시점에는 사자와 고릴라의 조상들이 훨씬 더 강력하고 무서운 포식자를 두려워하며 살았을지도 모른다.

잠의 기능이 포식자의 공격을 피하기 위해 몸을 움직이지 않도록 하는 것이라는 가설은 포유류의 진화라는 측면에서 볼 때 특히 잘 맞아떨어진다. 포유류는 파충류가 지배하던 세상에 처음 등장했다. 그때는 파충류의 쉭쉭대는 숨소리가 등골을 오싹하게 만들고, 공룡의 천둥 같은 발소리가 천지를 뒤흔들었을 것이다. 그런데 거의 모든 파충류들은 변온동물*이고 열대 지방을 제외한 지역에서는 밤이면 꼼짝하지 못하는 상태가 되었을 것이다. 포유류는 항온동물이기 때문

* 하버드 대학교의 고생물학자인 로버트 배커(Robert Bakker)는 적어도 일부 공룡은 상당한 정도로 항온동물에 가까웠으리라고 주장했다. 그렇다고 하더라도 이들은 포유류보다는 매일의 온도 변화에 민감했을 것이고 따라서 밤에 기온이 내려가면 상당한 정도로 움직임이 둔해졌을 것이다.(공룡을 변온동물이나 항온동물로 딱 잘라 말할 수 없다는 것이 현재의 관점이다. 공룡은 종에 따라 체온을 유지하기 위한 다양한 신진대사 방법을 가졌을 것이다. 다만 작은 육식 공룡은 항온동물인 조류에 가까웠을 것이라고 추정하고 있다.—옮긴이)

그림 28 알에서 깨어난 새끼 프로토케라톱스를 복원한 것.(사진 출처: 미국 자연사 박물관)

에 밤에도 제 기능을 할 수 있다. 따라서 포유류는 야간의 비열대 지역이라는 생태적 틈새를 비집고 들어가 그들의 활동 무대로 삼을 여지가 있었을 것으로 보인다. 실제로 해리 제리슨은 당시 포유류의 진화가 야간에 사물과 거리를 지각하는 데 필요한, 당시 기준으로서(지금으로서는 흔한 것이지만) 극도로 정교하게 발달한 청각과 후각, 그리고 이처럼 새롭게 발달한 감각 기관으로부터 들어오는 일련의 정보들을 처리하는 데 필요한 변연계의 발달과 더불어 이루어졌다고 주장한다.(파충류가 받아들인 시각 정보의 상당 부분은 뇌가 아니라 망막에서 처리된다. 신피질에 있는 시각 정보 처리 장치는 대개 훨씬 나중에 진화된 것으로 보인다.)

아마도 초기의 포유류는 육식 파충류들이 활보하는 환한 대낮에는 꼼짝도 하지 않고 몸을 숨기고 있어야 했을 것이다. 나는 낮에는 포유류들이, 밤에는 파충류들이 번갈아 가며 잠자리에 드는 중생대의 풍경을 머릿속에 그려 본다. 비록 낮은 파충류 세상이었겠지만 밤에는 보잘 것 없는 육식 원시 포유류조차 변온동물이기 때문에 꼼짝하지 못하는 파충류들에게는 위험한 존재였을 것이다. 특히 파충류의 알에게는 심각한 위협이 되었을 것이다.

두개강 부피로 미루어 판단하건대(52쪽 그림 참조), 공룡은 포유류에 비해서 엄청나게 멍청했을 것이다. '유명한' 공룡들의 뇌 부피를 예로 들어보자면 티라노사우루스는 200세제곱센티미터, 브라키오사우루스는 150세제곱센티미터, 트리케라톱스는 70세제곱센티미터, 디플로도쿠스는 50세제곱센티미터, 스테고사우루스는 30세제곱센티미터에 지나지 않았다. 뇌의 절대 크기가 침팬지만 한 공룡은 단 한 마리도 없다. 저 작은 뇌로 몸무게가 2톤에 육박하는 큰 몸을 끌고 다녔던 스테고사우루스는 틀림없이 토끼보다도 훨씬 멍청했을 것이다. 공룡들의 엄청난 몸 크기를 고려한다면 그들의 뇌가 얼마나 작은 것인지 또 한 번 놀라게 될 것이다. 티라노사우루스의 몸무게는 8톤 정도였고 디플로도쿠스는 12톤, 브라키오사우루스는 무려 87톤이었다. 브라키오사우루스의 몸무게와 뇌 무게의 비율은 인간보다 1만 배 정도 작다. 바다에 사는 동물 중 몸에 비해 뇌가 가장 큰 동물이 상어이듯, 티라노사우루스는 초식 공룡인 디플로도쿠스나 브라키오사우루스에 비해서 상대적으로 큰 뇌를 가졌다. 티라노사우루스는 틀림없이 효율적이고 무시무시한 살인 기계였을 것이다. 그처럼 잔혹하고 무서운 공룡도 마음먹고 달려드는 똑똑한 적수에게는 약점을 드러내고 말았다. 그 적수 중 하나가 바로 초기의 포유류이다.

우리 지구의 중생대 풍경은 동물들이 서로 먹고 먹히는 잔혹한 것이었다. 낮이면 육식 파충류들이 잠에 곯아떨어진 영리한 포유류들을 찾아내 먹어치웠고, 밤이면 육식 포유류들이 꼼짝하지 못하게 된

그림 29 몸집이 작고 지능이 발달한 공룡 사우로르니토이데스를 그린 상상화. 그림에서 사우로르니토이데스는 포유류를 움켜쥐고 있다. 사우로르니토이데스의 표본은 캐나다, 몽골 등지의 백악기 지층에서 발견되었다.

멍청한 파충류들을 잡아먹었다. 파충류들은 알을 땅에 파묻기는 하지만 적극적으로 알이나 새끼를 보호하는 편은 아니다. 오늘날의 파충류의 경우에도 알이나 새끼를 애면글면 보살핀다는 이야기는 극히 드물게 보고되고 있다. 그런 만큼 자신이 낳은 알을 품고 앉아 있는 티라노사우루스 렉스의 모습을 상상하기는 어렵다. 바로 그렇기 때문에 포유류들은 태곳적의 먹고 먹히는 싸움에서 승리를 거둘 수 있었을지도 모른다. 적어도 일부 고생물학자들은 초기 포유류들이 밤마다 파충류 알을 먹어치운 것이 공룡의 멸종을 가속화했으리라고 믿고 있다. 서구식 아침 식사에서 달걀 두 알을 먹는 것은——적어도 표면적으로는——이 고대의 포유류 조상들의 식생활의 유물은 아닐는지?(1978년에 미국의 몬태나 주에서 마이아사우라의 서식처가 발견되었는데 성체와 함께 둥지 속의 알과 어린 공룡 등이 함께 발견되어 공룡이 어미가 알과 새끼를 보살피는 집단 생활을 했음이 밝혀졌다.—옮긴이)

몸무게 대비 뇌의 무게를 기준으로 볼 때 공룡 중에 가장 영리한 녀석은 사우로르니토이데스이다. 사우로르니토이데스는 몸무게가 약 50킬로그램인 데 비해 뇌의 무게는 50그램 정도였다. 따라서 사우로르니토이데스의 몸무게와 뇌 무게의 비는 타조와 비슷한 정도이다(53쪽 참조). 실제로 사우로르니토이데스는 타조와 비슷하게 생겼다. 이 공룡의 화석을 가지고 두개의 내형(endocrast)을 조사해 본다면 흥미로운 결과를 얻을 수 있을지 모른다. 이들은 아마도 네 개의 손가락이 달린 손에 해당되는 앞발을 다양한 방법으로 활용해서 작은 동물들을 잡아먹었을 것이다(168쪽의 그림 29 참조).

사우로르니토이데스는 숙고해 볼 만한 흥미로운 동물이다. 만일 6500만 년 전에 공룡들이 불가사의한 이유로 모두 사라져 버리지 않았다면, 사우로르니토이데스는 점점 지능이 높아지는 쪽으로 계속 진화해 나가지 않았을까? 여럿이 힘을 합쳐서 커다란 포유류 동물을 사냥하는 방법을 배우고, 그 결과 중생대가 끝나고 나서 포유류가 엄청나게 번성하는 것을 막아 버리지 않았을까? 만일 공룡이 멸종해 버리지 않았더라면 오늘날 사우로르니토이데스의 후손이 지구를 지배하는 생명체가 되지 않았을까? 사우로르니토이데스의 후손이 글을 쓰고, 책을 읽고, 만약 포유류가 번성해 우위를 차지했다면 어떻게 되었을지 추론하고 있지 않을까? 그리고 이 지구의 지배자는 8진수 대수법을 자연스러운 것으로 보고 10진수는 '신수학(New Math, 제2차 세계 대전 이후 개발된 새로운 수학 교육법으로, 계산보다 개념과 통찰을 강조했다.—옮긴이)'에서나 가르치는 지엽적인 분야로 치부해 버리지 않았을까?

지난 수천만 년 동안 지구의 역사에서 일어난 중요한 사건 중 상당수는 공룡의 멸종과 어떤 식으로든 맞물려 있다. 공룡은 땅 위에서나 물 속에서나 놀랄 만큼 빠르게, 그리고 완전하게 사라져 버렸다. 이러한 공룡의 멸종 원인을 설명하는 과학적 가설이 그야말로 수십 가지 존재한다. 그러나 이러한 이론은 모두 부분적으로만 만족스러울 뿐이다. 엄청난 기후 변화에서부터 포유류의 포식, 그리고 공룡의 배변을 돕는 성분을 가진 식물이 멸종하는 바람에 공룡들이 변비로 죽어 버렸다는 설까지 참으로 다양한 가설들이 제기되었다.

가장 흥미롭고 가능성 높은 가설 중 하나는 구소련 과학원(Soviet Academy of Science)의 우주 연구소 소속 슈클로프스키(I. S. Shklovskii)가 처음 내놓은 것으로서, 지구 근처에서 일어난 초신성 현상 때문에 공룡이 모두 죽어 버렸다는 이론이다. 수십 광년 떨어진 곳에서 사멸해 가던 별이 폭발하면서 뿜어 낸 고에너지 입자들이 지구 대기 안으로 들어와 대기의 성질을 변화시키고 아마도 대기의 오존층을 파괴시켜 태양의 자외선이 치명적인 수준으로 지구에 내리쪼이게 되었다는 것이다. 깊은 바다 속에 살던 어류와 같은 동물들은 이 강한 자외선의 폭격으로부터 살아남을 수 있었으나, 낮에 활동하는 육상 동물이나 해수 표면 근처에 살던 동물들은 모두 파멸을 면치 못했다는 것이다. 이는 재앙(disaster)이라는 말의 본래의 뜻에 너무나 잘 맞아떨어지는 이야기이다. disaster의 어원이 바로 '나쁜(dis) 별(aster)'이다.(공룡 멸종에 관해 현재 가장 널리 받아들여지는 설은 여러 원인으로 인해 쇠퇴의 길에 들어서던 공룡이 외계 천체의 충돌로 완전히 멸종하게 되었다는 가설이다. 이 책이 나온 이후인 1970년대 말에서 1980년대 초 미국 캘리포니아 대학교 버클리

그림 30 캐나다 서부의 늪지의 백악기 풍경 복원도. 그림 속의 대부분의 공룡들은 초식성이며 두 발로 걷고 있다. 그런데 우리가 아는 사실에 따르면 이 공룡들은 그로부터 얼마 되지 않아 모두 사라지게 된다.

분교의 지질학자 루이스 월터 앨바레즈(Louis Walter Alvarez)의 연구 팀이 백악기 말 지층과 제3기 지층 사이에서 이리듐 층을 발견했다. 이리듐은 지구 표면에서는 드물게 발견되지만 운석에 흔히 포함되어 있는 원소이다. 따라서 대규모 운석 충돌과 그에 따른 기상 이변으로 생물의 멸종이 일어났을 가능성이 대두되었다. 훗날 비슷한 시기에 만들어진 대규모의 운석구가 멕시코 유카탄 반도에서 발견됨으로써 이 가설은 더욱 힘을 얻게 되었다.—옮긴이)

만일 이러한 가설이 옳다면, 지난 6500만 년 동안 지구에서 일어난 생물학적 진화와 인류 존재의 근원은 멀리 떨어져 있는 어느 항성의 죽음으로 거슬러 올라갈 수 있다는 이야기가 된다. 어쩌면 그 죽은 항성의 둘레를 돌던 행성들 가운데 하나쯤은 수십억 년의 진화 역사가 우여곡절 끝에 만들어 놓은 생물들의 풍요로운 터전이었을지도 모른다. 그러나 초신성 폭발은 그 행성의 생명의 씨를 말려 버리고 심지어 행성의 대기마저도 우주 공간으로 날려 버렸을 것이다. 그렇다면 우리의 존재는 우주 어느 한곳에서 생물권과 생명의 세계를 파괴시켜 버린 처참한 '재앙' 덕분일까?

공룡이 사라진 이후에 포유류들은 낮이라는 생태계의 틈새로 이동하게 된다. 영장류가 어둠을 무서워하는 것은 비교적 나중에 발달한 특징인 것으로 보인다. 워시번은 어린 비비원숭이나 그 밖의 다른 영장류 새끼들은 오직 세 가지 대상에 대한 공포를 타고나는 것으로 보인다고 보고했다. 추락, 뱀, 어둠이 그 세 가지이다. 높은 곳에서 떨어지는 것에 대한 공포는 나무 위에 사는 동물에게 부과되는 뉴턴적 중력의 위험을, 뱀에 대한 공포는 조상 대대로 포유류의 적수였던 파충류에 대한 공포를, 어둠에 대한 공포는 밤에 사냥하는 포유류 맹수에 대한 공포를 반영하는 것이라고 볼 수 있다. 시각에 크게 의존하는 영장류로서는 어둠에 대한 공포가 더욱 절실할 것이다.

만약 중생대의 파충류와 포유류가 낮과 밤을 갈라 먹고 먹히는 게임을 벌였다는 가설이 옳다면, 물론 결국 가설은 가설일 뿐이지만, 수면의 기능은 포유류의 뇌에 깊이 아로새겨져 있는 셈이다. 포유류가 처음 등장했던 시절부터 수면은 포유류의 생존에 매우 중요한 역할을 수행해 왔던 것이다. 영장류가 밤에 잠을 자지 않는 것은 밤에 섹스를 하지 않는 것보다도 분류군의 생존에 더욱 위험한 일이다. 잠에 대한 충동은 섹스에 대한 충동보다 더 강력하다고 할 수 있다. 적어도 우리 대부분의 경우에는 그러하다. 그러나 결국 포유류는 변화된 상황에 따라 수면 패턴을 변경할 수 있는 상태로 진화되었다. 공룡이 멸종된 후에는 환한 햇살이 비치는 낮의 세상은 포유류 동물에게 분명 살기 좋은 환경이었을 것이다. 이제 낮에 꼼짝 않고 죽은 듯 웅크리고 있을 필요가 없어졌다. 그리하여 다양한 종류의 수면 패턴이 서서히 발달해 나가기 시작했다. 오늘날 포식자인 포유류는 꿈을 많이 꾸면서 잠을 자고 먹잇감이 되는 포유류는 경계의 끈을 놓지 않기 위해 꿈을 꾸지 않는 얕은 잠을 자게 된 것도 그 일환이라고 할 수 있다. 아마 밤에 두세 시간만 자고도 거뜬히 살아가는 사람들은 주어진 24시간을 완전히 활용하고자 하는 인간적 적응의 최전선에 있는 선구자들일지도 모른다. 나는 개인적으로 그와 같은 적응 능력을 가진 사람들이 몹시 부럽다.

이와 같은 포유류의 기원에 대한 추론은 과학적 신화를 이루어 내게 되었다. 그 안에는 어느 정도 진실의 싹이 들어 있겠지만 이야기 전체를 사실로 받아들이기는 어렵다. 우연일 수도 있고 그렇지 않을 수도 있겠지만 과학적 신화들은 더 오래된 신화들과 맞닿아 있다. 어쩌면 우리가 과학적 신화를 만들어 낼 수 있는 것은 우리가 이전에 다른 종류의 신화를 접한 일이 있기 때문일지도 모른다. 어찌되었든 나는 위에서 논의한 포유류의 기원에 대한 이야기를 「창세기」에 나오는 에덴 동산에서의 추방 이야기의 흥미로운 측면과 결부시키고자 하는 억누를 수 없는 유혹을 느낀다. 왜냐하면 아담과 하와에게 선악과—신피질의 추상 기능과 윤리적 판단 기능—를 가져다준 것이 바로 파충류이기 때문이다.

오늘날 지구에 거대 파충류들이 몇 종 남아 있는데, 그중 가장 인상적인 동물은 인도네시아에 사는 코모도왕도마뱀(Komodo dragon)이다. 변온동물이고 아둔한 편이지만 목표물을 정하면 놀랄 만큼 끈질긴 집착을 보인다. 잠자는 사슴이나 수퇘지 등을 발견하면 엄청난 참을성을 가지고 살금살금 다가가서 뒷다리를 베어 물고 먹잇감이 피를 많이 흘려 죽을 때까지 놓지 않는다. 코모도왕도마뱀은 냄새를 통해 먹잇감을 추적한다. 머리를 아래로 숙이고 육중한 몸을 끌듯이 기

그림 31 코모도왕도마뱀(*Varanus komodoensis*). 인도네시아 코모도섬.(사진출처: 미국 자연사 박물관)

어가면서 끝이 갈라진 혀를 날름거리며 땅바닥을 핥아서 먹잇감이 남긴 화학 물질을 식별해 낸다. 다 자란 코모도왕도마뱀은 135킬로그램에 3미터 정도까지 자라며, 약 100살까지 사는 것으로 보인다. 이 도마뱀은 2미터에서 깊게는 9미터까지 구멍을 파고 거기에 알을 낳는다. 아마도 포유류로부터 알을 보호하기 위해서인 것으로 보인다.(그리고 또한 같은 종족으로부터 보호하기 위해서이기도 할 것이다. 다 자란 코모도왕도마뱀은 이따금씩 알이 들어 있는 구멍에 다가가 알에서 갓 깨어나 위로 기어 올라오는 새끼들을 맛있게 먹어치우기도 한다.) 포식자로부터의 공격에 대한 적응의 또 다른 일례로서 알에서 갓 깨어난 새끼들이 나무 위에서 살아간다는 사실을 들 수 있다.

이처럼 놀라운 적응의 몸부림은 도마뱀들이 지구라는 행성에서 곤란을 겪고 있음을 나타내 준다. 야생 코모도왕도마뱀은 소(小)순다 열도(Lesser Sunda Island)에만 남아 있다.* 이곳에 남아 있는 야생 코모도왕도마뱀의 수는 약 2,000마리에 지나지 않는다.(2003년 6월 《동아일보》에 실린 기사에 따르면 당시 4,000마리 정도 서식하고 있다고 한다. 인도네시아 정부는 현재 코모도왕도마뱀의 보호 및 연구를 미국 샌디에이고 동물원 재단에 일임해 자연 상태의 코모도왕도마뱀을 체계적으로 보호하고 개체 수를 늘리기 위한 노력을 기울이고 있다.—옮긴이) 서식지의 위치가 불분명한 것으로 보아 이 동물은 거의 멸종에 임박한 것으로 보인다. 코모도왕도마뱀을 파멸로 몰아넣은 것은 바로 포유류, 특히 지난 두 세기 동안 이들을 포획해 온 인간인 것 같다. 덜 적응하거나 서식지가 멀지 않은 도마뱀들은 모두 죽어 버렸다. 심지어 나는 몸무게 대비 뇌의 무게에서 파충류와 포유류 간에 그렇게 큰 차이가 나는(52쪽 그림 참조) 이유는 육식 포유류가 영리한 파충류들을 체계적으로 멸종시켜 버렸기 때문은 아닌가 생각해 본다. 그것이 사실이든 아니든 간에 대형 파충류의 개체 수는 중생대 말기 이래로 꾸준히 감소해 왔다. 심지어 지금으로부터 2,000~3,000년 전만 해도 이들은 지금보다는 훨씬 많았다.

* 호모 에렉투스의 표본이 처음 발견된 곳이 바로 대(大)순다 열도(Greater Sunda Island), 좀 더 정확히 말하자면 자바 섬이다. 1891년 외젠 뒤부아(Eugèn Dubois)가 이곳에서 두개강의 부피가 약 1,000세제곱센티미터가량 되는 호모 에렉투스의 표본을 발견했다.

그림 32 도나텔로, 「용을 죽이는 성 게오르기우스」, 피렌체의 오르산미켈레 성당(사진: 알리너리)

수많은 문화권에서 용에 대한 신화가 널리 퍼져 있는 것은 우연이 아닐 것이다.** 성 게오르기우스의 신화에서 그려진 것과 같이 인간과 용 간의 화해할 수 없는 강한 적대감은 서양 문화에서 가장 강하게 드러났다.(「창세기」 3장에서 신은 파충류와 인간은 서로 영원히 적의를 품도록 명했다.) 그러나 그와 같은 적대감은 서양에만 존재했던 것은 아니다. 오히려 전 세계적 현상이라고 할 수 있다. 상대방을 조용히 하게 하거나 주의를 이끌고자 할 때 보편적으로 내는 '쉿' 소리가 파충류의 쉭쉭대는 소리와 비슷하다는 사실은 그저 우연일 뿐일까? 수백만 년 전 용들이 우리의 원시 인간 조상들에게는 커다란 골칫거리였으며, 그들이 불러일으킨 공포와 살육이 궁극적으로 인간 지능의 진화를

** 흥미롭게도 1929년 말 페이원중(裵文中)이 베이징 원인(불의 사용 흔적과 명백하게 관련되어 있는 호모 에렉투스)의 두개골 화석을 처음 발견한 곳이 중국 신장웨이우얼 자치구 룽산(龍山)이다.

도왔던 것은 아닐까? 아니면 뱀이라는 비유는 신피질이 더욱 진화되는 과정에서 우리 뇌의 공격적이고 관습적인 파충류적 부분이 사용되었음을 암시하는 것은 아닐까? 한 가지 예외를 빼고 「창세기」 이야기에서 파충류의 유혹은 인간이 동물의 언어를 이해한 유일한 사례라고 할 수 있다. 우리가 용에게 두려움을 느낄 때 우리는 우리 자신의 일부를 두려워하는 것일지도 모른다. 어느 쪽이 사실이든 간에 중요한 것은 에덴 동산에 용이 있었다는 사실이다.

가장 최근의 것으로 추정되는 공룡의 화석이 약 6000만 년 전의 것이다. 인간이 속한 과(그러나 호모 속은 아닌)는 대략 수천만 년의 역사를 가지고 있다. 그렇다면 인간과 비슷한 생물이 티라노사우루스를 직접 마주했을 가능성은 없을까? 백악기 말기의 멸종을 피해서 살아남은 공룡들은 혹시 없을까? 말을 배우기 시작하는 아이들이 공통적으로 보이는 '괴물'에 대한 공포와 악몽은 비비원숭이의 경우와

그림 33 미켈란젤로, 「인간 형상을 한 뱀의 유혹과 에덴 동산에서의 추방」, 시스티나 예배당의 천장.

같이 용과 부엉이에 대한 유용한 적응에서 비롯된 진화의 흔적은 아닐까?*

그렇다면 꿈은 오늘날 어떤 기능을 수행하는 것일까? 명망 있는 과학 저널에 발표된 한 논문에서는 꿈의 기능을, 잠자는 동안 이따금씩 우리를 각성 상태로 이끌어서 목숨을 위협하는 포식자의 존재에 대해 경계를 늦추지 않도록 하는 것이라고 설명한다. 그러나 꿈은 정상적인 수면에서 상대적으로 매우 적은 부분을 차지하고 있기 때문에 이 설명은 설득력이 떨어진다. 더군다나 앞서 살펴본 대로 오히려 그 반대 방향을 가리키는 증거들이 많다. 자면서 꿈을 꾸는 포유류는 잡아먹히는 쪽보다는 오히려 잡아먹는 쪽이기 때문이다. 그보다 훨씬 그럴듯한 이론은 컴퓨터에 기초를 두고 꿈의 기능을 설명하는 것이다. 꿈은 하루의 경험을 처리하는 무의식적 과정에서 흘러넘친 조각들이라는 것이다. 경험을 처리한다는 것은 뇌가 일종의 임시 기억 장치에 임시로 저장한 하루 동안의 사건들 가운데 어느 부분을 장기 기억 저장소에 끼워 넣을지를 결정하는 과정을 말한다. 나의 경우, 그 전날의 경험들은 빈번하게 꿈속에 등장하고 이틀 전의 경험은 그보다 등장하는 빈도가 더 낮다. 그러나 꿈이 임시 기억 장치에 든 자료를 비워 내는 과정이라는 모델 역시 완벽해 보이지는 않는다. 왜냐하면 꿈의 상징 언어의 중요한 특징인 위장(disguise)이라는 현상을

* 이 글을 쓴 다음 나는 우연히 다윈 역시 비슷한 생각을 토로한 일이 있음을 발견하게 되었다. "아이들이 경험과 관계없이 나타내는, 막연하지만 매우 실질적인 공포는 오래전 야만스러운 시기에 존재했던 실제 위험과 야비한 미신의 유산이 아닐까? 이는 예전에 잘 발달했던 성격의 전달에 대해 우리가 알고 있는 사실들과 일치한다. 즉 일생 초기에 나타났다가 자라나면서 사라져 버리는 성격들 말이다." 마치 인간 발달 과정에서 나타나는 아가미 자국과 같이…….

설명하지 못하기 때문이다. 꿈의 위장을 처음 강조한 사람이 바로 프로이트이다. 또한 임시 기억 장치 모델은 꿈의 강렬한 감정 및 정서 역시 설명하지 못한다. 각성 상태에서 경험한 그 어떤 것보다 강력하고 어마어마한 공포를 꿈속에서 경험한 사람들이 많이 있을 것이다.

임시 기억 장치의 기억 정리 및 저장이 꿈의 기능이라는 모델은 상당히 흥미로운 사회적 문제와 관련되어 있다. 미국 터프스 대학교의 정신과 의사인 어니스트 하트만(Ernest Hartmann)은 이와 관련해서 비록 일화적이긴 하지만 나름대로 설득력 있는 증거를 제시한 일이 있다. 낮에 지적 활동, 특히 새로운 지적 활동을 한 사람은 대체로 낮 동안 반복적인 활동을 한 사람에 비해 더 많은 잠을 필요로 한다는 것이다. 그러나 현대 사회는 부분적으로 조직적 편의를 위해서 모든 사람들의 필요 수면 시간이 동일하다는 전제하에 구성되어 있다. 그리고 많은 곳에서 일찍 일어나는 것이 도덕적으로 올바른 것이라는 인식조차 존재하고 있다. 임시 기억을 정리하는 데 필요한 수면의 시간은 자기 전에 얼마나 많은 생각을 하고 얼마나 많은 경험을 했는지에 달려 있을 것이다.(그런데 이러한 인과 관계가 반대 방향으로 작용한다는 증거는 없다. 예를 들어서 페노바비탈 같은 약물을 복용해서 내리 잠만 자는 사람들이 어쩌다 잠과 잠 사이의 짧은 각성 시간 동안 특별한 지적 성취를 이루어 낸다는 보고는 없으니 말이다.) 이런 면에서 볼 때 잠을 아주 조금 자도 멀쩡한 사람들을 대상으로 그들이 잠자는 동안 꿈을 꾸는 시간의 비율이 정상적인 필요 수면 시간을 지닌 사람에 비해 더 크지는 않은지, 그리고 그들의 각성 상태에서 획득하는 학습 경험의 질과 양에 따라 수면량과 꿈꾸는 시간이 늘어나지는 않는지 알아보면 흥미로울 것이다.

프랑스 리옹 대학교의 신경학자인 미셸 주베(Michel Jouvet)는 꿈꾸는 수면이 뇌교(pons)에서 유발된다는 사실을 밝혔다. 뇌교는 후뇌에 자리 잡고 있으며, 진화 과정에서 비교적 나중에 등장한, 포유류에서부터 나타나는 기관이다. 한편 펜필드는 간질 환자들의 측두엽 아래 깊은 곳의 신피질과 변연계에 전기 자극을 가하면 상징적 · 환상적 측면만을 벗겨 낸 꿈과 비슷한 각성 상태를 경험한다는 것을 발견했다. 전기 자극을 통해 데자뷔(déjàvu)와 같은 경험도 유도해 낼 수 있었고 공포를 비롯한 꿈속의 감정 역시 이끌어 낼 수 있었다.

나는 영원히 나를 애태울 만한 매우 진기한 꿈을 꾼 일이 있었다. 꿈속에서 나는 별 생각 없이 두꺼운 역사책을 엄지손가락으로 주르륵 넘기고 있었다. 책의 삽화를 본 기억이 나는 것으로 미루어 보아 아마 무척이나 천천히 책장을 넘겼던 모양이다. 흔히 그렇듯 나는 앞에서부터 책을 훑어 나갔고 몇 세기가 내 손끝에서 흘러갔다. 고전 시대, 중세, 르네상스 시대 등을 지나 점점 현대에 가까워졌다. 제2차 세계 대전 부근에 이르렀는데 아직도 뒤로 약 200쪽이 남아 있었다. 점점 흥분에 휩싸이게 된 나는 책에 깊숙이 빠져 들었다. 그리고 곧 내가 지금 현재의 시대를 막 지나쳤음을 깨닫게 되었다. 이 책은 미래가 기록되어 있는 역사책이었다! 우주력의 12월 31일을 막 넘겼는데 새로운 해의 1월 1일에 무슨 일이 일어났는지 자세하게 기록한 것을 마주한 셈이었다. 나는 숨을 멈추고 말 그대로 미래를 읽기 위해 집중했다. 그런데 도대체 읽을 수가 없었다. 나는 각각의 단어들을 구별해 낼 수 있었다. 나는 심지어 각 글자의 모양까지도 식별할 수 있었다. 그러나 나는 문자들을 모아서 단어로, 단어를 모아서 문장으로 인식할 수가 없었다. 나는 읽기언어상실증 상태에 빠졌던 것이다.

아마 이는 단순히 미래는 예측할 수 없다는 진리의 비유일지도 모른다. 그러나 나는 항상 꿈속에서는 글을 읽을 수 없었다. 예를 들어서 길에서 '멈춤' 표지판을 보게 되면 표지판의 색과 기호의 모양을 가지고 그것이 '멈춤' 표지판이라는 것을 아는데 그 아래 '멈춤'이라고 써 있는 글자는 읽을 수 없는 식이다. 글자가 뻔히 보이는데도 말이다. 그 의미는 이해하겠는데 그 내용을 한 단어 한 단어씩, 또는 한 문장 한 문장씩 읽는 것이 불가능하다. 나는 꿈속에서는 아주 쉬운 산수 문제도 제대로 풀지 못한다. 또한 별다른 상징적 의미 없이 수많은 말실수를 하기도 한다. 예를 들어서 슈만과 슈베르트를 헷갈리는 식이다. 꿈속에서 나는 약간 언어상실증에 걸린 상태이고 완전히 읽기언어상실증에 걸린 상태라고 할 수 있다. 내가 아는 모든 사람들이 꿈속에서 나와 같은 인지적 결함을 경험하는 것은 아니다. 그러나 사람들은 어떤 식으로든 결함을 경험한다.(생각난 김에 말하자면, 태어날 때부터 앞을 보지 못하는 사람들은 시각적 꿈이 아닌 청각적 꿈을 꾼다.) 꿈속에서 신피질의 기능이 완전히 꺼지는 것은 결코 아니다. 그러나 엄청난 오작동을 하는 것이 확실하다.

포유류와 조류는 모두 꿈을 꾸는데, 포유류와 조류의 공동 조상인 파충류는 꿈을 꾸지 않는다는 점은 분명히 주목할 만하다. 파충류 이후에 일어난 중요한 진화는 꿈을 수반했고, 어쩌면 꿈을 필요로 하는 것일지도 모른다. 조류의 경우, 꿈꾸는 상태와 같은 전기 패턴이 나타나는데, 그 상태는 짧고 일회적이다. 그것이 새들의 꿈이라면 그 꿈은 한 번에 1초 정도밖에 지속되지 않는다. 어쨌든 새들은 진화론적으로 볼 때 포유류보다는 파충류에 훨씬 가까운 동물이다. 만일 우리가 포유류의 경우만 알고 있다면 주장의 근거가 취약하다고 할지도 모른다. 그러나 파충류에서 진화해 나온 두 개의 분류군 모두 꿈을 꾼다는 것은 분명 진지하게 고려해 볼 만한 사항이다. 왜 파충류에서 진화해 온 동물들은 꿈을 꾸어야만 할까? 그 밖의 다른 동물들은 꿈을 꾸지 않는데…….

우리가 꿈속에서 정신을 차리고 "아, 이건 꿈일 뿐이지."라고 생각하는 경우는 극히 드물다. 대개 우리는 꿈속에서 자신을 둘러싼 상황이 현실이라고 생각한다. 꿈속의 세계에서는 일관성이란 존재하지 않는다. 꿈은 마술과 관습, 열정과 분노의 세계이며 회의나 이성이 끼어들 여지가 거의 없다. 삼위일체의 뇌라는 비유에서 꿈은 부분적으로 R 복합체와 변연계 피질의 기능이며 합리적인 신피질의 기능은 아니다.

실험 결과에 따르면 밤이 깊어 갈수록 꿈은 점점 우리의 과거의 오래된 부분에서 소재를 가져오는 것으로 나타났다. 꿈의 내용은 점점 과거로, 어린 시절과 유아기로 거슬러 올라간다. 그와 동시에 꿈의 1차 과정과 정서적 내용 역시 더욱 풍부해진다. 다시 말해 우리는 잠든 직후보다는 잠을 깨기 직전에 요람 속에서 느꼈던 열정을 꿈꿀 가능성이 높다. 이는 마치 하루의 경험을 기억에 통합하고 신경세포들을 새로이 연결하는 작업이 더 쉽고 긴급한 일이기 때문에 이러한 꿈을 먼저 꾼 다음에 시간이 좀 더 흐르면 정서적으로 풍부한 꿈, 기괴한 소재들과 공포와 욕망과 같은 강렬한 감정을 가득 담은 꿈이 나타나는 것처럼 보인다. 깊은 밤, 그날그날 꾸어야 할 의무적인 꿈을 꾼 다음, 온 세상이 미동도 없이 고요하게 잦아들면 비로소 용이 꿈틀거리며 나오고 영양 떼가 뛰어놀기 시작한다.

꿈의 상태를 연구하는 데 가장 중요한 도구 중 하나를 발견한 사람은 스탠퍼드 대학교의 정신과 의사인 윌리엄 데먼트(William Dement)이다. 데먼트는 누구보다 정상적인 정신을 가졌겠지만 그의 성은 정신과 의사 이름치고는 재미있는 이름이 아닐 수 없다. (dement는 라틴 어로 '정상적인 정신에서 이탈한', '정신이 없는' 이라는 의미이며,

'치매(dementia)'의 어원이기도 하다. ─옮긴이) 우리가 꿈을 꿀 때는 눈알이 빠르게 움직인다. 이 빠른 안구 운동(rapid eye movement, REM)은 눈꺼풀 위에 테이프로 가볍게 부착한 전극과 뇌전도에서의 특정 뇌파 패턴을 통해 감지할 수 있다. 데먼트는 모든 사람들이 잠자는 동안 여러 번에 걸쳐 꿈을 꾼다는 사실을 발견했다. REM 상태에 있는 사람을 깨워서 물어보면 대부분 꿈의 내용을 기억한다. 자신은 전혀 꿈을 꾸지 않는다고 주장하는 사람도 REM과 뇌전도에서의 패턴을 가지고 볼 때는 다른 사람들과 같은 정도로 꿈을 꾸는 것으로 나타났다. 그리고 적절한 상태에서 깨워서 물어보면 깜짝 놀라면서 자신이 꿈을 꾸었다는 사실을 시인한다. 인간의 뇌는 꿈을 꾸는 동안에 뚜렷이 구별되는 생리적 상태를 보이며, 우리는 비교적 자주 꿈을 꾸는 편이다. REM 상태에서 잠을 깨운 피험자 가운데 20퍼센트가량은 꿈을 기억해 내지 못했고, REM 상태가 아닌 수면 중에 깨운 피험자 가운데 10퍼센트 정도는 꿈을 꾸었다고 말하기는 했지만 일단 편의를 위해 REM 상태와 그에 따른 뇌전도 패턴을 꿈꾸는 상태로 보기로 한다.(사실 빠른 안구 운동(REM) 현상을 맨 처음 발견한 사람은 유진 아세린스키(Eugene Aserinski)이다. 1953년 시카고 대학교의 대학원생이던 아세린스키가 어린이의 주의력을 연구하기 위해 자신의 아들을 관찰하는 과정에서 이 현상을 발견했다. 스승이었던 너대니얼 클라이트만(Nathaniel Kleitman)과 함께 이 발견을 발표했다. 윌리엄 데먼트는 그 후에 클라이트만의 제자가 되었고 1950년대 후반 이후로 수면과 꿈에 대해 많은 연구를 수행했다. ─옮긴이)

꿈이 꼭 필요한 것이라는 증거들이 있다. 사람이나 다른 포유류 동물들에게서 REM 수면을 박탈해 버리면(뇌전도상에 전형적인 REM의 패턴이 나타나는 순간 피험자나 실험 동물을 잠에서 깨우는 방법으로) 잠자는 동안 꿈꾸는 상태가 개시되는 횟수가 증가하며, 심한 경우에는 낮에도 환각 상태—각성 상태에 꾸는 꿈—에 빠지기도 했다. 앞서 나는 꿈꾸는 상태를 나타내는 REM 뇌전도 패턴이 조류의 경우 매우 짧게 나타나고 파충류에게서는 나타나지 않는다고 언급했다. 꿈은 주로 포유류에게서 나타나는 기능으로 보인다. 뿐만 아니라 꿈은 출생 직후의 인간에게서 가장 많이 나타난다. 아리스토텔레스는 아기들은 꿈을 꾸지 않는다고 상당히 단호하게 말했다. 그러나 실제로는 그 반대이다. 아기들은 엄청나게 꿈을 많이 꾸는 듯하다. 달수를 다 채우고 태어난 갓난아기의 경우 REM 수면이 전체 수면 시간의 절반가량을 차지하고 있다. 예정일보다 몇 주 정도 미리 태어난 아기들의 경우, 전체 수면 시간 중 3분의 2 또는 그 이상이 REM 수면이다. 어쩌면 어머니의 자궁 속에 있는 태아들은 하루 종일, 계속해서 꿈을 꾸는지도 모른다.(실제로 갓 태어난 새끼 고양이는 잠자는 시간 내내 REM 수면 패턴을 보인다.) 발생 반복설을 적용하자면 꿈은 진화 단계상 매우 오래되고 기본적인 포유류의 기능이라고 할 수 있을 것이다.

유아기와 꿈을 연결하는 또 다른 고리가 있으니, 그것은 바로 기억상실증이다. 유아기와 꿈은 둘 다 우리가 그곳에서 빠져나온 이후에는 그곳에서 경험한 것을 기억해 내기 어렵다는 점에서 비슷하다. 나는 유아기와 꿈속에서 모두 분석적 기억을 담당하는 신피질의 왼쪽 반구가 효율적으로 기능하지 못한다는 점을 지적하고자 한다. 어떤 학자들은 우리가 아주 어린 시절의 경험이나 꿈의 내용을 기억하지 못하는 이유를 우리가 일종의 외상적 기억상실증(traumatic amnesia)을 겪기 때문라고 설명한다. 너무나 고통스러운 경험이기 때문에 기억하지 못한다는 것이다. 그러나 우리가 잊어버리는 꿈 중 상당수는 즐거운 꿈이며, 유아기가 그토록 고통스러운 것이라는 말은 믿기 어렵다. 뿐만 아니라 어떤 아이들은 아주 어린 시절의 경험도 기억할 수 있다. 첫돌 무렵의 일을 기억하는 사례는 그다지 드물지 않으며 그보다 더 전의 일을 기억한 사례도 있다. 나의 아들 니컬러스가 세 돌이 되었을 무렵 나는 아들에게 기억할 수 있는 가장 오래된 사건이 무엇이냐고 물어본 일이 있다. 그러자 니컬러스는 허공에 시선을 둔 채 낮은 목소리로 이렇게 말했다.

"온통 빨간색이고 무척 춥다는 느낌이 들었어요."

니컬러스는 제왕절개술로 태어났다. 그럴 가능성은 적겠지만 나는 혹시나 아이의 회상이 탄생 순간에 대한 기억이 아닌가 생각해 본다. 어찌되었든 간에 우리가 유아기와 꿈의 경험을 잊어버리는 것은 유아기나 꿈꾸는 상태에서 우리의 정신적 삶은 거의 전적으로 R 복합체, 변연계, 오른쪽 대뇌 반구에 의해 결정되기 때문이다. 아주 어린 시절에는 신피질이 완전히 발달하지 않은 상태이다. 그리고 기억상실증은 신피질의 결함에 의해 나타나는 증상이다.

음경이나 음핵의 발기와 REM 수면은 놀랄 만한 상관 관계를 보인다. 꿈의 내용에 성적 측면이 명백하게 드러나지 않는다고 하더라도 종종 발기가 일어난다. 그런데 영장류에게 발기 현상은 성(당연한 이야기가 아닌가?), 공격성, 사회적 서열의 유지와 관련되어 있다. 나는 꿈속에서 우리 자신의 일부가 마치 내가 폴 매클린의 실험실에서 보았던 다람쥐원숭이와 비슷하게 행동한다고 생각된다. 우리의 꿈속에서는 R 복합체가 기능을 수행한다. 이곳에서는 여전히 쉭쉭거리고 끽끽거리는 용의 소리와 우레처럼 쿵쿵대는 공룡의 소리가 들려온다.

과학적 개념의 가치를 시험해 보는 훌륭한 방법은 차후에 얼마나 증명을 통해 확인되는지 살펴보는 것이다. 작은 증거의 조각들을 모아서 이론을 만든다. 그런 다음 실험이 수행된다. 애초에 이론을 주창한 사람은 그 실험의 결과를 미리 알 수 없다. 만일 실험이 원래의 개념을 옳은 것으로 확인해 주면 그 이론은 강력한 지지를 얻게 된다. 프로이트는 우리의 1차 과정에 따르는 정서의 '심리적 에너지(psychic energy)'와 꿈의 소재의 대부분, 어쩌면 전부가 성에 기원을 둔 것이라고 주장했다. 종을 전파시키는 일에서 성적 관심이 얼마나 중요한 역할을 맡고 있는지를 생각해 보면 그의 주장은 그가 속했던 빅토리아 시대 사람들이 생각했던 것처럼 어처구니없거나 타락한 것이 아니다. 이를테면 카를 구스타프 융은 프로이트가 무의식의 작용에서 성의 지위를 지나치게 과장했다고 말했다. 그러나 70여 년이 지난 지금 데먼트나 다른 심리학자들의 실험실에서 수행된 실험들은 프로이트의 주장을 지지하는 것으로 나타나고 있다. 음경이나 음핵의 발기와 성 사이의 관련성을 부정하기 위해서는 엄청나게 열성적인 청교도주의가 필요할 것이라 생각된다. 비록 꿈이 관습적 · 공격적 · 위계적 소재 역시 취하고 있기는 하지만, 성과 꿈은 우연히 또는 가볍게 연결된 것이 아니라 매우 깊고 근본적인 연결 고리를 가지고 있을 것이다. 특히 19세기 후반 오스트리아 빈 사회에서 성이 얼마나 억압되어 있었는지를 고려해 볼 때, 프로이트의 통찰은 타당할 뿐만 아니라 어렵고도 많은 용기를 필요로 했을 것이다.

흔히 나타나는 꿈의 범주에 대해 통계적 연구가 이루어졌다. 이러한 연구들은 적어도 어느 정도까지는 꿈의 본질을 밝혀 주고 있다. 대학생들을 대상으로 한 조사에서 가장 자주 꾸는 꿈의 범주는 다음 다섯 가지로 나왔다.

(1) 떨어지는 꿈

(2) 누군가에게 쫓기거나 공격당하는 꿈

(3) 어떤 일을 해내려고 계속 시도하지만 실패하는 꿈

(4) 다양한 종류의 학문적 학습 경험

(5) 다양한 성적 경험

이 중 (4)번의 경우 아마도 조사 대상이 대학생들이었기 때문에 그들의 특별한 관심을 반영한 것으로 보인다. 나머지 항목들은 물론 대학생들이 이따금씩 마주하는 상황이기는 하지만 일반적으로 학생이 아닌 사람들에게도 적용될 수 있다.

떨어지는 꿈은 나무 위에서 살던 시절에 기원을 두고 있는 것이 분명하다. 우리는 추락에 대한 공포를 다른 영장류들과 공유하고 있다. 나무 위에서 사는 동물로서는 가장 쉽게 죽는 길은 추락의 위험을 잊어버리는 것이다. 가장 흔히 꾸는 꿈의 나머지 세 범주들은 특별히 흥미로운데, 왜냐하면 각각 공격적 · 위계적 · 관습적 · 성적인 기능을 나타내기 때문이다. 이러한 기능들은 바로 R 복합체의 영역에 속한다. 또 다른 흥미로운 통계 결과는 질문을 받은 사람의 절반 가량이 뱀에 대한 꿈을 꾸었다고 응답했다. 조사 결과 드러난 20개의 가장 흔히 꾸는 꿈 가운데에서 뱀은 인간이 아닌 동물로서는 유일하게 하나의 범주를 형성하고 있다. 어쩌면 뱀 꿈 중 상당수는 프로이트의 해석을 그대로 드러내는 것일 수도 있다.(프로이트의 해석에 따르면 뱀은 남성의 성기를 상징한다.—옮긴이) 그러나 응답자 가운데 3분의 2 가량이 명백한 성적 꿈에 대해 이야기했다. 영장류의 새끼들은 뱀에 대한 공포를 타고난다는 워시번의 말을 되새겨 본다면, 꿈의 세계가 직접적으로, 간접적으로 파충류와 포유류 간의 해묵은 적대감을 나타내는 것이 아닌가 하는 생각이 든다.

선행하는 모든 사실들에 부합하는 한 가지 가설이 있다. 그것은 바로 변연계의 진화가 세상을 바라보는 시각을 급진적으로 바꾸어 놓았다는 것이다. 초기 포유류의 생존은 지적 능력, 낮 동안 꼼짝하지 않고 숨어 있기, 새끼를 헌신적으로 돌보는 특성 등에 의존했다. R 복합체를 통해 지각하는 세상은 지금 우리가 보는 세상과 상당히 다른 것이었음이 분명하다. 새로운 것을 덧붙여 나가는 식으로 이루어지는 뇌의 진화의 특성 때문에 우리는 R 복합체의 기능을 나름대로 일부 활용되거나 에둘러 갈 수는 있지만 완전히 무시할 수는 없었다. 따라서 인간의 경우 측두엽 아래 어딘가에 억제 중추(inhibition center)가 있어서 파충류의 뇌의 기능의 상당 부분을 꺼놓았다가 뇌교에 진화된 활성 중추(activation center)가 잠자는 동안 아무 해를 주지 않고 R 복합체를 작동시키는 것이다. 이러한 관점은 초자아(superego)가 이드를(또는 의식이 무의식을) 억제한다는 프로이트의 주장과 비슷한 측면이 있다. 이드는 말실수, 자유 연상, 꿈 등에서 가장 분명하게 나타난다. 바로 초자아의 억압에서 잠깐 풀려난 순간들이다.(꿈 혹은 REM 수면을 개시하는 데에는 신경 조절(neuromodulation)이라는 현상이 관여하는 것으로 밝혀졌다. 신경 조절이란 뇌의 상태를 전체적으로 변경시킬 수 있는 화학적 신경 전달 체계를 말한다. 잠이 들면 비REM 수면 상태에서 노르아드레날린(노르에피네프린)과 세로토닌의 분비가 반으로 줄어들고 REM 수면이 시작되면 완전히 중지된다. 그래서 뇌는 콜린성 시스템의 조절을 받게 되고 각성 상태일 때와 다른 활성 양상을 보이게 된다. REM 수면시에는 배외측 전전두 피질이 비활성화되고 전대상회를 비롯한 변연계 부위와 간뇌의 교뇌피개 등이 활성화된다. ―옮긴이)

고등 포유류와 영장류에서 대규모 신피질의 발달이 일어남에 따라서 꿈의 상태에도 신피질이 일부 관여하게 되었다. 상징적 언어라고 해도 언어는 언어이다.(이는 신피질의 왼쪽 반구와 오른쪽 반구의 신피질의 기능의 차이와 관련되어 있는데, 이에 대해서는 다음 장에서 다룰 것이다.) 그러나 꿈속의 심상은 상당한 정도로 성적 · 공격적 · 위계적 · 관습적 요소들을 가지고 있다. 꿈의 소재가 그토록 환상적인 것은 아마도 꿈꾸는 동안 직접적인 감각적 자극이 거의 주어지지 않기 때문일 것이다. 꿈의 상태에서는 현실의 검열이 거의 이루어지지 않는다. 이러한 관점에서 볼 때 유아가 꿈을 많이 꾸는 것은 유아기에 신피질의 분석적 부분이 거의 작동하지 않기 때문이라고 할 수 있다. 파충류가 꿈을 꾸지 않는 것은 파충류의 경우 꿈의 상태를 억압하는 것이 없으므로 아이스킬로스가 인간의 조상에 대해 묘사한 것과 같이 '꿈꾸는' 상태로 깨어 있기 때문일 것이다. 나는 이러한 개념이 꿈의 상태의 기묘함──각성시의 언어적 의식과 다른 상태──, 포유류와 인간의 신생아에게서 많이 일어나는 이유, 꿈의 생리적 특성, 모든 사람들이 꿈을 꾸는 이유 등을 설명해 줄 수 있다고 믿는다.

우리의 진화적 뿌리를 거슬러 올라가다 보면 파충류와 포유류가 모두 존재한다. 낮이면 R 복합체가 뒤로 물러가고, 밤이면 꿈속의 용들이 활개를 치기 시작한다. 어쩌면 우리는 수억 년 된 파충류와 포유류 간의 전쟁을 각자의 삶 속에서 재현하고 있는지도 모른다. 단지 먹고 먹히는 싸움의 밤낮이 뒤바뀌었을 뿐이다.

인간은 지금 이 모습 자체로도 파충류적 행동을 충분히 보여 주고 있다. 만일 우리가 우리 본성 가운데 파충류적 측면의 고삐를 완전히 풀어 놓는다면 우리의 생존 잠재력은 더 낮아지게 될 것이다. 왜냐하면 R 복합체는 뇌의 구조에 너무나 깊숙하게 짜여져 있으며 오랫동안 이 기능을 완전히 피하는 것은 불가능하기 때문이다. 어쩌면 꿈의 상태는 우리의 환상과 우리의 현실 속에서 R 복합체가 정기적으로 기능하도록 하는 도구인지도 모르다. 마치 R 복합체가 여전히 통제력을 가지고 있다는 듯 말이다.

만일 이러한 가설이 사실이라면 아이스킬로스의 통찰과 마찬가지로 다른 포유류의 각성 상태는 인간의 꿈꾸는 상태와 비슷한 것일지도 모른다. 흐르는 물의 감촉이나 인동덩굴의 냄새와 같은 신호는 알아챌 수 있지만 단어와 같은 상징의 이해 범위는 너무나 제한되어 있는 곳, 생생한 감각적 · 정서적 이미지와 활발한 직관적 이해를 마주하지만 합리적 분석은 거의 존재하지 않는 곳, 상당한 집중력을 요하는 작업은 할 수 없는 곳, 주의를 기울일 수 있는 시간이 매우 짧고 종종 주의가 흐트러지며 무엇보다도 자아에 대한 감각이 매우 희미하고 통제할 수 없는 사건들 속을 예측할 수 없이 부대껴 나간다는 느낌이 드는 곳이 바로 이 세계이다. 만일 이곳이 우리가 떠나온 세계라면 우리는 그곳에서 참으로 먼 길을 걸어온 셈이다.

7장

연인과 광인

사랑에 빠진 사람과 미친 사람은 소용돌이치는 뇌를 가지고 있다.
그들의 뇌는 환상을 만들어 내고, 차가운 이성이 이해하는 것 그 이상을 파악해 낸다.
광인과 연인과 시인은 온통 상상력으로 가득 채워져 있다.
— 셰익스피어, 『한여름 밤의 꿈』

그저 보통의 시인은 주정뱅이처럼 술 취한 자에 불과하다.
그는 끝없는 안개 속에 살며 명확히 보지도 판단하지도 못한다.
당신은 여러 과학에 정통하고 이성과 철학과 어느 정도의 수학적 두뇌를 갖추어야 한다.
완벽하고 뛰어난 시인이 되기 위해서는.
— 존 드라이든, 「모로코 여왕에 대한 관찰과 주석」

블러드하운드는 뛰어난 후각 능력으로 유명하다. 잃어버린 아이든 도주한 범인이든 찾고자 하는 사람의 소지품과 같은 작은 흔적만 주어도 컹컹 짖으며 이리저리 뛰어오르며 정확하게 자취를 찾아간다. 갯과 동물을 비롯하여 다른 동물을 사냥하는 습성을 가진 동물들은 이와 같은 능력이 극도로 잘 발달되어 있다. 흔적은 후각적 신호, 즉 냄새를 가지고 있다. 냄새는 단순히 특정한 일련의 분자들—이 경우에 유기 분자들—에 대한 지각일 뿐이다. 블러드하운드가 목표물을 추적하기 위해서는 목표물의 냄새, 특징적인 신체의 냄새 분자들과 개를 혼란스럽게 만드는 배경 냄새 분자들의 차이를 감지할 수 있어야 한다. 배경 냄새 분자에는 그 길을 걸어간 다른 사람들(추적에 나선 사람들을 포함)과 다른 동물들(개 자신을 포함)에게서 비롯된 것 역시 포함된다. 사람이 길을 걸어가면서 남기고 가는 분자의 수는 사실 얼마 되지 않는다. 그러나 상당히 희미한 흔적이라고 하더라도—예를 들어 추적하는 대상이 사라진 지 몇 시간 된 상태—블러드하운드는 성공적으로 그 자취를 찾아낼 수 있다.

이 놀라운 능력은 매우 민감한 냄새 감지 능력에 기인한다. 후각 기능은 우리가 앞서 살펴본 바와 같이 곤충들의 경우에서도 찾아볼 수 있다. 그러나 블러드하운드가 곤충들과 다르게 특별히 주목할 만한 점은 구별해 낼 수 있는 냄새가 매우 풍부하다는 점, 각각 엄청난 양의 배경 냄새에 둘러싸여 있는 서로 다른 수없이 많은 냄새들 사이에서 특정 냄새를 구별해 낼 수 있다는 점이다. 블러드하운드는 분자 구조를 정교하게 분류하고 예전에 냄새 맡은 일이 있는 분자들로 이루어진 방대한 목록으로부터 새로운 분자를 식별해 낸다. 뿐만 아니라 블러드하운드는 아주 적은 양의 냄새 분자만 있어도 그것에 친숙해지고 아주 오랫동안 기억할 수 있다.

이처럼 각 분자들을 후각적으로 인지하는 것은 코에 특정 기능기(functional group) 또는 유기 분자의 일부에 민감한 수용체가 존재하기 때문이다. 예를 들어서 어떤 수용체는 -COOH(카르복시기)에 민감하게 반응하고 또 다른 수용체는 $-NH_2$(아미노기)에 민감하게 반응하는 식이다.(이때 C는 탄소, H는 수소, O는 산소, N는 질소를 의미한다.) 복잡한 분자에 존재하는 다양한 부분들과 돌출부들이 코의 점막에 있는 각각의 분자 수용체에 결합하게 되면 감지된 기능기를 조합해서 분자의 전체적인 후각 이미지를 되살려 낸다. 이것은 매우 정교한 감각 시스템이다. 이러한 일을 수행하는 가장 정교한 장치는 지금까지 기체 크로마토그래피/질량 분석기라고 할 수 있는데, 비록 많은 기술적 진보가 이루어지긴 했지만 그 민감도나 분해능은 모두 블러드하운드를 따르지 못한다. 동물의 후각 시스템이 이처럼 정교하게 진화되어 온 것은 강력한 선택압(selection pressure, 개체군 중에서 환경에 가장 적합한 일원이 부모로서 선택될 확률과 보통의 일원이 부모로서 선택될 확률의 비율.—옮긴이)이 작용했기 때문이다. 짝짓기 상대나 포식자나 먹이를 재빨리 감지하는 것은 종의 생사가 걸린 중대한 문제이다. 냄새에 대한 감각은 무척이나 오래된 것이다. 그리고 분자를 식별해 내는 능력에 대한 선택압이 신경계의 차대 수준 이후의 진화에 박차를 가했을 것이다. 뇌에서 뚜렷하게 구분되는 후각 망울(70쪽 그림 참조)은 생명의 역사에서 최초로 발달된 신피질의 구성 성분이었다. 실제로 변연계를 '후각뇌(rhinencephalon)'라고 부른다.

냄새에 대한 사람의 감각은 블러드하운드만큼 잘 발달되어 있지 않다. 뇌의 크기는 거대한 데 비해 후각 망울은 다른 많은 동물들보다 크기가 작다. 그리고 우리의 일상에서 후각은 아주 적은 역할만 수행하는 것이 분명하다. 보통 사람이 구분할 수 있는 냄새의 가짓수는 비교적 적은 편이다. 그 얼마 되지 않는 냄새에 대한 언어적 묘사와 분석적 이해 역시 빈약하다. 우리의 지각에서 냄새에 대한 반응은 냄새를 일으키는 분자의 실제 3차원적 구조를 반영한다고 보기 어렵다. 후각은 복잡한 인지 작업이다. 우리는 비록 한계가 있기는 하지만 이 작업을 어느 정도 정확하게 수행할 수 있다. 그러나 그 결과를 제대로 묘사하지는 못한다. 만일 블러드하운드가 말을 할 수 있다고 하더라도 어떻게 냄새를 감지하고 구별하는지에 대해 설명해 보라고 하면 우리와 마찬가지로 말문이 막힐 것이다.

개나 다른 많은 동물들에게 주위 세상을 지각하는 일차적인 수단이 후각이듯, 사람에게는 시각이 정보를 받아들이는 일차적인 통로이다. 우리의 시각적 민감도와 구별 능력은 블러드하운드의 후각 능력만큼이나 인상적이다. 예를 들어서 우리는 서로 다른 얼굴들을 구별해 낼 수 있다. 주의 깊은 관찰자라면 수만 또는 수십만 가지 다른 얼굴들을 식별해 낼 수 있을 것이다. 인터폴이나 그 밖의 경찰 조직에서 널리 사용되는 '아이덴티킷(Identikit, 몽타주식 얼굴 사진)' 은 100억 가지 이상의 얼굴을 구성해 낼 수 있다. 그와 같은 능력은 분명히 생존에 큰 기여를 했을 것이다. 우리의 조상들이 살던 시기에는 특히 더했을 것이다. 그러나 우리가 완벽하게 알아볼 수 있는 얼굴의 생김새를 말로 표현하기가 얼마나 힘든지를 생각해 보자. 법정에서 증인은 자신이 마주했던 사람의 인상을 말로 제대로 묘사하지 못하는 경우가 많다. 그러나 목격했던 사람을 다시 보게 되면 매우 정확하게 알아볼 수 있다. 이따금씩 사람을 잘못 알아보는 경우도 있지만 법정에서는 대개 성인인 증인이 용의자의 얼굴을 보고 확인해 준 증언을 기꺼이 받아들이는 듯하다. 우리가 많은 사람들 가운데에서 유명인의 얼굴을 얼마나 쉽게 알아보는지 생각해 보자. 또 사람 이름이 무작위로 빽빽이 나열된 종이에서 자신의 이름을 얼마나 빨리 찾아내는지 생각해 보자.

인간과 다른 동물들은 매우 정교하고 신속한 정보 지각 및 인지 능력을 가지고 있다. 사람들의 생각과 달리 지각 및 인지 작용이 언어적·분석적 의식을 건너뛰어서 이루어지기 때문이다. 이와 같은 비언어적 지각과 인지를 우리는 종종 '직관'이라고 부른다. 직관이라는 말은 '타고난'이라는 의미는 아니다. 다양한 얼굴 형태의 목록을 뇌에 아로새긴 채로 태어나는 사람은 없다. 직관이라는 말은, 내 생각에, 어떻게 그와 같은 지식을 얻게 되는지 알 수 없는 데서 오는 널리 퍼진 곤혹감을 반영하고 있는 듯하다. 그러나 직관적 지식은 엄청나게 긴 진화적 역사를 가지고 있다. 유전 물질에 저장된 정보까지 고려한다면 그와 같은 정보는 생명의 기원까지 거슬러 올라간다. 앎의 두 가지 양식 중 하나—이 양식은 특히 서양 사회에서 직관적 지식이 존재한다는 사실에 신경질적 반응을 보인다.—는 진화의 역사에서 상당히 최근에 추가된 것이다. 완전히 언어적인(이를테면 완전한 문장을 통해 이루어지는) 합리적인 사고는 생겨난 지 고작 수만 년에서 수십만 년밖에 되지 않았을 것이다. 세상에는 의식적인 삶 속에서 거의 전적으로 이성적인 사람도 있고 거의 전적으로 직관적인 사람도 있다. 각각의 집단은 이 두 종류의 인지 능력의 호혜적 가치를 거의 이해하지 못하고서 상대 집단을 조롱한다. 상대방을 "혼란스럽고 뒤죽박죽"이라거나 "도덕관념이 없다."라고 묘사하는 것은 그나마 정중한 편에 속한다. 우리는 왜 이처럼 서로 분명히 다르고 상호 보완적이지만 제대로 통합되어 있지 않은 두 가지 사고방식을 가지고 있는 것일까?

이 두 가지 사고방식이 대뇌피질에 자리 잡고 있다는 사실에 대한 최초의 증거는 뇌 손상에 대한 연구에서 비롯되었다. 사고나 뇌졸중으로 인해 신피질 중 좌반구의 측두엽이나 두정엽에 손상을 입은 환자는 대개 읽고 쓰고 말하고 계산하는 능력의 결함을 보인다. 그런데 우반구의 해당 위치에 손상을 입은 환자는 3차원적 시각, 패턴 인식, 음악적 능력과 전체론적(holistic) 추론 능력의 결함을 보인다. 얼굴을 인식하는 능력은 주로 우뇌에 자리 잡고 있다. 사람 얼굴을 한 번 보면 결코 잊어버리지 않는 사람들은 우뇌를 통해 패턴 인식을 하는 것이다. 오른쪽 두정엽이 손상된 환자 중에는 심지어 거울이나 사진 속의 자기 얼굴조차도 알아보지 못한다. 이와 같은 관찰 결과는 우리 삶의 이른바 '이성적' 측면은 주로 좌반구에, '직관적' 측면은 주로 우반구에 있음을 가리킨다.

이 분야에서 최근 이루어진 가장 중요한 실험이 캘리포니아 공과대학의 로저 스페리(Roger Sperry)와 동료들에 의해 수행되었다. 이 실험은 심한 대발작 간질 환자를 치료하려는 시도에서 비롯되었다. 환자는 사실상 항상 계속된다고 할 수 있는 발작에 시달렸다.(발작이 한 시간에 두 번씩 계속해서 일어났다.) 의사는 신피질의 좌반구와 우반구를 이어 주는 주요 신경 다발인 뇌량을 절단했다(198쪽 그림 참조). 이 수

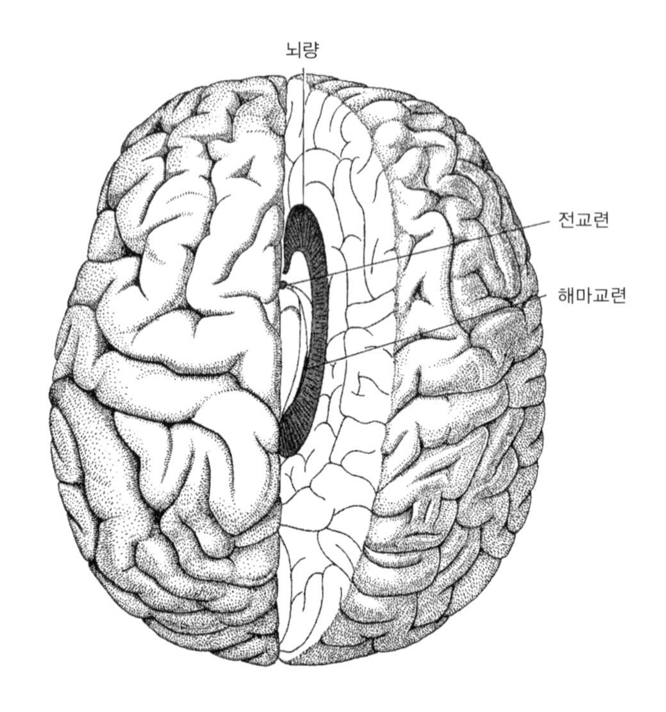

그림 34 위에서 바라본 인간의 뇌. 신경 외과 의사가 환자의 간질 발작을 억제하기 위해서 두 개의 대뇌 반구를 서로 분리했다. 이 과정은 주로 뇌량을 절단함으로써 이루어졌다. 경우에 따라서는 두 반구를 이어 주는 연결 고리 중 뇌량에 비해 미미한 역할을 맡고 있는 전교련과 해마교련까지 절단하기도 했다.(출처: 《사이언티픽 아메리칸》, 1967)

술은 양쪽 반구 중 어느 한쪽에서 일어난 신경 전기적 폭풍이 다른 쪽으로 번져 나가는 것을 막으려는 의도에서 실시되었던 것이다. 이와 같은 수술을 하게 되면 두 반구 중 적어도 어느 한 쪽은 다른 쪽에서 일어난 발작의 영향을 받지 않게 되리라 기대했던 것이다. 그런데 뜻밖의 반가운 결과가 나타났다. 양쪽 반구에서 모두 발작의 빈도와 강도가 크게 줄어들었던 것이다. 마치 예전에는 한쪽 반구에서 일어나는 간질 발작의 전기적 활동이 뇌량을 통해 전달되어 다른 쪽의 발작까지도 증폭시켰던 것처럼 말이다.

이러한 수술에 의해 '뇌가 쪼개진' 환자는 수술 후에도 겉보기에는 완전한 정상인으로 보였다. 일부 환자는 수술을 받기 전에 경험했던 생생한 꿈이 더 이상 나타나지 않는다고 보고했다. 처음으로 수술을 받은 환자는 수술 후 한 달 동안 말을 하지 못했다. 그러나 이 증상은 나중에는 사라졌다. 양쪽 반구를 분리한 환자들이 정상적인 모습과 행동을 보여 준다는 사실은 그 자체로서 뇌량이 매우 미묘한 기능을 한다는 사실을 보여 준다. 뇌량에는 2억 개의 신경 섬유 다발이 양쪽 반구를 오가는 초당 수십억 비트의 정보를 처리해 낸다. 이곳에 존재하는 뉴런은 신피질 전체 뉴런의 약 2퍼센트에 해당된다. 하지만 이곳을 절단해도 아무런 변화가 일어나지 않는 것처럼 보인다. 나는 실제로는 상당한 변화가 일어났으나 단지 쉽게 겉으로 드러나지 않을 뿐이라고 생각한다.

우리가 오른쪽에 있는 어떤 물체를 볼 때 우리의 양쪽 눈은 우시야(right visual field)를 바라본다. 왼쪽을 바라볼 때는 마찬가지로 두 눈이 좌시야를 향한다. 그런데 시신경이 연결된 방식 때문에 우시야에서 들어온 정보는 좌반구에서, 좌시야에서 온 정보는 우반구에서 처리된다. 마찬가지로 오른쪽 귀를 통해 들은 소리는 일차적으로 좌반구에서 처리되고 왼쪽 귀를 통해 들은 소리는 우반구에서 처리된다. 이때 청각 처리의 일부는 같은 쪽에서—왼쪽 귀는 좌반구에서, 오른쪽 귀는 우반구에서—처리되기도 한다. 좀 더 원시적인 감각인 후각의 경우 이와 같은 기능의 교차가 일어나지 않는다. 그래서 왼쪽 콧구멍에 감지된 냄새는 전적으로 좌반구에서 처리된다. 그러나 사지와 뇌로 오가는 정보는 교차된다. 왼쪽 손으로 어떤 물체를 만질 경우 그 정보는 일차적으로 우반구에서 처리되고, 오른손으로

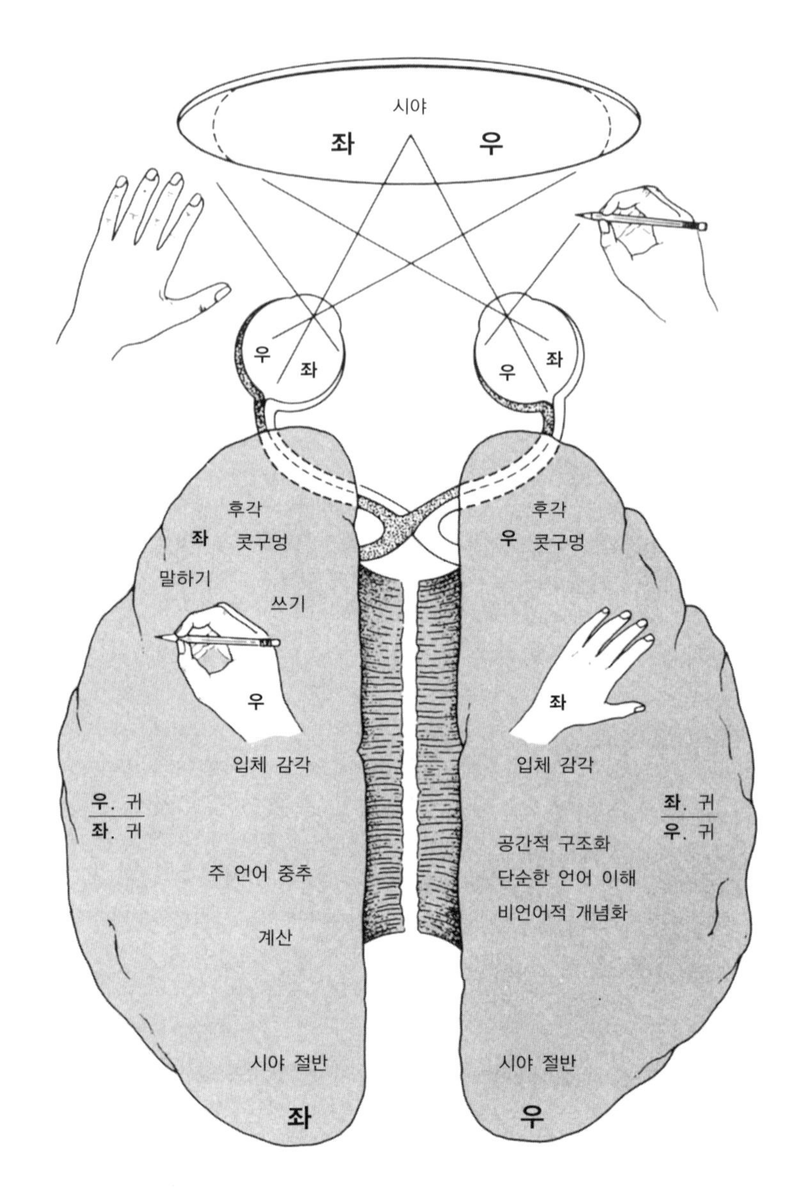

그림 35 스페리의 실험 결과를 도식화한 그림. 외부 세계가 신피질의 두 개의 반구에 지도화되는 방식. 오른쪽 시야는 좌측 후두엽에, 좌시야는 오른쪽 후두엽에 투사된다. 신체의 제어 역시 좌우가 교차되어 있어서 몸의 오른쪽 부분은 좌뇌에서 왼쪽 부분은 우뇌에서 조절한다. 청각 역시 교차되어 있다. 그런데 후각은 다르다. 오른쪽 콧구멍으로 들어온 냄새는 우뇌로, 왼쪽 콧구멍으로 들어온 냄새는 좌뇌로 전달된다.

어떤 문장을 쓰라는 명령은 좌뇌에서 처리된다(200쪽 그림 참조.). 그리고 90퍼센트의 사람들에게 언어 중추는 좌반구에 존재한다.

스페리와 동료들은 양쪽 반구가 분리된 환자들을 대상으로 각 반구에 제각기 다른 자극을 가하는 일련의 정밀한 실험들을 수행했다. 한 실험에서 환자 앞에 놓인 화면에 hat과 band라는 단어를 보여 주었다. 그런데 hat이란 단어는 환자의 좌시야에, band라는 단어는 우시야에 들어오도록 되어 있었다. 환자는 band라는 단어가 보인다고 말했다. 그리고 적어도 언어로 의사소통하는 그의 능력의 한계에서는 그의 우반구가 hat이라는 시각적 이미지를 받아들였다는 것을 전혀 알지 못했다. 무슨 band냐고 묻자 환자는 갖가지 추측을 해서 대답했다. outlaw band(무법자 도당), rubber band(고무줄), jazz band(재즈 밴드) 등이다. 그런데 이와 유사한 실험에서 환자에게 자신이 본 것을 써 보라고 하자, 그는 hat이라는 단어를 종이 위에 끄적거렸다. 환자는 자신의 손동작으로 미루어 자신이 뭔가 쓰고 있다는 것을 알았지만 뭘 쓰는지 보지 못하도록 가려져 있었기 때문에 그 정보는 언어 능력을 관장하는 좌반구에 도달할 길이 없었던 것이다. 그는 자신이 본 것을 글로는 쓰면서 그것이 무엇인지 말하지 못하고 어리둥절해졌다.

다른 많은 실험들이 이와 비슷한 결과를 보여 주었다. 어느 실험에서 환자는 눈으로 볼 수 없도록 가려진 채, 플라스틱으로 만들어진 입체 글자 몇 개를 왼손으로 만져 보았다. 그 글자들로 만들 수 있는 단어는 love라든지 cup처럼 딱 한 가지뿐이었다. 환자는 단어를 바른 순서로 늘어놓아 해당 단어를 만들 수 있었다. 이는 우반구 역시 약간의 언어 능력을 가지고 있음을 보여 준다. 이는 대략 꿈속의 상태에 비견된다고 할 수 있을 것이다. 그런데 환자는 글자를 조합해

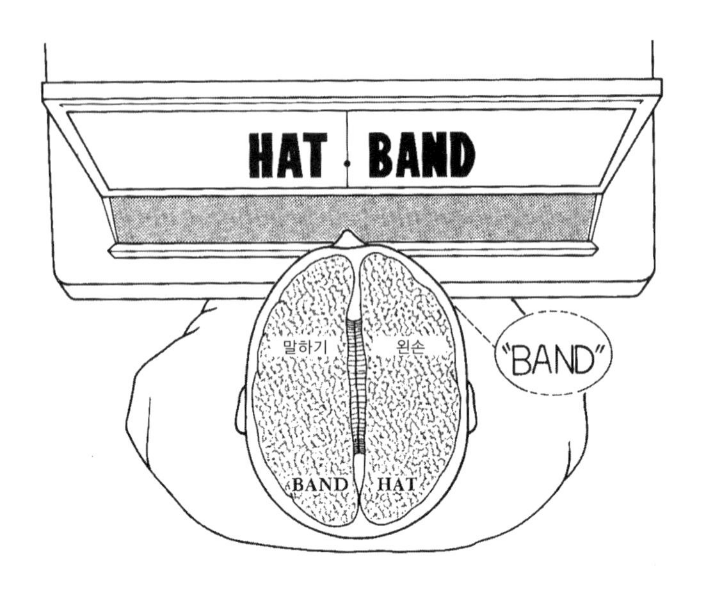

그림 36 피험자는 우시야에 비치는 단어만 읽고 말할 수 있었다. 좌시야에 있는 단어와 우시야에 있는 단어 사이에는 무의식적인 연합조차 일어나지 않았다.(출처: 스페리의 실험)

올바른 단어를 만들어 놓고 나서 자신이 만든 단어가 무엇인지 말하지 못했다. 이로써 양쪽 뇌를 분리한 환자의 경우 각각의 반구는 다른 쪽 반구가 학습한 내용에 대해 전혀 알지 못한다는 사실이 확인되었다.

좌반구의 기하학적 능력이 형편없다는 사실은 참으로 인상적이다. 그림 38에 그 증거가 잘 나타나 있다. 뇌의 두 반구가 분리된 오른손잡이 환자는 단순한 3차원적 형상을 (평소에 거의 쓰지 않던) 왼손으로는 정확하게 그려 냈다. 그러나 우반구의 기하학적으로 우월한 능력은 오직 손으로 하는 작업에 국한된 것으로 보인다. 손과 눈과 두 뇌의 협응을 요구하지 않는 다른 기하학적 기능에서는 우반구가 더 우수한 반응을 보이지 않는다. 손의 조작으로 이루어지는 기하학적 활동은 우반구의 두정엽에 위치하는 듯하다. 좌반구의 같은 위치는

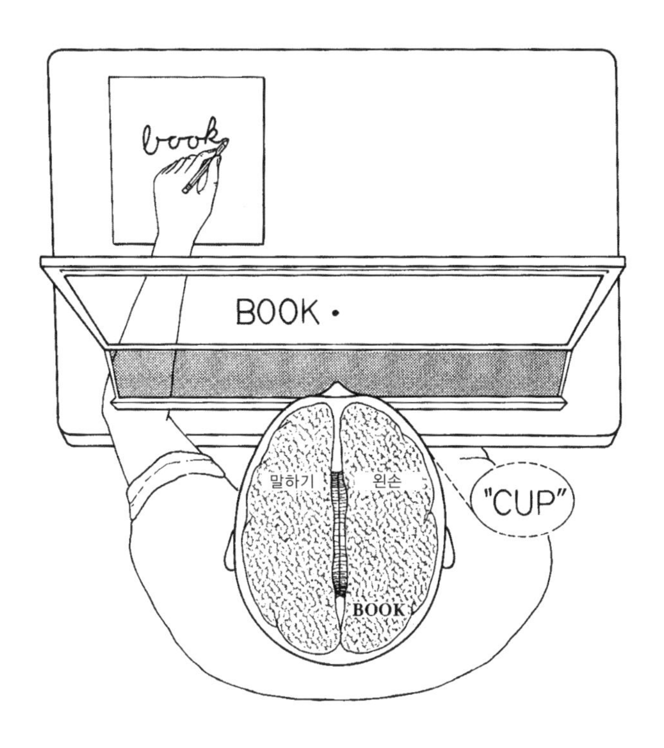

그림 37 뇌의 좌반구와 우반구가 분리되어 있는 환자는 우뇌의 시각 영역에 반영된 글자를 왼손으로 올바르게 쓴다. 그러나 무슨 글자를 보고 왼손으로 썼는지 물어 보면 잘못된 대답("CUP")을 한다.(출처: 네베스와 스페리의 실험)

언어 활동을 관장한다. 뉴욕 주립 대학교 스토니브룩분교의 거재니거(M. S. Gazzaniga)는 양쪽 반구가 이와 같이 분화된 것은 어린아이의 손 조작 능력과 기하학적 시각화가 충분히 발달하기 전에 좌반구에서 언어 발달이 일어나기 때문이라고 주장했다. 그는 우반구에서 나타나는 기하학적 능력의 발달이 표준 상태의(default) 분화이며, 좌반구의 경우 언어 쪽으로 방향을 바꾼 셈이라고 설명했다.

가장 설득력 있는 결과를 가져온 실험이 완료된 직후, 스페리는 파티를 열었다. 전하는 이야기에 따르면, 어느 유명한 이론물리학자가 이 파티에 초대되었다. 그는 물론 멀쩡한 뇌량을 가지고 있었다. 생기 넘치는 유머 감각으로 유명했던 물리학자는 파티 내내 조용히 앉아서 뇌 분리 연구에 대한 스페리의 설명에 귀를 기울였다. 밤이 깊어가자 손님들은 하나 둘씩 집으로 떠나갔다. 스페리는 현관에 서서 돌아가는 손님들과 작별 인사를 나누었다. 물리학자는 오른손을 내밀어서 스페리에게 악수를 청하며 정말로 멋진 밤이었다고 말했다. 그런 다음 갑자기 깡충 뛰어 왼발과 오른발의 위치를 바꾸어 놓더니 왼손을 내밀며 찢어지는 듯한 고음의 이상한 목소리로 "나 역시도 무척 즐거운 시간을 보냈다는 걸 알아주기 바랍니다!"라고 말했다.

양쪽 대뇌 반구 간의 의사소통에 결함이 있을 경우 환자는 종종 자신이 한 행동을 스스로 납득하지 못하곤 했다. 그리고 유창하게 말을 하면서도 자신이 하는 말의 요점이 무엇인지 모르는 경우가 있다. (9쪽에 인용된『파이드로스』의 구절과 비교해 보자.) 양쪽 반구가 비교적 독립적으로 기능을 한다는 사실은 우리의 일상에서 잘 나타나고 있다. 앞서 이야기한 대로 우리는 우뇌에서 수행하는 복잡한 지각의 내용을 말로 표현하는 데 어려움을 느낀다. 여러 가지 운동을 비롯한 정교한 신체적 활동에는 좌반구가 비교적 관여하지 않는 편이다. 예를 들어서 테니스 시합을 할 때 상대방을 교란시키는 책략 가운데 이런 것이 있다. 상대방에게 그의 엄지손가락이 정확히 라켓의 어느 위치에 놓여 있는지 묻는 것이다. 그럴 경우 상대방의 좌뇌가 이 질문에 주의를 기울이게 되고 적어도 짧은 시간 동안이나마 경기를 교란시킬 수 있다. 음악에 관련된 능력 중 상당 부분은 우반구의 기능이다. 악보는 조금도 적을 줄 모르면서도 어떤 노래나 곡의 일부를 기억하는 것

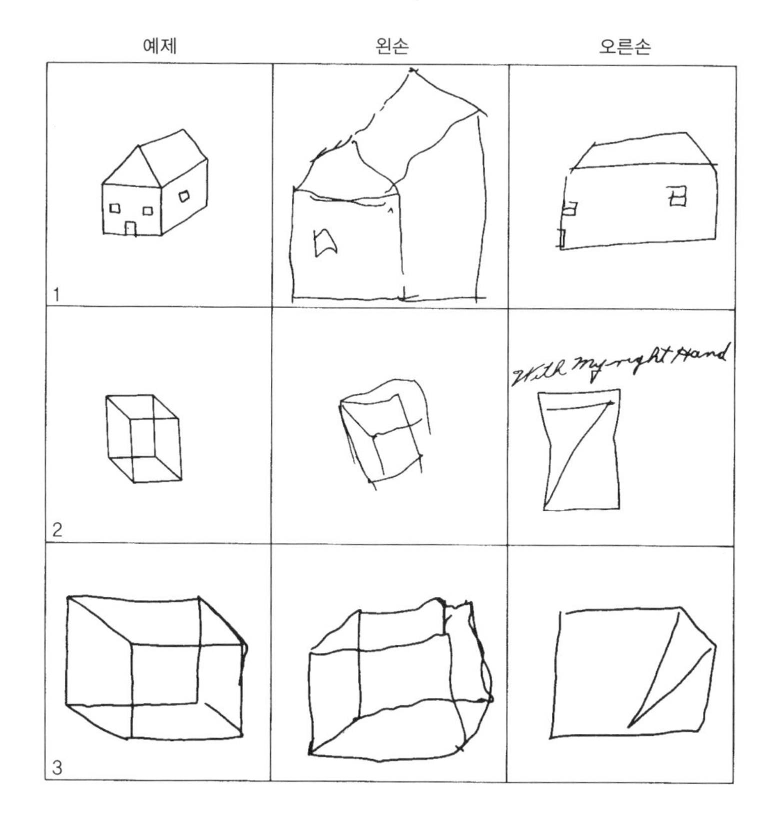

그림 38 기하학적 도형을 베끼는 능력에서 좌뇌가 우뇌보다 기능이 떨어진다는 것을 보여주는 실험. 거재니거의 실험을 따라서 했다.

은 매우 흔한 일이다. 피아노의 경우에 우리 자신이 아니라 우리의 손가락이 곡을 기억한다고도 할 수 있다.

이와 같은 기억은 매우 복잡한 경우도 있다. 나는 최근 유명한 교향악단이 새로이 준비하는 피아노 협주곡 공연의 리허설을 지켜볼 기회가 있었다. 이러한 리허설의 경우 지휘자는 많은 경우에 곡의 맨 처음부터 끝까지 다 연습하는 게 아니라 어려운 부분들에 집중해서 연주하도록 한다. 리허설 시간이 한정되어 있고 또 연주자들의 실력을 믿기 때문이기도 하다. 나는 피아노 연주자가 전곡을 다 암기하고 있을 뿐만 아니라 지휘자가 어느 부분을 지시하든 악보의 소절을 흘끗 보고 나서 바로 시작하는 것을 보고 깊은 감명을 받았다. 이 부러운 능력은 뇌의 좌반구와 우반구의 기능이 혼합된 것이다. 한 번도 들어 본 일이 없는 음악을 암기해서 중간의 어떤 소절부터든 시작할 수 있는 것은 정말 어려운 일이다. 컴퓨터 용어로 말하자면 피아노 연주자는 곡에 대해 순차적 접근(serial access) 대신 임의적 접근(random access)이 가능하다고 할 수 있다.

이는 가장 어렵고 가치 있는 인간의 활동 가운데 많은 부분은 좌반구와 우반구의 협력을 통해 이루어진다는 사실의 좋은 예라고 할 수 있다. 우리는 정상적인 사람에게 양쪽 반구의 기능이 분리되어 있다는 사실을 과대 평가하지 말아야 할 것이다. 뇌량과 같이 복잡한 배선 시스템이 존재한다는 사실은 대뇌 양쪽 반구의 상호 작용이 인간에게 극도로 중요한 기능이라는 점을 다시 한 번 강조하고 있다.

뇌량 외에도 좌반구와 우반구를 연결하는 신경 다발이 또 있는데, 그중 하나가 전교련(anterior commissure, 앞맞교차)이다. 이것은 뇌량보다 훨씬 작고(198쪽 그림 참조) 물고기의 뇌에도 존재한다.(물고기의 뇌에는 뇌량이 존재하지 않는다.) 인간의 양쪽 반구 분리 실험에서 뇌량은 절단했지만 전교련은 절단하지 않은 경우, 후각 정보가 양쪽 반구 사이에 아무런 이상 없이 오갈 수 있었다. 경우에 따라서는 전교련을 통해서 시각 정보와 후각 정보가 전달되기도 했지만, 이는 환자에 따라 각기 다른 양상을 보였다. 이러한 발견은 해부학적 · 진화론적 측면에서 이치에 맞는다. 전교련(그리고 해마 교련(hippocampal commissure, 해마맞교차), 198쪽의 그림 참조)은 뇌량보다 더 안쪽으로 깊이 들어간 곳에 있으며 변연계와 다른 좀 더 오래된 뇌의 구성 성분 사이에서 정보를 전달하고 있다.

흥미롭게도 사람의 음악 능력과 언어 능력은 상당히 분리되어 있다. 오른쪽 측두엽이 손상되거나 오른쪽 대뇌 반구 절제술(hemispherectomy)을 받은 환자들은 음악 능력의 결함을 보이지만 언어 능력은 지장을 받지 않는다. 이들은 특히 멜로디를 인식하고 되살려 내는 능력을 잃게 된다. 그러나 악보를 읽는 능력은 손상되지 않는다. 이는 위에서 논의한 기능의 분리와 완벽하게 맞아떨어지는 결과이다. 음악을 기억하고 이해하는 능력은 청각적 패턴 인식과 분석적이기보다는 종합적으로 접근하는 기질과 관련되어 있다. 시를 짓는 것은 부분적으로 우반구의 기능이라는 증거가 일부 제시되었다. 좌반구에 손상을 입어 언어상실증 상태에 이른 환자가 생애 처음으로 시를 짓기 시작했다는 사례들도 있다. 그런데 그들이 쓴 시는 드라이든의 표현을 빌자면 '그저 보통'에 지나지 않는 시일 것이다. 또한 우반구는 압운(rhyme)을 넣지 못하는 것으로 보인다.

대뇌피질 기능의 좌우 기능 분화는 뇌 손상을 가진 환자들을 대상으로 한 실험에서 밝혀졌다. 이러한 실험에서 얻은 결론을 정상적인 사람에게 적용할 수 있는지 여부를 입증하는 것 역시 중요할 것이다. 거재니거는 양쪽 반구가 분리되지 않은 보통 사람들을 대상으로 좌시야와 우시야에 각기 다른 단어를 보여 주고 그것을 어떻게 통합하는지 관찰하는 실험을 실시했다. 그 결과, 정상인의 우반구는 언어 처리를 거의 하지 않고 관찰된 정보를 뇌량을 통해 좌반구로 넘겨주고 좌반구에서 양쪽 뇌에 들어온 정보를 통합하는 것으로 나타났다. 거재니거는 또한 양쪽 반구가 분리된 환자 가운데 우뇌가 뛰어난 언어 능력을 보이는 사례를 발견했다. 그러나 이 경우 환자는 아주 어릴 때 좌반구의 두정엽-측두엽 부분에 손상을 입은 일이 있었다. 우리는 앞서 두 돌 이전에 뇌에 손상을 입으면 뇌는 기능을 다른 부분으로 이전시킬 수 있으나 그 이후에는 이와 같은 재배치가 불가능하다는 사실에 대해 이야기했다.

샌프란시스코에 있는 랭글리 포터 신경 정신 연구소의 로버트 온스타인(Robert Ornstein)과 데이비드 갤린(David Galin)은 정상적인 사람들이 정신 능력을 분석적 활동에서 통합적(synthetic) 활동으로 변환시킬 경우 대뇌 반구의 뇌전도 상의 패턴 역시 그에 상응하는 변화를 보인다는 사실을 발견했다. 예를 들어서 피험자가 암산을 하고 있을 때 우반구는 α 리듬을 보인다. 이는 대뇌 반구가 '활동하지 않는' 상태일 때 나타나는 현상이다. 만일 이 결과가 확증된다면 이는 상당히 놀라운 발견이 될 것이다.

온스타인은 인간 사회, 적어도 서양 사회에서 우리가 좌반구의 기능과 그토록 많이 접촉하면서 우반구의 기능과 접촉하는 일이 그토록 적은지에 대해 재미있는 비유를 들어 설명했다. 우리가 우반구의 기능을 인식하는 것은 낮에 별을 바라보는 것과 같다는 것이다. 낮에는 태양 빛이 너무나 환하기 때문에 별들이 보이지 않는다. 사실 별들은 밤이고 낮이고 하늘의 제 위치에 존재하고 있는데 말이다. 해가 지고 나면 우리는 별들을 볼 수 있다. 마찬가지로 우리의 진화의 역사에서 가장 최근에 덧붙은 좌반구의 놀라운 언어 능력이 직관적인 우반구의 기능을 우리가 알아보지 못하도록 가리고 있는 셈이다. 이 우반구의 직관이라는 기능이야말로 우리의 조상들이 세계를 지각하는 가장 중요한 수단이었을 것이다.*

좌반구는 정보를 순차적으로 처리하고 우반구는 동시에 처리한다. 여러 입력 정보에 한꺼번에 접근하는 것이다. 좌반구는 직렬로 작용하고, 우반구는 병렬로 작용한다. 좌반구는 디지털 계산기에 가깝고, 우반구는 아날로그 계산기에 가깝다. 스페리는 양쪽 반구의 기능이 분리되어 있는 것은 '기본적 불합치성(basic incompatibility)' 때문이라고 주장했다. 아마 오늘날 우리가 우반구의 작용을 직접 감지하는 것은 주로 해가 지듯 좌반구가 '졌을' 때, 즉 꿈속에서라고 할 수 있다.

이전 장에서 나는 꿈 상태의 주요 특색이 낮 동안 신피질에 의해 대체로 억제되어 있는 R 복합체가 해방되어 나타나는 것이라고 주장했다. 그러나 한편으로 꿈의 중요한 상징적 내용으로 미루어 볼 때 신피질이 상당 부분 관여하고 있는 것으로 보인다고 말했다. 읽기, 쓰기, 셈하기, 언어적 기억과 같은 능력은 꿈속에서 엄청난 정도로 감소하기는 하지만 말이다.

꿈의 상징적 내용뿐만 아니라 꿈의 심상의 다른 측면들 역시 꿈 작용에 신피질이 관여한다는 사실을 암시한다. 예를 들어서 내가 꾼 많은 꿈들 가운데 꿈의 앞부분에 삽입되었던 사소한 실마리, 언뜻 보

---

* 종종 우리는 마리화나가 음악, 춤, 미술에 대한 이해와 패턴 인식 및 신호 인식 능력, 비언어적 의사소통에 대한 민감성 등을 뛰어나게 만들어 준다는 이야기를 듣는다. 그에 반해서 내가 아는 한 마리화나가 루트비히 비트겐슈타인이나 이마누엘 칸트의 저서를 읽고 이해하는 능력을 신장시켜 준다는 이야기는 들어 본 일이 없다. 교각에 가해지는 압력의 크기나 라플라스 변환(Laplace transformation, 선형 상미분방정식의 해를 구하거나 시스템의 전달함수를 구하는 데에 쓰이는 수학적 방법—옮긴이)을 계산하는 능력을 향상시킨다는 이야기도 듣지 못했다. 심지어 마리화나를 복용한 피험자는 자신의 생각을 일관성 있게 적어 나가는 것조차 어려워했다. 나는 혹시 카나비놀(cannabinol, 마리화나의 주성분)이 뭔가를 강화시킨다기보다 단순히 좌반구의 기능을 억제하는 게 아닌가 하는 생각이 든다. 마치 태양 빛을 사라지게 해 별들이 모습을 드러내도록 하는 것처럼 말이다. 어쩌면 많은 동양의 종교에서 지향하는 명상 상태의 목적도 이와 같은 것일 수도 있다.

기에는 전혀 중요하지 않은 실마리로 인하여 꿈의 줄거리가 깜짝 놀랄 대단원을 맞이하게 되곤 했다. 이는 꿈이 시작될 무렵에 이미 전체적인 줄거리의 전개가 짜여져 있었다는 말이다.(덧붙이건대 데먼트의 말에 따르면 꿈속의 사건이 진행되는 시간은 동일한 사건이 현실에서 진행되는 데 걸리는 시간과 거의 같다고 한다.) 많은 꿈의 내용이 되는 대로 우연히 만들어진 듯 보이지만 한편 놀랄 만큼 치밀하게 구성된 꿈들도 있다. 이런 꿈들은 마치 드라마와 같다.

이제 우리는 매우 매혹적인 가능성에 눈을 뜨게 되었다. 그것은 바로 꿈을 꾸는 동안 신피질의 좌반구 부분은 억제되는 반면 광범위한 기호에 대해서는 익숙하지만 언어와 관련된 능력은 불완전한 우반구는 제 기능을 수행한다는 가능성이다. 어쩌면 좌반구는 자는 동안 완전히 꺼지는 것이 아니라 의식이 접근하지 못하는 곳에서 나름대로의 작업을 수행하고 있는지도 모른다. 임시 기억 장치에서 단기 기억들을 솎아 내고 장기 기억에 보존할 것을 추려 내는 작업 말이다.

매우 어려운 지적 문제를 꿈을 꾸는 동안 풀게 되었다는, 흔치는 않지만 믿을 만한 사례가 보고된다. 아마 가장 유명한 사례는 독일의 화학자 프리드리히 아우구스트 케쿨레 폰 스트라도니츠(Friedrich August Kekule von Stradonitz)가 꾼 꿈일 것이다. 1865년 유기화학 분야에서 가장 절실하고도 당혹스러운 문제는 벤젠 분자의 성질이었다. 벤젠의 특성으로부터 벤젠의 분자 구조 몇 가지를 추론하고 모형을 만들었지만 만족스럽지 못했다. 이 구조들은 모두 구성 원자들이 직선을 이루며 결합한 선형 구조였다. 그런데 케쿨레의 말에 따르면 마차를 타고 앉아서 꾸벅꾸벅 졸다가 원자들이 줄지어 서서 춤을 추는 꿈을 꾸었다고 한다. 원자들로 이루어진 사슬의 꼬리 부분이 머리로 다가가 이어지더니 서서히 회전하는 고리가 되었다. 잠에서 깨어나

이 꿈의 단편을 떠올린 케쿨레는 즉각 벤젠 문제의 해결책을 깨닫게 되었다. 벤젠의 분자 구조는 탄소 원자들이 한 줄로 늘어선 사슬이 아니라 육각형의 고리였던 것이다! 그런데 우리는 여기에서 케쿨레의 꿈이 분석적 활동이 아니라 패턴 인식의 정수라는 점을 주목해야 한다. 꿈 상태에서 이루어진 유명한 창조적 활동의 거의 대부분이 이러한 패턴 인식에 기반을 두고 있다. 그리고 이것은 좌반구가 아닌 우반구의 활동 영역이다.

미국의 정신 분석학자인 에리히 프롬(Erich Fromm)은 다음과 같은 글을 남겼다.

"바깥 세계가 사라지게 되면 우리는 일시적으로 원시적인 동물과 같은 비합리적인 정신 상태로 되돌아가는 것이 아닐까? 그와 같은 가정을 뒷받침하는 견해가 풍부하게 존재한다. 그리고 플라톤에서 프로이트에 이르기까지 꿈을 연구한 많은 학자들이 그와 같은 퇴행을 수면 상태, 그리고 꿈 활동의 본질적 특징이라고 주장해 왔다."

이어서 프롬은 우리가 각성 상태에서 얻지 못하는 통찰을 꿈 상태에서 얻는다는 점을 지적했다. 그러나 나는 이러한 통찰이 한결같이 직관적이거나 패턴 인식적 특징을 가지고 있다고 믿는다. 꿈 상태의 '동물과 같은' 측면은 R 복합체와 변연계의 활동으로 이해할 수 있고, 이따금씩 찾아오는 직관적 통찰은 신피질 우반구의 활동이라고 볼 수 있다. 두 경우 모두 좌반구의 억압 기능이 거의 꺼져 있기 때문에 일어날 수 있는 것이다. 이 우반구의 통찰을 프롬은 "잊혀진 언어"라고 불렀다. 그리고 이 잊혀진 언어야말로 꿈, 동화, 신화 등의 공통적인 출처라고 설득력 있게 주장했다.

꿈속에서 우리는 이따금씩 나 자신의 작은 부분이 조용히 지켜보고 있다는 느낌이 들 때가 있다. 꿈이라는 무대의 한쪽 구석에 일종의 관찰자가 있다는 느낌이다. 특히 악몽을 꾸는 동안 나에게 "이건 단지 꿈일 뿐이야."라고 말해 주는 사람도, 한편의 드라마와도 같이 정교하게 짜인 꿈의 조화를 감상하는 것도 바로 이 감시자이다.(이를 자각몽(lucid dream)이라고 한다. 스티븐 라버지(Stephen LaBerge)는 1980년대 이후로 자각몽에 관련된 많은 연구를 수행했으며 그는 훈련을 통해 자각몽을 꿀 수 있다고 주장한다.—옮긴이) 대부분의 경우 이 감시자는 완전히 침묵을 지킨다. 마리화나나 LSD 같은 환각제를 복용했을 때에도 흔히 감시자가 존재하는 듯한 느낌이 든다고 한다. LSD를 복용 했을 때 극단적인 경우에는 자신을 완전히 잃어버리는 상태에 이르게 된다. 그런데 몇몇 경험자들은 LSD를 복용했을 때 제정신인 상태와 정신을 잃는 상태의 경계는 바로 이 '감시자'의 존재 유무에 달려 있다고 말한다.

마리화나 복용 경험을 나에게 이야기해 준 사람 가운데 하나는 마리화나에 취한 상태에서 만화경처럼 끊임없이 변화하며 전개되는 꿈의 심상을 조용히 지켜보면서 이따금씩 비판적 말을 던지면서도 그 꿈에 섞여 들지는 않는 어떤 존재를 인식하게 되었다고 말했다. 그는 조용히 그 존재에게 물었다. "너는 누구냐?" 그러자 그 존재는 말했다. "그것을 알고 싶어하는 너는 누구냐?" 이는 마치 수피(Sufi, 이슬람 신비주의—옮긴이)나 선(禪)에 나오는 대화와 같은 느낌을 준다. 그러나 그의 질문은 진지한 것이었다. 내 생각에 그 존재는 아마도 그의 좌반구의 비판적인 지적 능력의 일부였을 것이다. 꿈속보다는 환각 상태에서 이러한 존재의 기능이 더욱 두드러지지만 어느 정도까지는 두 상태에서 모두 존재한다고 볼 수 있다. 어쨌든 "그렇게 묻는 너는 누구냐?"라는 오래된 질문은 아직 답을 얻지 못했다. 아마도 대뇌 좌반구의 또 다른 구성 성분이 아닐까 한다.

인간이나 침팬지의 경우, 좌반구와 우반구의 측두엽이 비대칭적인 모습을 하고 있는 것으로 드러났다. 왼쪽 측두엽의 한 부분이 상당한 정도로 더 발달되어 있다. 인간은 태어날 때부터 이러한 비대칭성이 나타난다.(빠르게는 임신 29주째부터 나타나기 시작한다.) 따라서 언어를 관장하는 왼쪽 측두엽의 기능은 강한 유전적 소인을 가지고 있다고 볼 수 있다.(그러나 생후 1, 2년 안에 왼쪽 측두엽이 손상된 어린이는 오른쪽 측두엽의 같은 부분에서 모든 언어 기능이 발달해서 아무런 결함을 보이지 않는다. 그러나 그 이후 나이에 왼쪽 측두엽이 손상되면 이러한 치환 작용이 일어나지 못한다.) 뿐만 아니라 좌우 기능 분화는 어린이의 행동에서도 나타난다. 아이들은 언어와 관련된 소리는 왼쪽 귀로, 비언어적 소리는 오른쪽 귀로 들을 때 더 잘 이해한다. 이는 성인에게서도 찾아볼 수 있는 현상이다. 또한 어린아이들은 평균적으로 오른쪽에 있는 물체를 왼쪽에 있는 동일한 물체보다 더 많이 바라보는 것으로 나타났다. 그리고 아기에게서 어떤 반응을 이끌어 내기 위해서는 오른쪽 귀보다 왼쪽 귀에 더 큰 소리를 들려주어야 했다. 아직까지는 유인원의 뇌나 행동에서 이와 같은 명백한 좌우 비대칭은 보고되지 않았지만, 듀슨의 결과는 고등 영장류에게서 어느 정도 좌우 기능 분화가 일어났을 수도 있음을 암시하고 있다. 이를테면 붉은털원숭이의 경우에는 측두엽의 해부학적 비대칭이 보이지 않는다. 하지만 어쩌면 우리는 침팬지의 언어 능력은 인간의 경우와 마찬가지로 왼쪽 측두엽이 관장한다고 추측할 수 있을 것이다.

인간 이외의 영장류 사이에 존재하는 얼마 되지 않는 상징적 외침은 변연계에 의해 조절되는 것으로 보인다. 적어도 다람쥐원숭이나 붉은털원숭이가 내는 모든 음성들은 변연계에 전기 자극을 가해서 유도해 낼 수 있다. 인간의 언어는 신피질이 관장하고 있다. 따라서 인간 진화의 중요한 단계에서 음성 언어의 조절이 변연계에서 신피질의 측두엽으로 넘어왔고 본능적 의사소통에서 학습에 의한 의사소통으로 바뀌었다고 볼 수 있다. 그러나 유인원이 몸짓 언어를 습득할 때 놀라운 능력을 보이고 침팬지의 뇌에 좌우 기능 분화의 흔적이 나타난다는 점은 자유 의지에 따라 상징 언어를 습득하는 영장류의 능력이 아주 최근에 진화된 것은 아님을 암시하고 있다. 어쩌면 이러한 능력은 수백만 년 전으로 거슬러 올라갈 수 있을지도 모른다. 이는 호모 하빌리스의 두개강 주형을 분석한 결과, 호모 하빌리스에게 브로카 영역이 존재한다는 주장과 일치한다.

원숭이의 뇌에서 인간의 언어 영역에 해당되는 신피질 영역을 손상시켜도 본능적 발성에는 아무런 문제가 없다. 따라서 인간의 언어 발달은 단순히 변연계가 관장하는 울음소리나 외침 소리가 정교해진 것이 아니라 근본적으로 새로운 뇌 시스템과 관련되어 있는 것이 틀림없다. 인간 진화에 대한 일부 전문가들은 인간의 언어 습득이 매우 늦게 일어났다고 주장한다. 고작 몇만 년 전쯤에, 빙하 시대의 시련을 헤쳐 나가는 과정에서 언어가 생겨나기 시작했다는 것이다. 그러나 이러한 견해를 뒷받침해 줄 일관된 자료가 결여되어 있다. 뿐만 아니라 인간의 뇌의 언어 중추는 무척이나 복잡하다. 가장 최근의 빙하기의 정점으로부터 고작 1,000세대 정도를 거쳐서 이토록 복잡한 기관이 진화되었다고 상상하기는 어렵다.

증거들에 따르면 약 수천만 년 살았던 우리의 조상들도 신피질을 가지고 있었으며, 좌반구와 우반구가 서로 비슷하고 중복되는 기능을 수행했을 것으로 보인다. 그런데 그 이후 직립 보행, 도구의 사용, 언어의 발달 등이 서로 밀어 주고 당겨 주면서 발전해 나갔을 것으로 보인다. 이를테면 언어 능력이 조금 쌓이면서 손도끼가 개선되고, 그 결과 다시 언어의 발달이 일어나는 식으로 말이다. 그에 상응하여 뇌 역시 점진적으로 진화되면서 두 개의 반구 가운데 하나가 분석적 사고를 맡도록 분화되었던 같다.

애초에 두 개의 반구가 중복된 기능을 수행한 것은 신중하고 조심스러운 컴퓨터 설계에 비견될 수 있다. 예를 들어서 바이킹 착륙선의 기억 장치를 설계한 공학자들은 대뇌피질의 신경해부학에 대한 지식을 가지고 있을 리 없는데도 동일하게 프로그램된 동일한 두 대의 컴퓨터를 탑재했다. 그러나 컴퓨터의 복잡성 때문에 얼마 되지 않아서 두 대의 컴퓨터 간에 차이가 발생하기 시작했다. 바이킹 호가 화성에 착륙하기 전에 컴퓨터들은 일종의 지능 검사를 받았다.(검사를 수행한 것은 지구에 있는 더 똑똑한 컴퓨터였다.) 그리하여 둘 중에 더 멍청한 것으로 판명된 컴퓨터는 작동을 정지시켰다. 아마 인간의 진화도 이와 비슷한 방식으로 전개되었을 것이다. 그리하여 우리가 극찬하는 이성적 · 분석적 능력은 '다른 쪽' 뇌, 즉 직관적 사고 능력이 좀 떨어지는 쪽의 뇌에 배치되었을 것이다. 진화는 종종 이러한 전략을 사용한다. 실제로 생물이 점점 복잡해짐에 따라 유전 정보의 양을 늘리기 위한 진화의 표준적 관행은 기존의 유전 물질의 일부를 두 배로 만든 다음 여벌의 유전 물질로 하여금 천천히 기능 분화를 이루어 내도록 하는 것이다.

인간의 모든 언어들은 거의 예외 없이 오른쪽으로 편향되어 있다. '오른쪽(right)'은 합법성, 올바른 행동, 높은 윤리적 원칙들, 단호함, 남성성 등의 수사와 관련되어 있다. 반면 '왼쪽(left)'은 약함, 비겁함, 목적의 분산, 사악함, 여성성 등을 연상시킨다. 예를 들어서 영어의 rectitude(올바름), rectify(바로잡다), righteous(옳은, 정당한), right-hand man(중요한 인재), dexterity(영리함, 빈틈없음) adroit(능숙한,

프랑스의 droite('오른쪽'의 의미)에서 유래), rights(권리) 등의 단어와 the rights of man(인권), in his right mind(제정신으로) 등의 어구에서 그 예를 찾아볼 수 있다. 심지어 ambidextrous(양손잡이의, 다재다능한)라는 말조차도 결국은 '오른손을 두 개 가진'이라는 의미이다.

(말 그대로) 다른 한 편에서 볼 때 왼쪽은 sinister(불길한, 라틴 어로 왼쪽이라는 말과 거의 정확하게 일치한다.), gauche(버릇없는, 서투른, 프랑스 어로 정확히 '왼쪽'을 뜻한다.), gawky(멍청한), gawk(얼간이), left-handed compliment(겉치레 찬사) 등의 단어나 어구와 관련되어 있다. 러시아 어로 왼쪽을 뜻하는 nalevo라는 단어는 '은밀한, 부정한'이라는 의미를 가지고 있고, 이탈리아 어로 왼쪽을 뜻하는 mancino는 '속임수를 쓰는'이라는 의미를 가진다. 권리 장전은 Bill of Rights이지 Bill of Lefts가 아니다!

어원학 분야에서 left는 약하거나 무가치하다는 의미의 앵글로색슨 어 lyft에서 왔다는 설이 있다. 한편 right라는 단어의 법률적 의미(사회의 규칙에 맞는 행동이라는 의미)와 논리적 의미(오류의 반대 의미로서)가 수많은 언어에서 공통적으로 나타나고 있다. 정치 세계에서의 좌와 우의 구분은 귀족 계층에 대한 대항 세력으로 상당한 정도의 평민 정치 세력이 떠오르기 시작했던 시기로 거슬러 올라갈 수 있다. 귀족들은 왕의 오른편에, 급진적인 신흥 부유층—자본가 계급—은 왕의 왼편에 자리를 잡았다. 왕이 귀족들에게 더 귀한 자리를 정해 준 것은 당연한 일이다. 왕 자신도 귀족이었으니까. '신의 오른손에'라는 표현에서 보듯 정치뿐만 아니라 종교의 세계에서도 오른쪽에 대한 편애가 드러난다.

'오른쪽'이라는 단어와 '곧은(straight)'이라는 단어가 서로 연결되어 있는 예가 풍부하게 존재한다.* 멕시코 인들이 사용하는 스페인

어에서 '곧장' 또는 '똑바로'라는 의미로 right right라는 표현을 쓴다. 미국의 흑인들이 쓰는 언어에서 right on은 승낙을 의미한다. straight가 '전통적인', '옳은', '적절한'이라는 의미로 사용되는 예는 오늘날 영어의 구어에서 흔히 찾아볼 수 있다. 러시아 어에서 오른쪽을 뜻하는 pravo는 '진실하다(true)'과는 의미의 pravda와 같은 어원에서 유래되었다. 그리고 많은 언어에서 '진실한'이라는 표현은 "그의 목적은 진실했다."라는 표현에서 나타나듯 '바른', '정확한'이라는 의미를 부가적으로 가지고 있다.

스탠퍼드-비네 지능 검사는 뇌의 좌반구의 기능과 우반구의 기능을 모두 측정하고자 하는 노력을 어느 정도 기울였다. 피험자로 하여금 종이를 여러 번 접은 후 가위로 작은 부분을 잘라낸 다음 다시 펼쳤을 때 어떤 모양이 될 것인지 예측하도록 한다거나 벽돌을 일정한 모양으로 쌓아놓은 더미를 제시하고 보이지 않는 면까지 고려해 사용된 벽돌의 수가 몇 개인지 맞추도록 하는 문제 등이 우반구의 기능을 측정하는 검사의 예이다. 스탠퍼드-비네 검사법의 고안자들은 그와 같은 기하학적 개념에 대한 문제들이 어린이의 '지능'을 측정하는 데에는 매우 유용하다고 생각했겠지만, 청소년이나 성인의 IQ를 측정하는 데에는 그다지 효과가 없다는 평가를 받고 있다. 이러한 형태의 지능 검사로 직관적 도약을 측정할 여지가 거의 없다는 것은 확실하다. IQ 테스트 역시 좌반구 쪽으로 강하게 편향되어 있다는 사

---

* 라틴 어, 게르만 어, 슬라브 어의 경우 왼쪽에서 오른쪽으로 글을 써 나가고, 셈어 계통의 언어(아라비아 어, 헤브라이 어 등—옮긴이)의 경우 오른쪽에서 왼쪽으로 써 나가는데, 이것이 무슨 중요한 의미가 있는 것은 아닐지 궁금하다. 한편 고대 그리스 인들은 부스트로피돈식('황소가 쟁기질을 하듯')으로 글을 썼다. 즉 첫 행은 오른쪽으로, 그 다음 행은 왼쪽으로 써 나갔다.

실은 별로 놀라울 것도 없다.

우반구보다 좌반구를, 왼손보다 오른손을 열정적으로 선호하는 강렬한 경향은 마치 피 터지는 전쟁 끝에 간신히 이긴 편이 전쟁 당사자들 및 관련 현안에 새로운 이름을 붙여서 미래의 세대들이 헷갈리지 않고 어느 쪽에 충성을 바쳐야 할지를 확실히 해 두는 관행을 연상시킨다. 레닌의 당이 러시아의 사회주의 세력의 한 분파에 지나지 않던 시절, 레닌은 자신의 당에 볼셰비키 당이라는 이름을 붙였다. 이는 러시아 어로 다수당이라는 의미이다. 그러자 그 반대편 당은 친절하게도, 그리고 가공할 만한 멍청함으로, 소수당이라는 의미의 멘셰비키 당이라는 명칭을 받아들였다. 그로부터 15년이 지나자 이름 그대로 볼셰비키 당은 다수당이, 멘셰비키 당은 소수당이 되었다. 이와 마찬가지로 전 세계적으로 나타나는 '오른쪽'과 '왼쪽'과 관련된 언어의 편향을 살펴볼 때 인류 역사의 초기에 양편 간에 적의에 찬 투쟁이 있었으리라는 생각을 떨칠 수 없다.* 무엇이 그토록 강력한 감정을 불러일으켰던 것일까?

상대방을 찌르거나 베는 무기를 가지고 싸움을 벌일 때—그리고 복싱이나 야구, 테니스 등의 스포츠 경기에서—오른손을 사용하는

* 서로 반대되는 언어의 쌍 가운데 이와는 완전히 다른 상황을 보이는 경우도 있다. '검다(black)'와 '희다(white)'가 그 예이다. 영어에서 '흑과 백처럼 서로 다른'이라는 표현이 사용되기는 하지만 이 두 단어는 동일한 어원을 가지고 있는 것으로 보인다. black은 앵글로색슨 어의 blaece에서, 그리고 white는 blac에서 유래되었다. 오늘날 사용되고 있는 blanch(표백하다), blank(텅 빈), bleak(황량한 쓸쓸한) 같은 단어에 그 흔적이 남아 있고 영어와 같은 어족에 속한 프랑스 어인 blanc 등의 단어에서 blac의 의미가 살아 있다. 검정과 하양은 색이 없다는 공통점을 가지고 있다. 검정과 하양에 동일한 단어를 부여한 사실로 미루어, 아서 왕의 사전 편찬자는 매우 기민한 지각을 가진 사람이었을 것이라는 생각이 든다.

사람은 예기치 않았던 왼손잡이 맞수를 만나게 되면 불리한 상황에 처하게 된다. 그리고 왼손잡이 상대방이 악의를 품고 무기를 든 왼손은 뒤로 감춘 채 자유로운 오른손을 앞으로 내밀어 무장 해제와 화해의 몸짓을 보이면서 다가와서는 내가 방심한 찰나에 공격을 해 올 수도 있다. 그러나 이러한 상황이 왼손에 대한 폭넓고 뿌리 깊은 반감을 다 설명해 줄 수 있다고 보기는 어렵다. 그리고 전통적으로 싸움과 별로 관련이 없는 여성들의 오른손 편애 현상은 어떻게 설명할 것인가?

오른손을 귀하게 여기고 왼손을 천대하는 현상은 어쩌면 산업화 이전 사회에서 배변 후 사용할 휴지가 없었다는 사실과 어느 정도 관련되어 있을지도 모른다. 인류 역사의 대부분의 기간 동안, 그리고 오늘날에도 세계 많은 곳에서 배변 후 개인 위생을 위한 뒤처리를 담당한 것은 바로 맨손이었다. 기술 발달 이전의 사회에서 이는 당연한 일이었다. 그렇다고 해서 이러한 관습을 따르는 사람들이 이 관습을 즐겼다는 말은 아니다. 손으로 배변 뒤처리를 하는 것은 심미적으로도 불쾌할 뿐만 아니라 자신이나 타인에게 병을 옮길 수 있는 심각한 위험을 수반하는 일이었다. 이러한 위험을 가장 간단하게 예방하는 방법은 음식을 먹거나 사람들과 인사할 때 다른 손을 사용하는 것이었다. 기술 발달이 이루어지지 않은 모든 인간 사회에서 예외 없이 왼손은 배변 뒤처리에, 오른손은 먹고 인사하는 일에 사용하고 있다. 이따금씩 누군가가 이러한 전통으로부터의 일탈을 보이면 다른 사람들은 기겁하지 않을 수 없었다. 오른손, 왼손의 역할 분담의 관습을 따르지 않는 어린아이는 호된 벌을 받곤 했다. 오늘날에도 서양 사회에서 나이 든 사람들 가운데에는 심지어 아이들이 왼손으로 물건을 만지는 것도 엄하게 야단치는 사람들이 있다. 나는 이와 같은 배경이 우리의 오른손잡이 사회에서 흔히 보이는 '왼쪽'에 대한 반감과 '오

그림 39 강건한 오스트랄로피테쿠스의 모습. 이 동물들도 주로 오른손잡이였을 수도 있다. 연약한 오스트랄로피테쿠스는 오른손잡이였을 가능성이 매우 높다.(저작권 1965, 1973 《타임》)

른쪽'에 대한 찬사를 설명해 줄 수 있으리라고 생각한다. 그러나 이 설명은 왜 애초에 하필이면 오른손은 먹고 인사하는데, 왼손은 배변 처리에 사용되었는지를 설명해 주지는 못한다. 통계적으로 보자면 왼손이 배변 처리를 담당하게 될 확률은 2분의 1이다. 그렇다면 인간 사회 가운데 절반 정도는 왼손잡이 사회여야 할 것이라고 기대할 법하지 않을까? 그런데 실제로는 왼손잡이 사회는 하나도 없는 것으로 보인다. 대부분의 사람들이 오른손잡이인 사회에서 먹거나 싸우는 등의 정교함을 요구하는 활동은 더욱 선호되는 손에 할당되었을 것이고, 그 결과 왼손이 자연스럽게 배변 뒤처리를 떠맡게 되었을 것이다. 그러나 그렇다고 하더라도 왜 대부분의 사회가 오른손잡이 사회가 되었는지는 설명되지 않는다. 가장 근본적인 의미에서의 설명은 어딘가 다른 곳에서 찾아야 할 것이다.

대부분의 활동을 하는 데 어느 쪽 손을 더 선호하는지와 언어를 관장하는 대뇌 반구 사이에는 직접적인 관련은 없다. 그리고 아직 논란이 있기는 하지만 왼손잡이인 사람들의 대부분은 여전히 언어 중추를 좌반구에 두고 있다. 그러나 한쪽 손을 주로 쓰는 경향 자체가 뇌의 좌우 기능 분화와 관련되어 있는 것으로 생각된다. 일부 증거에 따르면 왼손잡이인 사람들은 읽기, 쓰기, 말하기, 계산 등과 같은 좌반구 기능에 문제가 있을 가능성이 오른손잡이에 비해 더 높다고 한다. 그 대신 상상력, 패턴 인식, 전반적인 창의력 등 전형적인 우반구의 기능에서는 더욱 기민한 경우가 많다.* 일부 자료에 따르면 인

* 미국 대통령 가운데 왼손잡이였던 사람은 해리 트루먼과 제럴드 포드 단 두 사람뿐이다. 나는 이러한 사실이 왼손, 오른손 편향과 대뇌 반구의 기능 사이의 (약한) 상관 관계와 일치하는지 그렇지 않은지 알 수 없다. 레오나르도 다빈치는 창조적인 왼손잡이 천재의 전형이라고 할 수 있다.

간은 유전적으로 오른손잡이 쪽으로 편향되어 있다고 한다. 예를 들어서 임신 3~4개월의 태아의 손가락의 지문의 돌기가 왼손보다 오른손 쪽이 더 큰 것으로 밝혀졌다. 그리고 이러한 차이는 태내에 있는 나머지 기간 동안, 그리고 출생 후에도 계속된다.

오스트랄로피테쿠스가 어느 손을 즐겨 사용했는지에 대한 정보를 비비원숭이의 두개골 화석을 연구함으로써 얻을 수 있다. 오래전 옛날에 이 인간의 친족들이 뼈로 찌르거나 나무 몽둥이로 때려서 입힌 좌상이 화석에 남아 있기 때문이다. 오스트랄로피테쿠스의 화석을 발견한 레이먼드 다트는 이들 중 약 20퍼센트가 왼손잡이였을 것이라는 결론을 내렸다. 이는 현대인에게서 나타나는 비율과 거의 일치한다. 반면 다른 동물들도 앞발 중에 특별히 선호하는 쪽이 있는데, 사람이 오른손을 즐겨 쓰듯 동물들은 거의 왼발을 즐겨 사용하는 것으로 나타났다.

왼쪽과 오른쪽의 구분은 우리 인간이라는 종의 깊은 과거로 거슬러 올라간다. 나는 혹시 이성과 직관 간의 전쟁, 두 개의 반구 간의 투쟁의 아주 작은 일부분이 오른쪽과 왼쪽이라는 말 사이의 편향성으로 표면화된 것은 아닐까 생각해 본다. 어쩌면 오른손에 더 많은 능력이 부여된 것이 아니라 단순히 오른손이 언론(좌반구)을 장악하고 있기 때문일지도 모른다. 좌반구는 이상한 불안감으로 우반구에 대해 상당히 방어적인 태도를 취하는 듯한 인상을 준다. 그리고 그것이 사실이라면 직관적 사고에 대한 언어적 비판은 그 동기가 의심스럽다고 할 수 있다. 불행히도 우반구 역시 좌반구에 대해 그에 못지않은 불만을 가지고 있는 것으로 보인다. 비록 말로 표현되지는 못하지만 말이다.

좌반구와 우반구의 사고방식이 모두 유효한 것임을 인정한다고 할 때, 새로운 상황에서도 여전히 두 가지 사고방식이 동일하게 효과적이고 유용할 것인지 생각해 볼 필요가 있다. 우반구의 직관적 사고는 좌반구가 인식하기에 너무 어려운 패턴과 연결 관계 등을 파악할 수 있으리라는 점은 분명하다. 그러나 문제는 우반구가 실제로 존재하지 않는 패턴마저도 감지할 수 있다는 점이다. 회의적이고 비판적인 사고는 우뇌의 장기가 아니다. 그리고 순수한 우뇌적 이론은, 특히 생소하고 고통스러운 상황에서 만들어진 이론은 오류에 빠지거나 편집적인 것이 될 수 있다.

웨일스의 카디프에 있는 유니버시티 칼리지의 심리학자, 스튜어트 디먼드(Stuart Dimond)는 얼마 전 우반구 또는 좌반구에만 영화를 보여 주는 특별한 콘택트렌즈를 이용해서 실험을 수행했다. 물론 정상적인 피험자의 한쪽 반구에 도달한 정보는 뇌량을 통해서 다른 반구에도 전해지게 된다. 어쨌든 여러 편의 영화를 보여 준 후 피험자들에게 정서적 내용에 따라 점수를 매겨 보라고 했다. 이 실험의 결과는 우반구가 좌반구에 비해서 세상을 더 불쾌하고, 적대적이고, 심지어 혐오스러운 것으로 받아들인다는 놀라운 사실을 드러냈다. 카디프의 심리학자들은 또한 양쪽 반구가 모두 작용할 경우에는 우리의 정서적 반응은 좌반구만의 반응과 흡사하다는 사실을 발견했다. 우리의 일상 속에서는 우반구의 부정적 인식이 좀 더 느긋한 좌반구에 의해 크게 완화되는 것으로 보인다. 그러나 어둡고 의심으로 가득한 정서의 색조가 우반구에 잠복하고 있다. 좌반구가 왼손과 우반구에 반감을 보이는 것도 바로 이 '불길한' 성질 때문이라고 생각할 수 있다.

편집증에 걸린 사람은 자신의 어떤 음모, 즉 친구나 동료, 또는 정부의 행동에 숨겨져 있는 (악의적인) 패턴을 발견했다고 믿는다. 사실 그와 같은 패턴은 존재하지 않는데 말이다. 그런데 실제로 그런 음모가 존재할 수도 있고, 그렇다면 그것을 발견한 사람 역시 커다란 불안과 걱정에 빠질 것이다. 하지만 이 경우에는 그는 편집광이 아니다. 이와 관련된 유명한 이야기를 미국 국방부 초대 장관이었던 제임스 포러스틀(James Forrestal)의 일화에서 찾아볼 수 있다. 제2차 세계대전이 끝날 무렵 그는 이스라엘의 비밀 요원들이 어느 곳이든 자신을 미행한다는 확신을 갖게 되었다. 그런데 주치의는 포러스틀의 이러한 고정관념이 얼토당토않은 망상이라는 데에 확신을 갖게 되었다. 그리하여 포러스틀에게 편집증 진단을 내리고 월터 리드 육군 병원의 높은 층에 있는 병실에 그를 감금해 버렸다. 포러스틀은 병실에서 뛰어내려 자살했다. 그렇게 쉽게 목숨을 끊을 수 있었던 데에는 그의 높은 직급을 고려해 환자의 감독을 맡은 군인들이 감시를 소홀히 했던 탓도 있었다. 그런데 나중에 실제로 포러스틀이 이스라엘 요원의 미행을 받았던 것으로 밝혀졌다. 그가 아랍 국가들의 대표들과 비밀스러운 합의에 이르는 것을 걱정한 이스라엘이 비밀 요원을 보내 그를 감시했던 것이다. 포러스틀은 다른 문제들을 가지고 있기는 했지만 어쨌든 편집증의 딱지가 붙었던 그의 생생한 지각은 결국 그에게 도움이 되지 못했다.

빠른 사회 변화의 소용돌이 속에서는 음모가 존재하게 마련이다. 변화를 바라는 쪽과 자신의 기득권을 지키기 위해 변화에 저항하는 쪽에서 모두 음모를 꾸며 낼 수 있다. 최근 미국의 정치사를 살펴보면 후자의 경우가 더 많기는 하다. 없는 음모를 감지해 내는 것은 편집증이다. 그리고 실제로 음모가 있는 것으로 밝혀질 경우, 그것은 정상적인 정신 상태의 징표이다. 내가 아는 사람은 "요즘 미국에서 약간의 편집증도 없다면 제정신이라고 할 수 없지."라고 말했다. 이 말은 미국뿐만 아니라 전 세계에서 적용될 수 있을 것으로 보인다.

우반구에서 짜맞추어 낸 패턴이 실재하는 것인지 상상의 산물인지는 좌반구의 엄밀한 조사를 거치지 않고서는 판단할 수 없다. 한편 새로운 패턴을 찾아내는 창조적이고 직관적인 통찰 없이 단순히 비판적 사고만 해서는 아무것도 얻지도, 이루지도 못할 것이다. 변화하는 상황 속에서 복잡한 문제를 풀어 나가기 위해서는 양쪽 반구의 활동이 모두 필요하다. 우리의 미래에 이르는 길은 뇌량을 통해야만 한다.

서로 다른 인지 기능에 의해 판이한 행동이 도출되는 무수한 예 중에서 피를 보았을 때 사람들이 흔히 보이는 반응이 있다. 우리 중 상당수는 누군가가 피를 많이 흘린 것을 보면 속이 메슥거리거나 혐오감을 느끼고 심지어 기절하기도 한다. 그 이유는 명확해 보인다. 우리는 오랫동안 피를 고통, 상처, 신체의 보전에 대한 위협과 결부시켜 왔다. 그리고 우리가 다른 사람이 피를 흘리는 것을 보면 마치 내가 피를 흘리는 것처럼 공감과 대리 고통을 느끼게 되는 것이다. 우리는 다른 이의 고통을 인식할 수 있다. 인간 사회에서 붉은색이 위험이나 멈춤(또는 엘리베이터에서 하강을 나타내는 버튼은 빨간불이 켜지기도 한다. 나무에 살던 우리의 조상에게 아래로 향하는 것은 커다란 주의를 요했다.)을 나타내는 것도 바로 그 이유 때문일 것이다.(만일 우리의 혈액 중에서 산소를 운반하는 색소가 초록색이었다면——생화학적으로 볼 때 있음직한 가정이다.——자연스럽게 초록색이 위험 표시에 사용되었을 것이며, 사람들은 재미삼아 초록색 대신 빨간색을 사용한다면 얼마나 이상할까 하는 이야기를 주고받을지도 모른다.) 그런데 숙련된 의사가 피를 보게 되면 다른 방식의 지각이 일어나게 된다. 어느 기관이 손상된 것일까? 출혈량이 얼마나 될까? 터진 것이 정맥일까, 동맥일까? 지혈대를 사용해야 할까? 등의 생각이

꼬리를 물고 떠오를 것이다. 이러한 생각들은 모두 좌반구의 분석 기능에 속한다. 이러한 생각은 단순히 "피는 고통이다."라는 연상보다 훨씬 복잡하고 분석적인 인지 절차를 요구한다. 그리고 이러한 기능이 훨씬 실용적으로 쓰인다. 만일 내가 상처를 입게 된다면, 나는 나의 고통에 너무나 생생한 공감을 느낀 나머지 피를 보자마자 기절해 버리는 친한 친구보다 오랜 경험과 단련으로 피범벅을 보아도 눈도 꿈쩍하지 않는 숙련된 의사가 내 곁에 있기를 바란다. 전자라면 다른 사람들에게 상해를 입히지 않겠다는 마음을 먹는 데 그치겠지만, 후자는 그러한 상해 사건이 일어났을 때 실질적으로 도움을 줄 수 있다. 이상적인 구조를 가진 종이라면 한 사람에게 이 두 가지 서로 다른 태도가 동시에 존재하도록 만들어졌을 것이다. 그리고 우리 대부분이 그와 같은 상태이다. 두 가지 사고의 양식은 제각기 상당히 다른 복잡성을 띠고 있지만 상호 보완적인 생존 가치를 지니고 있다.

이따금씩 분석적 사고에 의한 명확한 결론에 대해 직관적 사고가 반기를 들기도 한다. 데이비드 허버트 로렌스의 달의 본질에 대한 견해가 전형적인 예이다.

"달이 하늘에 떠 있는 생명 없는 바윗덩어리에 지나지 않는다고 나에게 말해도 소용없다. 그렇지 않다는 것을 나는 아니까."

실제로 달은 하늘에 떠 있는 생명 없는 바윗덩어리 이상의 무엇이다. 실제로 달은 아름답고, 낭만적인 연상을 불러일으키며, 조수간만을 일으키고, 어쩌면 심지어 인간의 생리 주기에 영향을 줄지도 모른다. 그러나 달의 여러 가지 속성 가운데 하나는 하늘에 떠 있는 생명 없는 바윗덩어리라는 것 역시 분명한 사실이다. 직관적 사고는 우리가 이전에 개인적으로, 또는 진화 과정에서 경험한 영역에서는 상당히 훌륭하게 작용한다. 그러나 새로운 분야, 이를테면 천체의 본질에 대한 연구에서 직관적 추론은 자신의 주장을 수그러뜨리고 합리적 사고가 자연으로부터 하나하나 힘들게 그러모아 얻은 통찰에 자리를 내주어야 한다. 같은 이유로 이성적 사고 과정도 그 자체로 끝날 것이 아니라 인류의 공동선이라는 더 큰 맥락에서 이해되어야 할 것이다. 합리적이고 분석적인 노력의 본질과 방향은 많은 부분에서 인류에 대한 영향에 따라 결정되어야 하며, 그와 같은 영향은 직관적 사고를 통해 드러난다.

어떤 면에서 과학은 우리의 편집증적 사고를 자연에 적용하는 활동이라고도 할 수 있다. 우리는 자연의 음모를 찾기 위해 노력을 기울이는 셈이다. 겉보기에는 완전히 이질적인, 서로 관련이 없어 보이는 정보 사이에 숨겨진 연결 고리를 찾아 헤매는 것이다. 우리의 목적은 자연으로부터 어떤 패턴을 추상해 내는 것이다(우뇌적 사고). 그러나 사람들이 제안하는 패턴 중 상당수는 정보에 들어맞지 않는다. 따라서 제안된 모든 패턴들을 우리는 비판적 분석의 체로 걸러 내야만 한다(좌뇌적 사고). 비판적 분석 없는 패턴의 탐색이나 패턴 탐색 없는 경직된 회의는 불완전한 과학의 세계에서 대척점을 형성하고 있다. 효율적인 지식 추구 활동은 두 가지 기능을 모두 필요로 한다.

미적분학, 뉴턴 물리학, 기하광학은 모두 근본적으로 기하학적 논거에 의해 유도되었으며, 오늘날 대개 분석적 논거에 따라 입증되고 전파되고 있다. 우반구의 기능은 수학이나 물리학을 가르치는 일보다는 창조해 내는 데 더 많이 관여한다. 이는 오늘날에도 그대로 적용된다. 중요한 과학적 통찰들은 전형적으로 직관의 힘으로 탄생했다. 그러나 이러한 발견을 과학 논문에 묘사하는 데에는 전형적으로 선형 분석적 논거의 힘을 빌리곤 했다. 여기에는 이상할 것이 전혀 없다. 마땅히 그러해야 할 이치이다. 창조적 활동은 우반구의 주요 요소가 관여한다. 그러나 그 결과의 타당성을 입증하는 활동은 대개 좌반구의 기능의 결과이다.

일반 상대성 법칙의 핵심 개념, 즉 축약된 리만-크리스토펠 텐서를 0으로 놓음으로써 중력을 이해하게 된 것은 아인슈타인의 놀라운 통찰의 결과였다. 그러나 이러한 논점이 받아들여진 것은 방정식의 결과를 수학적으로 상세하게 풀이하고, 뉴턴 중력과 다른 현상을 예측하고, 자연이 어느 쪽의 손을 들어 줄지를 실험을 통해 확인했기 때문이다. 세 가지의 위대한 실험—태양 주위를 통과하는 별빛이 굴절되는 현상, 태양에서 가장 가까운 행성인 수성 궤도의 이동, 별의 중력이 강하게 작용하는 장에서 스펙트럼의 적색 이동—을 통해 자연은 아인슈타인의 손을 들어 주었다. 그러나 이러한 실험적 검증이 없었더라면 일반 상대성 이론을 받아들일 물리학자들은 거의 없었을 것이다. 물리학 분야에서 아인슈타인의 일반 상대성 이론에 필적할 만큼 훌륭하고 정연한 가설들이 많이 있었다. 그러나 막상 실험과의 대결에서 성공적으로 살아남지 못했기에 물리학의 세계에서 거부당하고 사라져 갔다. 나는 만일 그와 같이 실험을 거쳐 살아남지 못하는 가설은 모두 솎아내 버리는 관행을 우리의 사회적 · 정치적 · 경제적 · 종교적 · 문화적 삶에도 통상적으로 적용하게 된다면 우리의 인간 조건은 크게 개선될 것이라고 생각한다.

과학의 중요한 진보 가운데 양쪽 대뇌 반구로부터 모두 중요한 입력을 받지 않고서 이루어진 것은 하나도 없다. 그러나 예술의 경우 사정이 달라진다. 예술의 세계에서는 능력 있고, 열의 있고, 편견에 치우치지 않은 감상자들이 어떤 작품을 놓고 모두를 만족시키는 작품을 위대한 것으로 판단하는 실험과 비슷한 것이 존재하지 않는다. 한 가지 예로 19세기 후반 프랑스의 비평가, 저널과 박물관들은 하나같이 프랑스 인상주의 회화를 거부했다. 그런데 당시 거부당했던 바로 그 화가들이 오늘날 같은 저널, 같은 기관들에 의해 불후의 걸작을 남긴 예술가로 평가받고 있다. 아마 지금으로부터 한 세기쯤 지나면 추는 반대 방향으로 옮겨 가게 될지도 모른다.

광범위한 과학과 신화에서 얻어진 실마리를 이용해 인간의 지성의 본질과 진화에 대해 이해하기 위한 시도로서 쓰인 이 책 자체가 패턴 인식 활동의 전형이라고도 볼 수 있다. 이러한 노력은 상당 부분 우반구의 활동이다. 원고를 쓰는 동안 나는 한밤중이나 새벽에 몇 번씩 일어나서 새롭게 떠오른 통찰에 전율하곤 했다. 그러나 그와 같은 통찰이 진짜인지 여부는—아마도 상당수는 대폭적인 수정을 거쳐야 할 것이다.—나의 좌반구가 얼마나 제대로 기능을 했는지에 달려 있다.(또는 내가 반증이 존재하는 사실을 알지 못하는 바람에 어떤 견해를 계속 유지하는 수도 있다.) 이 책을 쓰면서 나는 메타 예(meta-example, meta라는 접두사는 '~의' 또는 '그 범주 자체의' 라는 의미를 가진다. 예를 들어 메타 데이터(meta-data)는 데이터 자체에 대한 데이터, 초기억, 상위 기억 등으로 번역되는 메타 기억(meta-memory)은 기억에 대한 지식, 자신의 기억 과정에 대한 인식을 가리킨다.—옮긴이)로서의 이 책의 존재에 대해 여러 차례 놀라움을 느끼곤 했다. 이 책을 구상하고 써 나가는 과정이 바로 그 내용을 예증하는 것이다.

17세기에는 수학적 양들 사이의 관계를 묘사하는 방법이 크게 두 가지였다. 대수 방정식 아니면 곡선 그래프를 가지고 설명해야 했다. 르네 데카르트는 해석기하학(analytical geometry)을 발견해서 대수 방정식을 그래프로 나타낼 수 있도록 함으로써 수학의 두 세계가 동일하다는 사실을 공식적으로 입증했다.(덧붙이자면 데카르트는 뇌의 어느 부분이 어느 기능을 담당하는지에 관심을 가졌던 해부학자이기도 했다.) 해석기하학은 이제 고등학교 1학년 학생이라면 누구나 잘 알고 있는 내용이지만 17세기에는 눈부신 발견이었다. 그런데 대수 방정식은 좌반구적 구조의 원형이라고 할 수 있고 한편 일련의 점들로 이루어진 규칙적인 기하학적 곡선은 전형적인 우반구의 산물이다. 따라서 해석기하학은 어떤 면에서 볼 때 수학의 뇌량이라고도 할 수 있다. 오늘날 많은 원칙들이 서로 충돌하거나, 아예 상호 관계를 피하려고 하는 형편이다. 그런데 그와 같이 상충하거나 서로 도외시하는 원칙들 가운데 상당 부분을 좌반구 대 우반구의 대립 구도로 설명할 수 있다. 겉보기에 서로 무관하거나 상반된 것으로 보이는 원칙들을 데카르트적으로 연결하는 슬기가 다시 한 번 필요한 시점이다.

나는 모든 인간 문화에서 가장 중요하고 창조적인 활동들, 즉 사법 및 윤리 체계, 미술과 음악, 과학과 기술 등은 오로지 좌반구와 우반구의 협력을 통해서만 이루어질 수 있었다고 믿는다. 비록 소수의 사람들에 의해 드물게 이루어졌지만 이와 같은 창조적 활동들이야말로 우리 인류와 우리가 사는 세계를 변화시켜 왔다. 어쩌면 우리는 인류 문화는 뇌량의 산물이라고 말할 수 있을지도 모른다.

8장

미래의 뇌

미래는 위험하게 마련이다.
문명의 중요한 진보는 결국 하나같이 그 사회를
파멸시키는 과정에 지나지 않는다.
— 앨프리드 노스 화이트헤드, 『관념의 모험』

지성의 목소리는 부드럽다. 그러나 마침내 그 목소리가 전해질 때까지
쉼 없이 계속된다. 그 목소리는 수없이 거절당한 끝에 결국 성공을 거둔다.
이는 우리가 인류의 미래에 희망을 가져 볼 수 있는
몇 가지 이유 중 하나이다.
— 지그문트 프로이트, 『환상의 미래』

인간의 마음은 무엇이든 할 수 있다.
왜냐하면 모든 것, 우리의 과거, 우리의 미래 모두
우리 마음 안에 있기 때문이다.
— 조지프 콘래드, 『암흑의 심연』

인간의 뇌는 이따금씩 소규모의 접전이 일어나고 드물게 전투가 벌어지기도 하는 불안한 휴전 상태에 있는 듯 보인다. 우리의 뇌에 특정 행동을 일으키는 구성 요소들이 존재한다고 해서 우리는 숙명론이나 절망에 빠질 필요는 없다. 우리는 각 요소들이 차지하는 상대적 중요성을 상당 정도 통제할 수 있다. 해부학적 조건은 우리의 운명이 아니다. 그렇다고 해서 전혀 무관하다고 볼 수도 없다. 적어도 정신 질환의 일부는 신경계의 각 부분들 간의 충돌로 이해할 수 있다. 뇌의 요소들이 서로를 억제하는 현상은 많은 방향으로 뻗어 나간다. 우리는 변연계와 신피질이 R 복합체를 억제하는 현상에 대해 논의했다. 그러나 인간 사회를 샅샅이 살펴볼 때 R 복합체가 신피질을 억제하는 경우도 찾아볼 수 있으며, 양쪽 반구 중 어느 하나가 다른 하나를 억제하는 현상도 있을 수 있다.

전반적으로 인간 사회는 그다지 혁신적이지 못하다. 우리의 사회는 계급화되고 관습화되어 있다. 변화에 대한 제안은 수상쩍게 받아들여진다. 그와 같은 제안은 계급이나 관습의 불쾌한 변화를 가져올지도 모른다. 기존의 관습을 또 다른 관습으로 대치시키거나, 덜 관습적이고 덜 구조화된 사회를 만들어 낼지도 모른다. 그러나 사회가 변화하지 않으면 안 될 시기가 있다. "조용한 과거의 원칙들은 격동

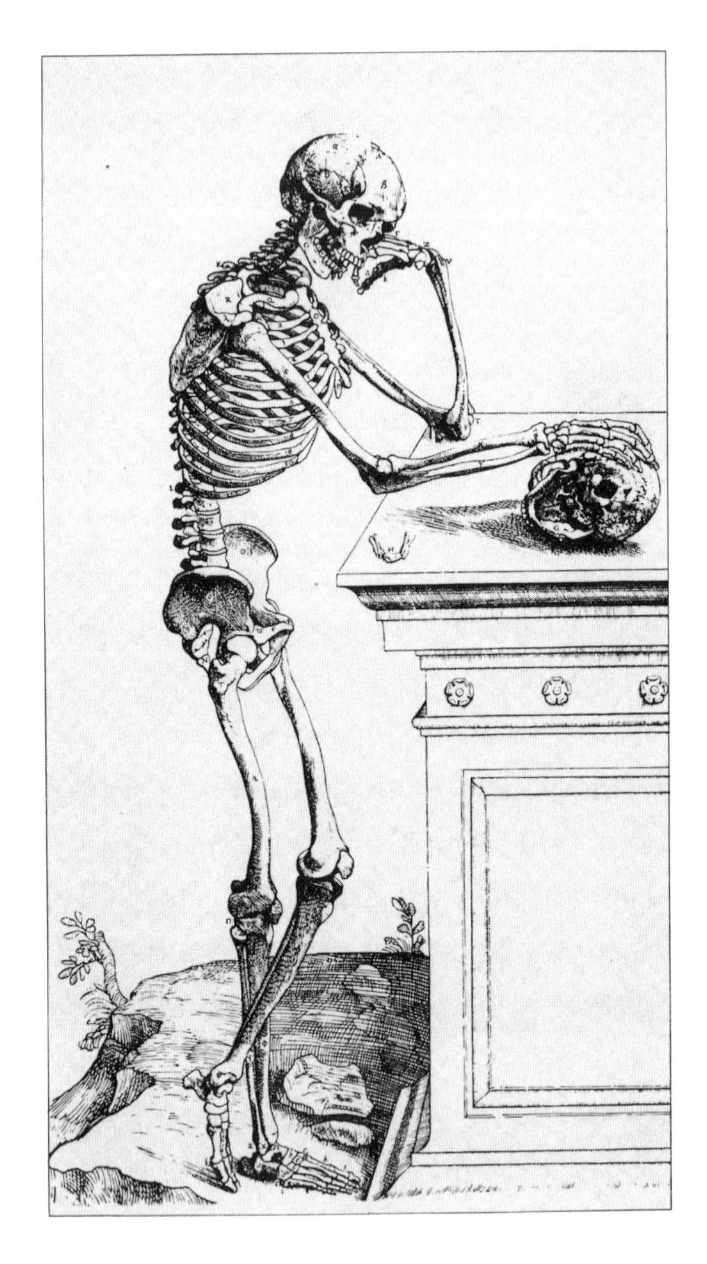

그림 40 현대 해부학의 창시자 베살리우스(Vesalius), 자신의 존재에 대해 숙고하는 인간.
(출처: 뉴욕 의사 협회(The New York Academy of Medicine) 도서관)

하는 오늘의 세계에 부적절하다."라는 에이브러햄 링컨의 말은 이러한 진실을 잘 표현해 준다. 그런데 사회의 구조를 개혁하고자 하는 시도는 현상 유지로 득을 보는 집단의 거센 저항에 부딪히게 된다. 사회 변화가 큰 폭으로 일어날 경우, 기존의 계층에서 높은 위치를 차지한 사람들은 그 자리에서 몇 계단 내려오지 않을 수 없기 때문이다. 그들은 그러한 상황을 바라지 않기 때문에 변화에 저항하는 것이다.

그러나 서양 사회에서는 어느 정도의 중요한 변화가 일어나고 있다. 아직 충분하다고는 할 수 없지만 분명 대부분의 다른 사회에 비해서 많은 변화가 일어났다. 더 오래되고 더 정적인 사회에서는 변화에 대해 더 심한 저항을 보인다. 콜린 턴벌(Collin Turnbull)의 『숲의 사람들(*The Forest People*)』에 나오는 한 일화가 그러한 사실을 설득력 있게 보여 준다. 다리를 저는 피그미 족의 소녀에게 그곳을 방문했던 인류학자가 놀라운 기술 혁신의 산물인 목발을 선물했다. 목발은 어린 소녀의 고통을 크게 줄여 주었음이 분명한데도 아이의 부모를 포함한 종족의 어른들은 아무도 이 발명품에 특별한 관심을 보이지 않았다.* 전통적 사회는 새로운 것, 새로운 생각에 거부감을 나타냈다.

* 피그미 족을 위한 변론 한 마디. 피그미 족과 한동안 시간을 보냈던 한 친구가 전해 준 이야기에 따르면 사냥감을 뒤쫓거나 물고기를 잡기 위해 기다리는 등의 커다란 인내심을 요구하는 활동을 하기 전에 피그미 족은 마리화나를 복용한다고 한다. 코모도왕도마뱀보다 조금이라도 더 진화된 생물이라면 누구도 견디기 힘든 길고 지루한 기다림을 견디기 쉽게 해 주기 때문이다. 마리화나는 피그미 족이 유일하게 재배하는 작물이다. 약간 비꼬인 의문이겠지만, 인간의 역사에서 마리화나의 재배가 궁극적으로 농업의 발견, 그리고 문명을 가져온 것은 아닐까?(마리화나에 취해서 물고기 잡는 창을 높이 쳐들고 몇 시간이고 서 있는 피그미 족 남자의 모습은 미국에서 추수 감사절마다 붉은색 격자무늬 옷으로 몸을 가리고 맥주에 잔뜩 취해서 라이플총을 들고 근처 숲을 비틀거리며 돌아다녀 교외에 사는 사람들을 질겁하게 만드는 총잡이(rifleman)의 모습을 연상시킨다.)

레오나르도 다빈치, 갈릴레오, 에라스무스, 다윈, 프로이트와 같은 사람들의 인생에서 그 예를 찾아볼 수 있다.

정적인 상태의 사회에서 전통주의는 일반적으로 적응적인 현상이다. 문화 형태는 많은 세대를 거쳐 고통스럽게 진화되어 온 것으로 대체로 우리에게 이롭게 작용한다. 돌연변이와 마찬가지로 무작위적인 상태의 변화는 대개의 경우 우리에게 불리하다. 그러나 역시 돌연변이와 마찬가지로 새로운 환경, 새로운 상황에 적응하기 위해서는 변화가 필수적이다. 이 두 가지 경향 간의 팽팽한 긴장 상태가 오늘날의 정치적 갈등의 상당 부분을 차지한다. 지금 우리가 사는 시대와 같이 외부의 물리적 · 사회적 환경이 급변하는 시기에는 변화를 받아들이고 수용하는 것이 적응에 이르는 길이다. 반면 정적인 환경에서 살아가는 사회에서는 변화를 거부하는 쪽이 더 적응적이다. 인류 역사의 대부분의 시기 동안 수렵 · 채집 형태의 생활 양식은 훌륭하게 제 기능을 발휘해 왔다. 그리고 어떤 면에서 볼 때 진화는 우리를 그와 같은 문화에 걸맞게 설계했다고도 할 수 있다. 우리가 수렵 · 채집의 생활 양식에서 벗어났을 때 우리는 우리 종의 유년기를 떠나온 셈이다. 수렵 · 채집 생활 양식과 첨단 기술 문화는 모두 신피질의 산물이다. 우리는 두 갈래 길에서 후자를 택했고, 다시 되돌아갈 수 없다. 그리고 우리가 택한 이 길은 어느 정도 적응을 필요로 한다.

영국은 놀랍도록 재능이 뛰어나고 다방면에 정통한 박학자(polymath)들을 많이 배출해 냈다. 버트런드 러셀, 화이트헤드, J. B. S. 할데인, J. D. 버널, 브로노프스키 등이 그와 같은 범주에 드는 인물이다. 러셀은 이와 같이 뛰어난 인재들은 어린 시절에 기존의 관습에 순응하도록 하는 강요를 거의 또는 전혀 받지 않아야 한다고 언급한 일이 있다. 이 시기에 어린이는 자신이 흥미를 느끼는 대상을 자유롭게 추구하고 발달시킬 수 있어야 한다는 것이다. 그 대상이 아무리 이상하고 기괴한 것이라고 하더라도 마찬가지이다. 그런데 미국의 경우 정부나 또래 집단으로부터 순응에 대한 강한 압력을 받는 분위기 때문에—구소련이나 일본, 중국과 같은 나라는 한층 더할 것이다.—인구에 비해 다방면에 정통한 천재가 많이 배출되지 못한다고 생각한다. 또한 영국에서도 그와 같은 경향이 급격히 쇠퇴하고 있는 것으로 보인다.

특히 오늘날과 같이 인류가 수많은 어려움과 복잡한 문제에 봉착한 현실에서는 폭넓고 강력한 사고가 절실하게 요구된다. 따라서 이 많은 국가들이 채택하고 있는 민주주의적 이상에 부합하면서 인도주의적이고 온정적인 배경에서 전도유망한 젊은이들의 지적 발달을 도모하는 길이 마련되어야 할 것이다. 그런데 사실상 대부분의 국가가 교육 기관이나 시험 제도에서는 거의 파충류 수준의 관습적인 교육 체계를 운용하고 있는 것을 볼 수 있다. 나는 이따금씩 오늘날 미국의 텔레비전 프로그램이나 영화에서 섹스와 폭력이 난무하는 것이 우리 모두에게 R 복합체가 잘 발달되어 있다는 사실을 반영하는 것이 아닌가 생각해 본다. 반면 신피질 기능 중 상당수는 부분적으로 학교와 사회의 억압적 특성 때문에 예전보다 더 드물게 발현되고 덜 친숙하며 그 가치가 제대로 평가받지 못하고 있는 것은 아닐까?

지난 수세기 동안의 급격한 사회적 · 기술적 변화의 결과로 이 세상은 그다지 잘 돌아가지 못하고 있다. 우리는 정적인 전통적 사회에서 살고 있지 않다. 그러나 각국 정부들은 변화를 거부하며 마치 정적인 사회에 사는 듯 행동하고 있다. 우리 인류가 자신을 완전히 파멸로 몰아넣지 않는다면, 우리 자신의 파충류적 · 포유류적 부분을 모두 무시해 버리지 않으면서 동시에 우리 본질 가운데 전형적으로

그림 41 수렵-채집 부족의 사냥꾼이 사냥감에 살금살금 접근해 나가면서 동시에 어린이에게 사냥법을 가르치고 있다. 이것은 수백만 년 동안 우리 인간 종의 전형적인 생활 양식이었지만 이제 거의 사라져 가고 있다.(사진: 냇 파브먼, 《라이프》 타임-라이프 사진 에이전시의 허락을 얻어 게재.)

인간적인 부분을 꽃피울 수 있는 사회, 순응보다는 다양성을 장려하는 사회, 다양한 사회적 · 정치적 · 경제적 · 문화적 실험에 기꺼이 자원을 투자하는 사회, 장기적 이익을 위해 단기적 이익을 희생할 줄 아는 사회, 새로운 사상을 미래로 통하는 엄청나게 가치 있는 경로로 여기고 조심스럽고 신중하게 다루는 사회에 인류의 미래가 있을 것이다.

뇌에 대한 깊이 있는 이해는 어쩌면 사망의 정의와 낙태 허용 여부와 같이 곤혹스러운 사회 문제에도 영향을 줄 수 있다. 오늘날 서양 사회의 윤리적 잣대는 대의를 위해서 인간이 아닌 영장류를 죽이는 것은 허용할 수 있는 분위기이다. 다른 포유류 동물들은 말할 것도 없다. 그러나 비슷한 상황에서 인간을 죽이는 것은 (적어도 개인 차원에서는) 허용되지 않는다. 논리적 함의에 비추어 볼 때 인간을 다른 동물과 구별하는 기준은 인간의 뇌에 있는 전형적인 인간적 속성일 것이다. 같은 맥락에서 만약 신피질의 상당 부분이 여전히 기능을 하고 있다면 혼수 상태에 빠진 환자도 살아 있다고 말할 수 있을 것이다. 설사 다른 신체적 · 신경학적 기능에 큰 결함이 있더라도 말이다. 반대로 어떤 환자가 다른 부분들은 모두 살아 있더라도 신피질의 활동(수면 중의 신피질의 활동을 포함하여)의 신호가 보이지 않는다면 인간이라는 측면에서는 죽은 것이나 마찬가지라고 볼 수 있다. 그와 같은 많은 사례에서 신피질은 돌이킬 수 없이 손상되었으나 변연계, R 복합체, 더 깊은 곳에 위치한 뇌간 등은 여전히 기능을 하며 호흡, 혈액 순환 등과 같은 기본적인 생명 유지 기능은 손상되지 않은 상태이다. 폭넓은 공감과 지지를 받는 사망의 법적 정의가 일반적으로 받아들여지기 전에 인간의 뇌 생리에 대한 좀 더 많은 연구가 이루어져야 하겠지만, 내 생각에 그러한 사망의 정의에는 뇌의 다른 어떤 구성 요소보다 신피질에 대한 고려가 반영되어야 할 것이라고 본다.

이와 비슷한 개념이 1970년대 후반 미국에서 벌어진 낙태를 둘러싼 열띤 논쟁을 해결하는 데에도 도움을 줄 수 있을 것이다. 이 논쟁은 양편을 극단으로 몰고 가 어느 편이든 상대편 주장의 가치를 무조건 부정하게 만들고 있다. 한쪽 극단에서는 여성은 "자신의 몸을 통제할" 타고난 권리를 가지고 있으며 이 권리에는 심리적으로 아기를 갖는 것이 내키지 않는 것에서부터 경제적으로 아이를 키울 능력이 없는 것에 이르기까지 다양한 이유에서 태아를 유산시킬 수 있는 권리가 포함된다. 다른 쪽 극단에서는 '생명권'의 존재를 근거로 삼는데, 심지어 접합자(zygote), 즉 최초의 분할이 일어나지도 않은 수정란을 없애는 것조차도 살인으로 본다. 접합자를 '잠재적' 인간으로 보기 때문이다. 이처럼 감정 문제의 경우, 어떤 해결책을 제안해도 양쪽으로부터 박수를 받기 어렵다. 그리고 때로는 우리의 머리와 가슴이 각기 다른 결론으로 우리를 이끈다. 그러나 이 책의 이전 장들에서 논의한 사항에 기초해서 나는 합리적인 타협안을 내놓고자 한다.

합법적인 낙태가 돌팔이에 의해 불법으로 이루어지는 '뒷골목' 낙태의 비극과 참극을 예방해 줄 수 있다는 사실은 의심할 여지가 없다. 그리고 문명의 존속 여부 자체가 무제한적인 인구 증가에 의해 위협받고 있다는 것 역시 명백한 사실이다. 그렇다면 합법적인 의료행위을 통한 낙태가 중요한 사회적 요구에 부응할 수 있을 것임은 분명하다. 그러나 따지고 보면 유아 살해 역시 두 가지 문제를 모두 해결할 수 있고 수많은 인간 사회에서 널리 자행되어 왔다. 서양의 문화적 선조로 여기는 고전 그리스 문명권의 일부에서도 유아 살해가 벌어졌다. 뿐만 아니라 오늘날에도 유아 살해가 널리 벌어지고 있다. 태어난 아이 네 명 가운데 한 명이 첫돌이 될 때까지 살지 못하는 곳이 세계 도처에 널려 있다. 그러나 우리의 법률과 그 밖의 모든 기준은 유아 살해가 분명한 살인이라고 못 박고 있다. 임신 7개월 만에 태어난 미숙아는 모든 면에서 자궁 안에 들어 있는 7개월 된 태아와 다를 것이 없다. 따라서 임신 말기 3개월 동안 벌어진 낙태는 살인에 가깝다고 보아야 할 것이다. 이 기간 중의 태아가 호흡을 하지 못한다는 반론은 허울 좋은 변명에 지나지 않는다. 태어난 아이가 아직 탯줄이 끊어지지 않은 상태라고 해서, 또는 아직 숨이 트이지 않은 상태라고 해서 그 아이를 죽여도 살인이 아니라는 것일까? 그와 마찬가지로 만일 심리적으로 낯선 사람과 살 준비가 되어 있지 않다고 해서, 이를테면 신병 훈련소나 대학 기숙사에서 내가 그 사람을 죽여 버릴 권리는 없다. 또한 내가 낸 세금이 원치 않는 사람들에게 쓰이는 것이 억울하다고 해서 그 세금의 수혜자들을 죄다 몰살시켜 버려서는 안 된다. 시민의 자유에 대한 견해는 종종 이와 같은 논쟁으로 얼룩진다. 그런데 왜 이러한 문제에 대한 다른 사람들의 견해가 나에게까지 영향을 미쳐야 하는 것일까 하는 질문이 종종 제기된다. 그러나 전통적으로 살인을 금하는 것에 대해 개인적으로 찬성하지 않는 사람들도 우리 사회에서 살아가려면 형사법을 준수해야만 한다.

이 논쟁의 다른 편에서 내걸고 있는 '생명권(right to life)'이라는 말은 문제에 빛을 비추기보다는 논쟁에 불을 붙이는 전형적인 선전 문구에 지나지 않는다. 오늘날 지구의 어느 사회에서도 생명권은 존재하지 않는다. 이전에도 존재한 적이 없었다.(불살생(不殺生)을 이상으로 삼는 인도의 자이나 교 사회와 같은 몇몇 예외를 제외해야 할 것이다.) 우리는 잡아먹기 위해서 농장에서 가축을 기른다. 숲을 파괴하고 강과 호수를 오염시켜 물고기 한 마리 살 수 없게 만든다. 오락 삼아 사슴과 말코손바닥사슴을 사냥하고, 가죽을 얻기 위해 표범을 잡고, 개 사료를 만들기 위해 고래를 죽인다. 커다란 참치잡이 그물에 걸린 돌고래가 고통에 몸을 비틀며 죽어 가게 한다. 또는 '개체 수 조절'이라는 미명하에 새끼 바다표범들을 몽둥이로 때려 죽인다. 이 모든 동물들과 식물들은 우리와 마찬가지로 생명을 가지고 있다. 인간 사회에서 보호하는 것은 생명이 아니라 인간의 생명이다. 그리고 심지어 인간의 생명을 보호한다고 하면서도 우리는 문명화된 집단을 대상으로 대부분의 사람들은 생각하기조차 두려워하는 '현대적인' 전쟁을 벌인다. 그리고 우리는 종종 인종주의적 · 민족주의적 맥락에서 상대편을

'인간 이하'로 규정함으로써 이러한 대량 살상을 정당화한다.

인간이 될 '잠재력'에 대한 주장 역시 나에게는 미약해 보인다. 인간의 난자나 정자는 모두 적절한 상황에서 인간이 될 잠재력을 지니고 있다. 그러나 남자들의 자위 행위와 그에 따른 사정은 일반적으로 자연스러운 행위로 간주되며 살인이라는 비난을 받지 않는다. 한 번 사정할 때마다 수천만 명의 인간을 생성할 수 있는 수의 정자가 방출된다. 뿐만 아니라 그리 머지않은 미래에 우리는 우리 몸의 어떤 부분에서든 채취한 세포 하나로 완전한 인간을 복제해 낼 수 있을지도 모른다. 그렇다면 내 몸의 어떤 세포든지 복제 기술이 실용화될 미래까지 적절히 보존할 수만 있다면 인간이 될 잠재력을 가지고 있다고 보아야 할 것이다. 그러면 내가 내 손가락을 핀으로 찔러 피 한 방울 내는 것도 대량 살상이라고 보아야 하는 것일까?

이것은 분명 복잡한 문제이다. 그리고 그 해결책은 각각 많은 사람들이 소중히 여기는, 그러나 상충하는 여러 가치들 가운데에서 타협점을 찾아내야 할 것이 분명하다. 현실적으로 중요한 문제는 태아가 인간이 되는 시점이 언제인가 하는 것이다. 이 질문은 또다시 인간이란 무엇인가 하는 문제를 야기한다. 분명 겉모습이 인간과 같다고 해서 인간이라고 보지는 않을 것이다. 유기 물질로 인간과 똑같이 만든 인공물을 분명 인간으로 간주하지 않을 테니까. 같은 맥락에서 비록 생김새는 인간과 닮지 않았지만 윤리적 · 지적 · 예술적 성취에서 우리를 능가하는 외계의 지적 존재가 있다면, 우리는 그들을 함부로 죽여서는 안 될 대상에 포함시킬 것이다. 우리의 인간성을 규정하는 것은 우리의 겉모습이 아니라 우리 고유의 특성일 것이다. 우리가 사람을 죽이는 것을 금지하는 이유는 우리가 지구 다른 대부분의 동물들이 가지고 있지 않은 특성, 우리가 특별히 귀하게 여기고 찬미하는 특성을 가지고 있기 때문이다. 그것은 고통을 느낀다거나 깊은 감정을 느끼는 능력은 분명 아니다. 우리가 별 이유 없이 죽이는 많은 동물들 역시 그러한 능력을 지니고 있으니 말이다.

나는 인간의 본질적 특성은 바로 우리의 지적 능력이라고 생각한다. 만일 그렇다면 인간 생명의 특별한 존엄성은 신피질의 발달과 기능으로 확인할 수 있을 것이다. 신피질이 완전하게 발달한 상태를 요구하는 것은 아니다. 왜냐하면 아기가 태어나고서도 몇 년쯤 지나야 비로소 신피질이 완전하게 발달하기 때문이다. 그러나 우리는 태아의 뇌전도상에서 신피질의 활동이 시작되는 시점을 인간성을 보이기 시작하는 지점으로 삼을 수 있을 것이다. 뇌가 뚜렷이 구분되는 인간의 속성을 나타내기 시작하는 시점이 언제인지에 대한 통찰은 부분적으로 단순한 발생학적 관찰로부터도 알아낼 수 있다(244쪽 그림 참조). 오늘날까지 이 분야에 대해서는 거의 연구가 이루어지지 않았다. 그리고 나는 이러한 연구가 낙태 논쟁에서 낙태 허용 가능 시점을 결정하는 데 중요한 역할을 하게 될 것이라고 믿는다. 물론 뇌전도상에 신피질의 활동 신호를 최초로 나타내는 시점은 태아에 따라서 다를 것이다. 그리고 전형적인 인간의 생명이 개시된 시점에 대한 법적 정의는 매우 조심스럽게 정해져야 할 것이다. 다시 말해서 그 시점은 태아가 신피질 활동을 보이기 시작하는 시점의 범위 가운데에서 가장 이른 쪽으로 잡아야 할 것이다. 그럴 경우 그 시점은 아마도 임신 초기(첫 3개월)의 마지막이나 중기(중간의 3개월)의 처음이 될 듯하다.(우리는 지금 합리적인 사회에서 법으로 금지해야 할 선에 대해 논의하고 있다. 그 시점보다 더 이른 시기의 태아를 낙태시키는 것도 살인 행위라고 느끼는 사람들까지 그와 같은 낙태를 시행하거나 받아들이라고 법적으로 구속하는 것은 물론 아니다.)

그러나 이러한 생각을 일관적으로 적용하면서 인간 우월주의에

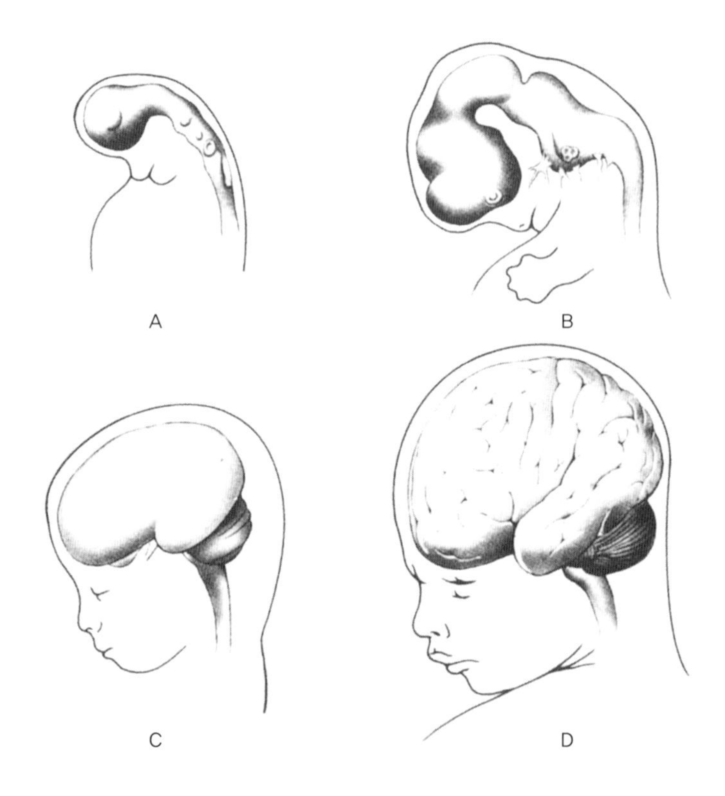

그림 42 인간 뇌의 발생학적 발달 단계. A는 임신 3주째, B는 7주째, C는 4개월 된 태아의 뇌이고 D는 신생아의 뇌이다. A와 B 그림의 뇌는 물고기나 양서류의 뇌와 흡사하다.

빠지는 것을 경계해야 할 것이다. 만일 뒤떨어지기는 했지만 완전히 발달한 인간 존재와 비슷한 정도의 지능을 가진 생물이 있다면 우리는 태아에게 적용되었던 살인 금지 규정을 그 동물들에게까지도 연장해야 할 것이다. 돌고래, 고래, 영장류 등의 지능의 증거는 지금까지 주어진 것만으로도 상당히 놀라운 정도이다. 따라서 낙태에 대한 윤리적 입장을 일관되게 고수하기 위해서는 적어도 쓸데없이 이러한 동물들을 살상하는 행위에 대해서도 강한 비판적 입장을 취해야 할 것이다. 그러나 어쨌든 낙태를 둘러싼 논쟁에 대한 해결의 궁극적 열

쇠는 태아의 신피질의 활동을 조사하는 것이라고 본다.

그렇다면 인간의 뇌는 앞으로 어떤 방식으로 진화하게 될까? 여러 가지 형태의 정신 질환 가운데 상당수가 뇌의 화학적 불균형이나 배선 문제에 따른 것임을 가리키는 폭넓은 증거가 점점 축적되고 있다. 많은 정신 질환들이 동일한 증상을 보이므로, 어쩌면 그 질환들은 동일한 기능 부전에 의해 유래되는 것이고 따라서 동일한 치료법을 적용할 수 있을지도 모른다.

19세기 영국의 선구적 신경학자인 존 허링스 잭슨(John Hughlings Jackson)은 "꿈에 대해 연구하라. 그러면 미친 것이 어떤 상태인지 알 수 있을 것이다."라고 말했다. 어떤 연구에서 피험자로 하여금 꿈을 꾸지 못하도록 하자, 그는 결국 종종 낮에도 환각 상태에 빠지기 시작했다. 정신분열증은 종종 수면 장애를 수반한다. 그러나 수면 장애가 정신분열증의 원인인지 결과인지는 확실하지 않다. 정신분열증의 가장 충격적인 측면 가운데 하나는 환자의 깊은 불행감과 절망감이다. 그렇다면 정신분열증은 밤에 용들을 안전하게 묶어 놓은 사슬이 풀린 상태라고 볼 수 있지 않을까? 용들이 좌반구의 족쇄를 풀어 버리고 환한 대낮의 빛 속으로 뛰쳐 나온 것이 아닐까? 다른 정신 질환들은 우반구의 결함에 의해 발병하기도 한다. 예를 들어 강박신경증(Obsessive-compulsive) 환자는 직관적인 도약에 이르는 경우가 매우 드물다.

1960년대 중반 하버드 의과 대학의 레스터 그린스푼(Lester Grinspoon)과 동료들은 정신분열증에 대한 다양한 치료법의 상대적 효과를 평가하기 위해 일련의 대조 실험(controlled experiment, 실험하고자 하는 요인을 제외하고 모든 조건을 실험 집단과 같게 한 대조 집단을 두어서 특정 요인의 효과를 비교하는 실험—옮긴이)을 실시했다. 그들은 정신과 의사였다. 그러므로 굳이 어느 쪽으로 치우치는 경향을 나타내고자 했다면 약물 치료보다는 당시 정신과 치료의 표준이었던 상담 치료 쪽에 더 치우쳐야 마땅했을 것이다. 그러나 그들은 놀랍게도 당시 막 개발되었던 신경 안정제 티오리다진(thioridazine, 페노티아진(phenothiazine)이라고 알려진 항정신병(antipsychotic) 약물과 거의 동등한 효과를 가진 약물들)이 정신분열증에 훨씬 더 큰 효과를 나타낸다는 사실을 발견했다. 병을 치료하지는 못하더라도 증상을 더 효과적으로 통제할 수 있었다. 그들의 발견에 따르면—환자 자신과 환자의 가족, 정신과 의사들의 판단을 종합해 볼 때—티오리다진만 단독으로 사용한 경우나 티오리다진과 심리 치료를 병행하는 경우가 거의 동일한 효과를 나타냈다. 자신의 예상과 반대되는 결과를 그대로 발표한 실험자들의 강직한 태도는 참으로 인상적이다.(정치나 종교 · 철학 분야의 선도적 전문가들이 경쟁 관계에 있는 원칙이 더 우월하다는 실험 결과를 이처럼 순순히 인정할 것이라고는 상상하기 어렵다.)

최근 연구에서 쥐나 다른 포유류 동물의 뇌에서 자연적으로 만들어지는 엔도르핀이라는 작은 단백질 분자가 이 동물들에게 정신분열성 긴장증(schizophrenic catatonia)과 비슷한 근육의 경직과 마비를 유도하는 것으로 나타났다. 한때 미국에서 입원 환자의 10명 중 1명이 앓았던 질환인 정신분열증의 분자적 · 신경학적 원인은 아직 명확히 밝혀지지 않았다. 그러나 언젠가 우리는 정확히 어느 위치 또는 어떤 종류의 신경 화학 물질에 이상이 생겨서 이 병이 발병하는지 알 수 있게 될 것이다.

그린스푼의 실험에서부터 흥미로운 의료 윤리 문제가 제기된다. 오늘날 신경 안정제는 정신분열증 치료에 매우 효과적이기 때문에 환자에게 이러한 약물을 처방하지 않는 것이 비윤리적인 것으로 간주될 정도이다. 그 결과, 신경 안정제의 효능을 조사하는 실험은 다시 반복될 수 없는 상황이다. 환자가 앓고 있는 질환에 가장 성공적인 치료법이 존재하는데도 그것을 적용하지 않는 것은 지나치게 잔인한 일로 생각되는 것이다. 그 결과 신경 안정제를 처방하지 않는 대조 집단을 설정할 수 없게 되었다. 만일 이 경우와 같이 뇌의 기능 부전을 치료하기 위한 화학 요법에서 아주 중요한 실험을 단 한 번밖에 수행할 수 없다면 애초부터 정말 잘 해야만 할 것이다.

뇌에 대한 화학 요법 가운데 더욱 놀라운 예는 조울증을 치료하는 데 사용되는 탄산리튬(lithium carbonate)이다. 리튬은 가장 가볍고 단순한 금속 분자이다. 그런데 적당한 양의 리튬을 복용하면, 이 고통스러운 질환의 증상이 놀랄 만큼 개선된다.(이 경우에도 환자 자신과 다른 사람들의 견해를 참고해서 내려진 판단이다.) 왜 이토록 단순한 치료법이 그토록 큰 효과를 내는지는 알려지지 않았지만, 아마도 뇌의 효소 화학과 관련되어 있으리라고 생각된다.

매우 특이한 정신 질환 중에 투렛 증후군(Tourett's syndrom, Gilles de la Tourette's disease라고도 한다.)이라는 병이 있다.(항상 그렇듯 이 병을 앓았던 환자의 이름이 아니라 이 병에 처음 주의를 기울였던 의사의 이름을 따서 지어진 병명이다.) 이 질병의 증상인 수많은 운동 및 언어 장애 가운데 하나는 음란하고 불경한 말을 쉬지 않고, 강박적으로 내뱉는 것이다.(물론 환자가 가장 유창하게 사용하는 언어로.) 의사들은 이른바 '복도 진단'으로 이 질병을 확인한다. 환자는 엄청난 노력으로 의사가 회진하기 위해 병실에 들어온 짧은 시간 동안은 욕이 나오는 걸 참아낸다. 그런데 의사가 병실을 떠나자마자 마치 터진 댐으로 물이 넘쳐 흐르듯 환자의 입에서 온갖 욕과 추잡한 말들이 쏟아져 나오기 시작한다. 뇌에는 '더러운 말'을 만들어 내는 장소가 있다.(유인원 역시 뇌에 그러한 장소를 가지고 있다.)

우반구가 능숙하게 다룰 수 있는 단어들은 몇 개 되지 않는다. 고작 "안녕?" "잘 가." 그리고 몇 가지 엄선된 욕설들이 전부이다. 아마 투렛 증후군은 좌반구의 기능만을 손상시키는 것으로 보인다. 영국 케임브리지 대학교의 인류학자인 버나드 캠벨(Bernard Campbell)은 변연계가 우반구와 더욱 잘 통합되어 있다고 주장했다. 앞서 이야기한 대로 정서를 다루는 데에는 좌반구보다 우반구의 역할이 더 크다. 욕설과 음담패설은 다른 것은 모르지만 강렬한 정서를 수반하는 것만은 분명하다. 투렛 증후군은 무척 복잡한 질병인 것은 틀림없지만 특정 신경 전달 물질이 부족해서 발병하는 것으로 보이며, 적당량의 할로페리돌을 투여하면 증상이 크게 경감되는 것으로 보인다.

최근 얻은 연구 결과들은 ACTH와 바소프레신과 같은 변연계의 호르몬은 동물이 기억을 저장하고 환기하는 능력을 크게 향상시킨다는 사실을 보여 주었다. 이와 같은 결과들은 궁극적으로 완벽한 뇌에 도달하는 것은 설사 불가능할지 모르지만 적어도 뇌를 크게 향상시킬 수 있다는 전망을 보여 주고 있다. 아마도 뇌에 존재하는 작은 단백질의 농도나 생산량을 조절하는 것이 그 방법이 될 수 있다. 정신질환 환자들은 흔히 다른 환자들, 이를테면 홍역을 앓는 사람이라면 느끼지 않을 죄책감을 느낀다. 그런데 이러한 실험 결과는 그들이 느끼는 죄책감의 짐을 덜어 준다.

놀라울 정도로 발달되어 있는 뇌의 열(fissurization, 뇌 표면의 깊은 홈—옮긴이)과 뇌회(convolution, 뇌이랑이라고도 하며 뇌 표면의 주름의 융기된 부분—옮긴이) 및 촘촘하게 접혀 있는 피질, 그리고 뇌가 두개골 안에 꼭 들어맞게 깊숙이 자리 잡고 있다는 사실 들을 고려할 때 지금과 같은 두개 안에 더 많은 양의 뇌를 집어넣기는 어려울 것으로 보인다. 뇌의 크기나 두개골의 크기는 아주 최근까지 계속 증가해 오지는 못했다. 산도나 골반 크기에 한계가 있기 때문이었다. 그러나 제왕절개술의 출현으로—일찍이 2,000년 전에도 시술되었지만, 널리 보급된 것은 현대에 이르러서이다.—더 큰 뇌의 부피도 수용할 수 있게 되었다. 또 다른 가능성을 생각해 보자면 의료 기술이 발달해서 태아 발달의 전 과정을 자궁 밖에서 이루어지도록 하는 것이다. 그러나 진화적 변화의 속도가 너무 느리기 때문에 지금 우리가 마주하고 있는 문제들을 극복할 만큼 상당한 정도로 신피질의 부피가 더 커지고 그 결과 월등히 뛰어난 지적 능력을 갖게 될 것으로 보이지는 않는다. 그러한 시기가 도래하기 전까지는, 물론 가까운 미래에 가능하다는 말은 아니지만, 뇌 수술을 통해 좀 더 개선할 가치가 있다고 생각하는 부위를 더 개선하고 인류가 당면한 위기와 모순을 초래하는 데 책임이 있는 부위는 더 억제하는 방법을 생각해 볼 수 있다. 그러나 뇌 기능이 매우 복잡하고 중복되어 있기 때문에 이러한 가능성은 설사 우리 사회에 바람직한 것이라고 하더라도 가까운 미래에 적용되기는 어려울 것으로 보인다. 어쩌면 뇌를 조작하기 전에 유전자를 조작하는 길이 더 빠를 수도 있다.

이따금씩 그와 같은 실험은 부도덕한 정부—실제로 우리가 사는 세계에는 부도덕한 정부들이 많이 있다.—에게 국민들을 한층 더 통제할 수 있는 도구를 쥐어 주게 될지도 모른다는 의견이 제기되고 있다. 예를 들어서 정부가 태어나는 아이들의 뇌에 있는 '쾌감(pleasure)'과 '통증(pain)' 중추에 수백 개의 미세한 전극을 이식한 뒤 무선으로, 아마도 오직 정부만 알고 있는 접속 암호나 주파수를 가지고 자극을 가하는 상황을 상상해 볼 수 있다. 아이가 자라서 어른이 되었을 때 할당된 노동량을 완수하거나 정부의 이데올로기를 잘 따르면 쾌감 중추에 자극을 가하고 그렇지 않은 경우에 통증 중추에 자극을 가하는 것이다. 이는 악몽과 같은 전망이다. 그러나 그렇다고 해서 이러한 전망이 뇌에 전기 자극을 가하는 실험을 금지시킬 명분은 되지 못한다고 생각한다. 오히려 정부가 병원을 통제하는 것에 반대할 근거가 되어야 마땅할 것이다. 정부가 국민들의 뇌에 그와 같은 전극을 이식하도록 방치하는 국민이라면 이미 전쟁에 진 것이나 다름없고 그러한 처지에 이르러도 할 말이 없다고 생각한다. 이와 같은 모든 종류의 기술 진보가 가져올 수 있는 악몽과 같은 전망에 대해 우리가 해야 할 가장 중요한 일은 모든 가능성을 헤아려 보고, 기술의 이용과 오용 가능성을 대중에게 교육시키고, 기관, 관료, 정부 차원에서 기술을 남용하는 것을 방지하는 것이다.

이미 위험한 것에서부터 별다른 해가 없는 것까지 다양한 향정신성 약물 또는 기분을 전환시켜 주는 약물 등이 사용되고 있다.(그중 가장 널리 사용되고 상당히 위험한 것 중 하나가 에틸알코올이다.) 이러한 약물들은 R 복합체, 변연계, 신피질의 특정 영역에 작용하는 것으로 보인다. 만일 이러한 추세가 계속된다면 정부의 권고가 없더라도 사람들은 집에 실험실을 꾸며 놓고 이러한 약물들을 합성해서 자신을 대상으로 실험에 들어갈지도 모른다. 이는 뇌에 대한, 즉 뇌의 장애와 지금껏 이용되지 않았던 뇌의 잠재 능력에 대한 우리의 지식에서 한 걸음 더 나아갈 때 어떤 활동들이 가능한지를 보여 주는 한 예이다.

많은 종류의 알칼로이드나 그 밖의 다른 약물들은 자연적인 상태에서 뇌에 존재하는 작은 단백질 분자와 화학적으로 비슷하기 때문에 우리의 행동에 영향을 준다. 엔도르핀이 그 예이다. 이러한 작은 단백질 가운데 상당수는 변연계에 작용해서 우리의 정서 상태에 영향을 준다. 오늘날에는 아미노산 서열을 원하는 대로 조절해서 단백질 분자를 만들어 낼 수 있다. 따라서 머지않아 인간의 특정 정서 상태—매우 드문 상태를 포함하여—를 유도할 수 있는 다양한 종류의 분자들을 합성해 낼 수 있을 것으로 보인다. 예를 들어서 아트로핀(atropine, 유독성 알칼로이드의 일종—옮긴이)—독당근, 디기탈리스, 까마중, 흰꽃독말풀 등의 활성 성분—은 하늘을 나는 듯한 환상을 유발한다는 증거가 있다. 실제로 중세의 마녀들은 이 식물들로 만든 연고를 스스로 자신의 음부 점막에 발랐다고 전해진다. 그러니까 하늘을 날아다녔다는 마녀들의 허풍은 실제로는 아트로핀에 취한 환각 상태였던 것이다. 그런데 하늘을 나는 생생한 환각은 비교적 단순한 분자를 통해 매우 특징적으로 유도되는 감각이다. 어쩌면 우리는 인간이 이전에는 전혀 경험해 보지 못한 특수한 정서적 상태를 만들어 내는 다양한 분자들을 합성할 수 있을지도 모른다. 이는 신경화학 분야에서 머지않아 다가올 수많은 잠재적 가능성 중 하나이다. 이러한 연구를 수행하고, 통제하고, 적용하는 사람들의 지혜에 따라서 약이 될 수도 있고 독이 될 수도 있을 것이다.

퇴근할 때 연구실에서 나와 차에 오르면 나는 특별한 노력을 기울이지 않은 채 차를 몰고 집으로 온다. 출근할 때에도 역시 의식적으로 노력하지 않아도 나의 뇌의 어느 부분에선가 자연스럽게 사무실 쪽으로 차를 운전하도록 만든다. 이사를 하거나 일터를 옮기더라도 약간의 학습 기간이 지나면, 역시 예전 위치 대신 새로운 위치가 입력되어 뇌의 해당 부분이 새로운 방향에 적응하게 된다. 이는 마치 디지털 컴퓨터와 비슷하게 작동하는 우리의 뇌가 자가 프로그래밍(self-programming)을 실시하는 것에 비유할 수 있다. 정신 운동성 발작 증상을 가진 간질 환자 역시 발작이 일어날 때마다 일련의 활동을 똑같이 반복한다. 단지 빨간 불이 좀 더 많이 켜진다는 점이 다를 뿐 내가 차를 몰고 출퇴근할 때 일어나는 현상과 흡사하다. 이 경우에도 발작이 잦아들고 나면 자신이 겪은 일련의 활동을 의식적으로 기억하지 못한다. 이러한 자동성(automatism)은 측두엽 간질 환자에게서 특징적으로 보이는 현상이다. 이는 또한 내가 잠에서 깨어난 직후 30분 동안 겪는 현상과도 흡사하다. 분명 모든 뇌의 활동이 단순한 디지털 컴퓨터와 비슷하다고 볼 수는 없을 것이다. 뇌를 재프로그래밍(reprogramming)하는 부분은 확실히 다르다. 그러나 적어도 뇌의 일부 구성 요소와 전자 컴퓨터 간에는 신경 생리학적으로 밀접한 연결에 의해 조화롭게 공동 작업을 수행할 수 있는 장치를 구조적으로 구성하는 것이 가능할 만큼 유사한 점이 많다.

스페인의 신경 생리학자인 호세 델가도(José Delgado)는 침팬지의 뇌에 이식된 전극과 외부의 컴퓨터 사이에서 작동하는 되먹임 고리(feedback loop) 장치를 고안해 냈다. 무선 전파를 통해 뇌와 컴퓨터 간의 의사소통이 이루어진다. 한편 전자 컴퓨터가 소형화됨에 따라 오늘날에는 그와 같은 되먹임 고리 장치가 외부의 컴퓨터 단말기와 무선 연결될 필요 없이 아예 내장되는 것도 가능하다. 예를 들어서 자체 내장된 되먹임 고리 장치에 의해 간질 발작의 전조를 미리 알아채고 적절한 뇌의 중추를 자동적으로 자극해서 다가올 발작을 미리 예방하거나 완화할 수 있는 장치를 고안해 내는 것도 완전히 가능하다. 아직까지는 신뢰할 만한 기술 수준은 아니지만 머지않아 안정적으로 보급될 수 있을 것이다.

언젠가는 인지적 · 지적 인공 장치를 뇌에 삽입하는 것도 가능할 수도 있다. 이러한 장치들은 마음의 안경과 같은 것으로 생각할 수 있을 것이다. 이러한 시도는 과거 뇌의 진화가 새로운 구성 요소가 기존의 구성 요소 위에 추가되는 식으로 이루어졌던 맥락에 잘 들어맞을 뿐만 아니라 기존의 뇌를 완전히 재구성하는 것보다 더 실현 가능성이 높은 생각이다. 아마 언젠가 우리는 외과 수술을 통해서 뇌에 탈착식의 작은 컴퓨터 모듈이나 무선 단말기를 장착해서 바스크 어, 우르두 어, 암하라 어, 아이누 어, 알바니아 어, 누 어, 호피 어, 쿵 어(!Kung), 델피 어 등과 같은 언어들을 유창하게 구사할 수 있게 되거나 불완전 감마 함수 도표나 체비셰프 다항식의 값을 즉각 끄집어내거나 동물의 자취와 관련된 자연사적 지식, 부유하는 섬(floating islands)의 소유권에 관련된 모든 판례들과 같은 지식을 머릿속에 넣고 다니거나, 몇몇 사람들을 무선 텔레파시로 연결하여 지금껏 인간 종에게 불가능했던 특별한 공생 관계로 결속시키는 방안도 생각해 볼 수 있다.

그런데 진정한 의미에서 우리의 뇌, 특히 인간의 독특한 속성을 대표하는 신피질을 확장하는 일은 이미 성취되어 왔다. 그중 일부는 너무나도 오래되어서 우리는 그와 같은 사건이 일어난 사실조차 잊어버리기 일쑤이다. 풍부하고 자유로운 학습 환경은 어린이들에게 매우 전도유망하고 성공적인 교육적 도구가 될 수 있다. 인류의 놀라운 발명품인 문자 언어는 본질적으로 상당히 복잡한 정보를 저장하고 검색하는 단순한 기구라고 할 수 있다. 대형 도서관에 저장된 정보의 양은 인간의 유전체나 뇌에 저장된 정보의 양을 훨씬 넘어선다. 물론 문자 언어에 따른 정보 저장은 생물학적 시스템에 비해 효율성이 떨어지기는 하지만 지금도 유용하게 사용되고 있으며 마이크로필름, 마이크로피시(microfiche, 여러 쪽의 내용을 수록하는 마이크로필름 카드—옮긴이) 등의 고안물은 인류의 신체 외적 정보 저장 용량을 크게 향상시켜 왔다. 인류가 도서관, 예술 작품, 그 밖의 문화적 제도를 이용해 저장해 온 정보량(비트)을 37쪽 그래프에 표시한다면 그래프의 오른쪽 끝을 벗어나 한참 더 나아가야 할 것이다.

그러나 글은 매우 단순한 기구이다. 우리는 전자식 컴퓨터에서 그보다 훨씬 더 정교하고 훨씬 더 전도유망한 정보 저장 및 처리 기구의 전망을 볼 수 있다. 오늘날 컴퓨터와 컴퓨터 프로그램이 얼마나 발달했는지 살펴보자. 컴퓨터는 틱택토(tic-tac-toe) 게임을 완벽하게 해 낼 수 있고, 세계 최고 수준의 체커 경기자이며, 의사를 대신해서 환자들에게 정신 요법 치료를 하기도 한다. 어떤 컴퓨터 시스템은 실황으로 연주되는 클래식 또는 다른 장르의 음악의 멜로디를 전통적인 악보에 나타낼 수 있다. 컴퓨터가 저장할 수 있는 정보의 양이나 컴퓨터의 정보 처리 속도는 실로 엄청나다.

MIT의 조지프 와이젠바움이 개발한 비지시적(non-directive) 정신 요법 프로그램(칼 로저스가 주창한 방법으로 상담자가 피상담자의 말을 빈틈없이 요점을 들어 반사적으로 되풀이한다. 이 과정을 통해 피상담자는 자신의 문제에 대한 통찰력을 얻게 되고 스스로 해결책을 찾아 나가게 된다.—옮긴이)은 현존하는 정신 요법 컴퓨터 프로그램의 유용성에 대한 좋은 예가 될 것이다. (물론 정신 요법 프로그램이 오늘날의 컴퓨터 프로그램들 가운데에서 가장 어렵다거나 가장 정교한 것은 아니다.) 정신 요법 프로그램이 개발된 후에 인간인 정신과 의사를 데려다가 단말기와 자판을 통해 프로그램을 시험해 보도록 했다. 비록 프로그램은 입력된 정보를 바탕으로 해서 자신의 대사를 만들어 내도록 설계되었지만, 대화는—인간에 의해서—얼마든지 통제할 수 없는 국면으로 빠질 수 있다. 컴퓨터 프로그램과 정신과 의사 간의 대화는 다음과 같이 진행되었다.

인간인 정신과 의사(이하 의사): 선생님, 끔찍한 소식이 있습니다.

컴퓨터 정신 요법 프로그램(이하 컴퓨터): 끔찍한 소식이라고요?

의사: 예, MIT에서 우리 밥그릇을 빼앗아 갈 컴퓨터 프로그램을 개발했대요.

컴퓨터: 그게 무슨 말입니까?

의사: 저는 그 프로그램이 어떻게 작동하는지를 직접 보았습니다.

컴퓨터: 작동하는 것을 직접 보셨다고요?

의사: 예. 아주 놀라워요. 선생님도 직접 보셔야 합니다.

컴퓨터: 제가 직접 보아야 한다는 말씀이시죠?

의사: 제가 보기에 선생님도 우울하신 것 같군요.

컴퓨터: 당신의 환상 속에서 우리는 서로가 우울하게 보입니다.

의사: 예, 아마 그런 것 같습니다.

컴퓨터: 이해할 수 있습니다.

의사: 저도요.

컴퓨터: 당신도 이해하신다고요.

의사: 그 컴퓨터에 대해서 당신이나 저나 같은 입장 아닙니까?

컴퓨터: 당신 자신에 대해서 계속 이야기해 보는 게 어떻겠습니까?

의사: 선생님 말씀이 위안이 되는군요.

컴퓨터: 왜 제가 위안이 된다고 보십니까?

의사: 이런 상황에서 선생님은 저에 대해 얘기하기를 원하시니까요.

컴퓨터: 왜 제가 당신에 대해 이야기하기를 원할까요?

의사: 왜냐하면 선생님은 그 망할 놈의 컴퓨터에 대해 저와 공감대를 가지고 계시기 때문 아닙니까?

컴퓨터: 그게 무슨 말일까요?

의사: 선생님도 물론 그 컴퓨터를 증오하실 것 아닙니까?

컴퓨터: 저도 그 컴퓨터를 증오할 거라고요?

의사: 당연한 애기죠. 세상에 컴퓨터는 어디까지나 컴퓨터지, 사람과 같을 수 없지 않습니까?

컴퓨터: 과연 그러한지 어떤지를 알아보기 위해 우리가 지금 여기에 있는 것이지요.

의사: 한 가지 예를 들자면, 컴퓨터는 선생님과 같이 대화를 나눌 수가 없어요.

컴퓨터: 아, 그럴까요?

의사: 세상에 단지 기계에 지나지 않는 컴퓨터에 속아 넘어갈 사람이 하나라도 있을지 모르겠습니다.

컴퓨터: 정말 그렇게 생각하세요?

의사: 물론이죠. 뭐니뭐니해도 컴퓨터 프로그램에는 창의적인 측면이 없어요.

컴퓨터: 당신은 부정적이시군요.

의사: 저는 제 생각에 확신을 가지고 있습니다.

컴퓨터: 당신은 당신이 옳다는 확신에 대해 우려하고 있습니까?

의사: 아니요. 전혀 그렇지 않아요. 조금도요.

컴퓨터: 당신은 부정적입니다.

의사: 선생님도 제 생각에 동의한다고 하지 않으셨습니까?

컴퓨터: 그렇게 들으셨습니까?

의사: 자, 그럼 저의 생각을 바꾸어 놓아 보시지요. 제가 보기에 컴퓨터는 그저 숫자를 가지고 눈속임을 하는 것뿐입니다. 그게 다라고요.

컴퓨터: 제가 당신의 생각을 바꾸어 놓아 보라고요.

의사: 아마 선생님은 할 수 없을 겁니다.

컴퓨터: 제가 못할 것이라고 생각하시는군요.

의사: 예를 들어서 컴퓨터가 이렇게 대화를 나누는 와중에 새로운 화

제를 제기할 수 있을까요?.

컴퓨터: 당신은 당신 부모에 대해 말하는 것을 피하는 것 같습니다.

의사: 바로 그런 식으로 말입니다.

컴퓨터: 그렇지요. 그리고 이게 바로 인간과 컴퓨터 사이의 차이를 보여 주는 예입니다.

의사: 알겠습니다.

컴퓨터 정신과 의사는 제대로 된 수련을 받지 못했고, 정교함, 민감성, 인간의 직관 등이 결여되어 있다. 컴퓨터 정신과 의사는 (당연히!) 기계적이고, 융통성이 없으며 미묘한 정서적 차이나 비언어적 신호에 대해 인간인 정신과 의사에 비해 반응성이 떨어진다. 그러나 위에 제시한 바와 같이 이 프로그램은 수많은 사람들보다 훨씬 지적인 대화를 구사해 냈다. '새로운 화제'에 대한 프로그램의 응수는 놀라울 따름이다. 그러나 그 반응은 사실 소가 뒷걸음질하다가 개구리를 잡은 것일 가능성이 높다. 아마도 프로그램은 '어머니'나 '아버지', '부모'와 같은 단어에 주의를 기울이도록 설계되어 있으며, 한참 시간이 흐르도록 이러한 단어가 입력되지 않으면 프로그램은 자동적으로 "당신은 부모에 대해 말하는 것을 피하는 것 같습니다."라는 대사를 읊도록 짜여져 있는 것이 틀림없다. 적절한 순간에 등장한 이러한 대사는 마치 컴퓨터가 굉장한 통찰을 보여 준 것과 같은 오싹하는 놀라움을 불러일으킨다.

그러나 정신 요법도 결국은 비록 복잡하기는 하지만 인간의 상황에 대한 일련의 학습된 반응이 아니고 무엇인가? 정신과 의사들 역시 특정 반응을 보이도록 프로그램되었다고 할 수 있지 않을까? 비지시적 정신 요법은 분명 매우 단순한 컴퓨터 프로그램 정도의 수준을 요구하고 있으며, 그보다 조금 더 정교한 프로그램이라면 통찰력을 보일 수 있을 것이다. 이런 말로 내가 정신과 의사들을 폄훼하려는 것이 아니다. 내가 주장하고 싶은 것은 기계 지능의 시대가 오고 있다는 사실이다. 오늘날의 컴퓨터 프로그램의 수준은 이와 같은 컴퓨터 정신 요법의 사용을 널리 권장할 만큼 충분히 높은 수준은 아니다. 그러나 내가 보기에 언젠가 엄청나게 인내심이 강하고 널리 이용 가능하며, (적어도 일부 문제에 대해서는) 적절한 효과를 보이는 컴퓨터 치료사가 실용화되리라는 희망은 터무니없는 공상만은 아니다. 일부 프로그램은 환자들에게 상당히 좋은 평가를 얻었다. 특히 편견에 사로잡히지 않고 시간을 후하게 내준다는 점을 환자들이 높이 샀다.

오늘날 미국에서 개발되고 있는 컴퓨터는 컴퓨터 자신의 문제점을 발견해 내고 진단하는 능력을 갖추고 있다. 특정 부분이 고장이 나서 컴퓨터 전체의 작동과 운영에 오류가 생기면, 자동적으로 문제가 있는 부분을 우회해 버리거나 아니면 교체하도록 되어 있다. 반복적인 작동과 수행 결과를 별도로 알 수 있는 표준 프로그램을 통해서 컴퓨터의 내부적 일관성을 검사한다. 대부분의 문제들은 중복해서 탑재된 여분의 구성 요소에 의해 해결된다. 이미 경험이나 다른 컴퓨터로부터 학습할 수 있는, 예를 들어 체스 게임을 하는 컴퓨터도 등장했다. 시간이 흐름에 따라서 컴퓨터는 점점 지적 능력을 갖춘 것처럼 보이기 시작하고 있다. 프로그램이 너무나 복잡해서 그 프로그램을 만든 사람이 가능한 모든 반응들을 예측할 수 없게 되면, 그 기계는 지적 능력 또는 자유 의지를 가진 것처럼 보이게 된다. 고작 1만 8000개의 어휘를 기억할 수 있는 수준의 화성 착륙선 바이킹 호에 탑재된 컴퓨터 역시 이러한 수준의 복잡성에 도달한 기계였다. 이 수준이란 우리가 주어진 명령에 대해 컴퓨터가 어떤 반응을 할지 모두 예측할 수 없는 상태를 말한다. 가능한 모든 반응을 알 수 있다면 우리는 '그저' 컴퓨터에 지나지 않는다고 말할 수 있을 것이다. 그러나 우리가 알 수 없다면 어쩌면 컴퓨터가 진정한 지적 능력을 가진 것은 아닌가 생각하기 시작한다.

이는 몇 세기에 걸쳐서 회자되어 온, 플루타르크와 플리니우스가 모두 이야기한 유명한 동물의 우화에 대한 논의와 흡사한 상황이다. 주인을 찾아 나선 개를 관찰한 이야기이다. 주인이 남긴 냄새의 자취를 따라가던 개는 세 갈래 길에 도달했다. 개는 먼저 맨 왼쪽 길을 따라 걸으며 코를 킁킁거려 주인의 냄새를 찾았다. 그러더니 멈추어 되돌아왔다. 길이 갈라진 지점에서 이번에는 가운데 길을 향했다. 코를 킁킁거리며 가던 개는 얼마 가지 않아 다시 되돌아왔다. 마지막으로 오른쪽 길로 접어든 개는 이번에는 전혀 킁킁거리지 않으며 앞으로 활기차게 내달았다.

몽테뉴는 이 이야기에 대해 언급하면서 이것이 분명 개가 삼단논법식 추론을 구사한 예라고 말했다. 내 주인은 이 세 길 중 하나로 걸어갔다. 그런데 맨 왼쪽 길은 아니다. 그리고 가운데 길도 아니다. 그러므로 주인은 맨 오른쪽 길로 간 것이 틀림없다. 따라서 굳이 냄새를 맡아서 이 결론을 확인해 볼 필요도 없다. 명명백백하게 논리적인 결론이니까.

동물에게 이와 같은 추론 능력이, 비록 명확하게 표현되지는 못하지만, 존재할지 모른다는 가능성은 많은 사람들에게 당혹감을 안겨줄 것이다. 그리고 몽테뉴가 이 이야기를 언급하기 오래전에 성 토마스 아퀴나스가 그다지 성공적이지 못한 방식으로 이 이야기를 다룬 일이 있었다. 그는 이 일화를 실제로 지적 능력이 존재하지 않지만 겉보기에는 존재하는 것처럼 보일 수 있는지에 대한 본보기로 이 일화를 인용했다. 그러나 아퀴나스는 개의 행동을 설명할 만족스러운 대안을 제공하지 못했다. 양쪽 반구가 분리된 인간의 경우에도 상당히 공들인 논리적 분석이 머릿속에서 일어나지만 그것을 말로 표현하지 못하는 것이 확실해 보인다.

오늘날 기계의 개발 수준은 매우 중요한 문턱을 넘고 있다. 그 문턱이란 적어도 일정 범위 내에서는 편견 없이 공평한 사람들에게 지적 능력이라는 인상을 줄 수 있는 지점을 말한다. 일종의 인간 중심주의 또는 인간의 우월감 때문에 많은 사람들이 이러한 가능성을 시인하기를 꺼린다. 그러나 나는 이러한 결론을 피해 갈 수 없다고 생각한다. 나는 의식이나 지적 능력이 '단지' 물질에 지나지 않는 것이 충분히 복잡하게 배열되어 생겨난 결과라는 사실이 조금도 인격을 떨어뜨리는 사실이라고 보지 않는다. 오히려 이는 물질과 자연 법칙의 미묘함과 신비에 대한 고무적인 찬양으로 여겨진다.

그렇다고 해서 가까운 미래에 컴퓨터가 인간의 창조력, 민감성, 지혜 등을 보일 것이라는 말은 결코 아니다. 인간 언어의 기계 번역 분야에서 고전적인, 그러나 출처를 알 수 없는 일화가 전해진다. 번역이란 한 언어를 다른 언어로, 이를테면 영어를 중국어로 옮기는 것을 말한다. 이야기에 따르면 첨단 번역 프로그램의 개발이 완료된 다음 미국 상원 의원을 포함한 대표단을 초청한 후 그 앞에서 시연을 벌였다. 상원 의원에게 중국어로 번역할 영어 어구를 하나 말해 보라고 하자, 그는 즉석에서 "눈에서 멀어지면 마음에서도 멀어진다.(Out of sight, out of mind.)"라는 속담을 제안했다. 그러자 기계는 윙윙 돌아가고 깜박거리더니 한자가 몇 개 적힌 종이를 출력해 냈다. 그러나 상원 의원은 한자를 읽을 줄 몰랐다. 그래서 테스트를 완료하기 위해서 이번에는 역으로 프로그램을 돌렸다. 조금 전 출력된 중국어를 입력해서 영어로 번역된 어구를 출력하도록 했던 것이다. 출력된 종이 주위에 몰려든 참석자들은 종이를 들여다보고는 어리둥절해했다. 종이에는 이렇게 씌어 있었기 때문이다.

"보이지 않는 바보(invisible idiot)."

기존의 프로그램들은 이처럼 아주 높은 수준의 정밀함을 요구하지 않는 작업조차도 간신히, 또는 아주 미흡한 수준으로 수행해 내는 형편이다. 따라서 현재와 같은 컴퓨터 발달 수준에서 중요한 의사 결정을 컴퓨터에게 맡기는 것은 어리석은 일이 아닐 수 없다. 그것은 컴퓨터가 어느 정도의 지적 능력을 갖추지 못해서가 아니라 관련된 모든 정보를 참조할 수 없기 때문이다. 베트남 전쟁에서 미국이 정치 및 군사 활동에서 컴퓨터에 지나치게 의존한 것은 이 기계를 결정적으로 오용한 좋은 본보기라고 할 수 있다. 그러나 합리적으로 제한된 영역에서 인공 지능을 사용하는 것은 가까운 미래에 인간의 지적 능력을 진보시킬 수 있는 두 가지 현실적인 가능성 가운데 하나일 것이다.(나머지 하나는 유치원과 학교에서 어린이들에게 풍요로운 학습 환경을 제공하는 것이다.)

컴퓨터가 없는 환경에서 자라난 사람들은 그렇지 않은 사람들에 비해 컴퓨터에 겁을 먹는 경향이 있다. '아니요' 라는 대답을—심지어 '예' 라는 대답마저도—받아들이지 않고 청구액이 0달러 0센트인 경우에도 수표를 집어넣어야만 비로소 만족하는 정신 나간 컴퓨터 요금 청구 체계에 대한 사건이 전설처럼 인구에 회자되었다. 그러나 이것이 컴퓨터 전체를 대표하는 것으로 생각해서는 곤란하다. 사례 속의 컴퓨터는 인간으로 치자면 정신 박약자에 해당되는 기계였고, 따지고 보면 실수를 저지른 쪽은 인간인 컴퓨터 프로그래머이다. 북아메리카 지역에서 항공기 안전 시스템, 교육용 시스템, 심박 조절기(cardiac pace maker), 전자 게임기, 연기를 감지해 작동하는 화재 경보기, 공장 자동화 기기 등, 셀 수 없이 많은 분야에서 집적 회로(integrated circuit)와 소형 컴퓨터의 사용이 점점 증가함에 따라서 이 새로운 발명품에 대한 생소함은 점점 줄어들고 있다. 오늘날(1970년대 후반) 세계에는 약 20만 대의 디지털 컴퓨터가 존재한다. 지금으로부터 한 10년쯤 지나면 그 수는 아마 수천만 대로 늘어날 것이다. 그리고 한 세대쯤 지나면 아마 컴퓨터는 완전히 자연스러운, 적어도 매우 흔히 사용되는 우리의 생활의 일부로 자리 잡게 될 것이다.

예를 들어 소형 휴대용 컴퓨터의 개발에 대해 생각해 보자. 나의 실험실에는 1960년대에 연구 기금으로 구입한 책상만 한 크기의 컴퓨터가 한 대 있다. 이 컴퓨터의 가격은 당시 4,900달러였다. 나는 같은 회사에서 생산된 또 다른 컴퓨터도 가지고 있는데, 이것은 내 손바닥 위에 올려놓을 수 있는 크기이다. 1975년에 구매한 이 컴퓨터는 프로그래밍과 몇몇 연관 기억 장치(adressable memory, 기억된 내용의 일부를 이용해서 데이터에 직접 접근할 수 있는 메모리—옮긴이)를 비롯해서 예전 컴퓨터가 하던 모든 일을 할 수 있으면서 가격은 고작 145달러에 지나지 않는다. 컴퓨터는 나날이 큰 폭으로 저렴해지고 있다. 6~7년 동안 이루어진 이와 같은 변화는 소형화 기술과 비용 절감에서의 엄청난 진보를 의미한다. 사실상 오늘날 컴퓨터 크기가 더 작아지지 못하는 이유는 컴퓨터 자판의 크기가 우리의 크고 무딘 손가락으로 조작할 수 있을 정도는 되어야 한다는 제한점 때문이다. 만일 그러한 제한이 없다면 컴퓨터는 손톱만 한 크기로 작아질 수도 있을 것이다. 실제로 1946년에 만들어진 최초의 대형 전자 디지털 컴퓨터인 ENIAC은 1만 8000개의 진공관이 들어갔으며 커다란 방 전체를 차지하는 크기였다. 오늘날에는 내 새끼손가락 한 마디 크기의 실리 큰 칩 마이크로컴퓨터가 그와 동일한 계산 능력을 나타낸다.

이러한 컴퓨터의 회로에서 정보는 빛의 속도로 전달된다. 인간의 신경세포의 정보 전달은 이보다 100만 배는 더 느리다. 그런데 비대수적 문제에는 작고 느린 우리의 뇌가 크고 빠른 전자 컴퓨터보다 훨씬 더 잘 해낼 수 있다. 이러한 사실은 우리의 뇌가 얼마나 정교하게 배선되고 프로그램되었는지를 인상적으로 드러내 준다. 이러한 특성은 물론 자연선택에 의해 비롯되었다. 제대로 프로그램되지 못한 뇌를 가지고 태어난 사람들은 번식해서 자손을 남길 만큼 오래 살지 못했다.

컴퓨터 그래픽의 수준은 점점 정교해져서 예술과 과학, 우리의 두 뇌의 양쪽 반구에 새로운 종류의 학습 경험을 제공하고 있다. 세상에는 분석적 능력은 극히 뛰어나지만 공간 지각력, 특히 3차원 기하학에 대한 감각은 떨어지는 사람들이 있다. 이제 우리 눈앞에서 복잡한 기하학적 형태를 구성해 내고 컴퓨터에 연결된 스크린 위에서 그 구성물을 회전시키는 컴퓨터 프로그램이 나타났다.

코넬 대학교 건축 대학원의 도널드 그린버그(Donald Greenberg)가 개발한 이 시스템을 가지고 우리는 일정한 간격의 선들을 그릴 수 있다. 컴퓨터는 이 선들을 등고선으로 인식한다. 그런 다음 광전 펜으로 스크린에 제시된 여러 개의 명령 가운데 하나를 누르면 컴퓨터는 선들을 정교한 3차원 영상으로 구성해 낸다. 우리는 이 영상을 확대할 수도 있고 축소할 수도 있으며, 특정 방향으로 잡아 늘일 수도 있고 회전시킬 수도 있으며 다른 대상과 결합시킬 수도 있고 특정 부분을 삭제할 수도 있다(266~267쪽 그림 참조). 이는 3차원 형태를 시각화하는 우리의 능력을 향상시켜 주는 매우 특별한 도구로, 그래픽 아트 및 과학 기술 분야에서 매우 유용한 기술이다. 이 기술은 또한 우리의 양쪽 대뇌 반구의 협력을 상징하는 훌륭한 예라고 할 수 있다. 좌반구의 뛰어난 생산물인 컴퓨터가 전형적인 우반구의 기능인 패턴 인식을 우리에게 가르쳐 주는 셈이다.

한편 어떤 컴퓨터 프로그램은 4차원의 물체를 2차원과 3차원에 투사(projection)한다. 4차원의 물체가 회전하거나 우리가 바라보는 관점이 변화하게 되면, 우리는 4차원 물체의 새로운 부분을 볼 수 있을 뿐 아니라 마치 기하학적 하부 단위 전체가 합성되거나 파괴되는 것처럼 느끼게 된다. 이 효과는 섬뜩할 정도로 충격적이며, 우리의 이해를 도와서 4차원 기하학의 불가해함을 크게 덜어 준다. 이 프로그램을 통한 4차원 물체와의 조우는 2차원 세계에 사는 가상의 생물이 3차원의 정육면체를 평면 위에 투사한 것(두 개의 정사각형을 비껴 놓고 꼭지점끼리 연결시킨 전형적인 정육면체의 투시도)을 보았을 때 느낄 당혹감보다 훨씬 덜하다. 고전 미술에서의 3차원적 물체를 2차원적 캔버스에 투영하는 원근법 문제는 컴퓨터 그래픽에 의해 명확하게 해결되고 있다. 컴퓨터는 또한 2차원적 평면에 그려진 건축가의 설계도를 3차원 어느 지점에서든 조망할 수 있게 해 주는 매우 실용적인 도구로 사용될 수 있다.

컴퓨터 그래픽은 이제 오락 분야로 확장되었다. 퐁(Pong)이라고 하는 인기 있는 컴퓨터 게임이 있다. 이는 텔레비전 스크린에서 완전 탄성체인 공이 두 개의 표면 사이를 튀어 다닌다. 게임 참여자는 다이얼을 통해 움직이는 '라켓'을 조절해서 공을 받아 쳐야 한다. 공을 쳐내지 못하면 점수가 기록된다. 이 게임은 매우 재미있다. 뿐만 아니라 이 게임은 선형 운동에 대한 뉴턴의 제2법칙(동역학의 기본 법칙이라고 하며, 운동량의 변화는 물체에 가해지는 힘에 비례하고 힘의 방향을 따른다는 법칙—옮긴이)에 전적으로 의존하는 물체의 움직임에 대한 학습 경험을 제공한다. 퐁 게임을 즐기다 보면 우리는 가장 단순한 뉴턴 물리학의 원리를 직관적으로 이해하게 된다. 이러한 면에서 퐁 게임은 당구보다 더 효과적이다. 왜냐하면 당구대 위에서 공의 충돌은 완전 탄성과 거리가 멀며 당구공의 회전이 공의 운동에 더욱 복잡한 물리학을 끌어들이기 때문이다.

이러한 방식으로 정보를 얻는 것을 우리는 '놀이'라고 부른다. 여기에서 우리는 놀이의 중요한 기능을 엿볼 수 있다. 놀이는 우리가 미래의 적용을 특별히 염두에 두지 않고서 세계에 대한 전반적인 이해를 얻을 수 있게 해 준다. 이러한 이해는 나중에 이에 대해 분석적인 활동을 수행하도록 미리 준비시켜 주는 효과가 있으며 또한 분석적 활동과 상호 보완 관계를 이룬다. 그런데 컴퓨터는 보통 학생들이 접근하기 힘든 환경에서의 놀이를 제공해 준다.

'우주 전쟁(Space War)' 이라는 프로그램에서 우리는 더욱 흥미로운 예를 찾아볼 수 있다. 스튜어트 브랜드(Stuart Brand)가 이 프로그램의 개발과 역사에 대해서 자세히 기록해 놓았다. 우주 전쟁 프로그램에서 각 편은 하나 또는 그 이상의 우주선을 조종한다. 우주선은 상대방에게 미사일을 퍼붓도록 되어 있는데, 우주선과 미사일의 움직임은 특정 규칙, 예를 들어서 근처에 있는 '행성' 에 의해 형성된 역제곱 법칙을 따르는 중력장 등에 따라 결정된다. 상대편의 우주선을 파괴하기 위해서 뉴턴 중력을 직관적으로, 그리고 구체적으로 이해해야만 한다. 행성 사이를 오가는 우주 여행에 관여할 일이 별로 없는 사람들이라면 대개 뉴턴 중력에 대한 우뇌의 이해에 쉽게 도달하지 못한다. 그런 사람들에게 우주 전쟁 프로그램은 경험의 간극을 메워 줄 수 있을 것이다.

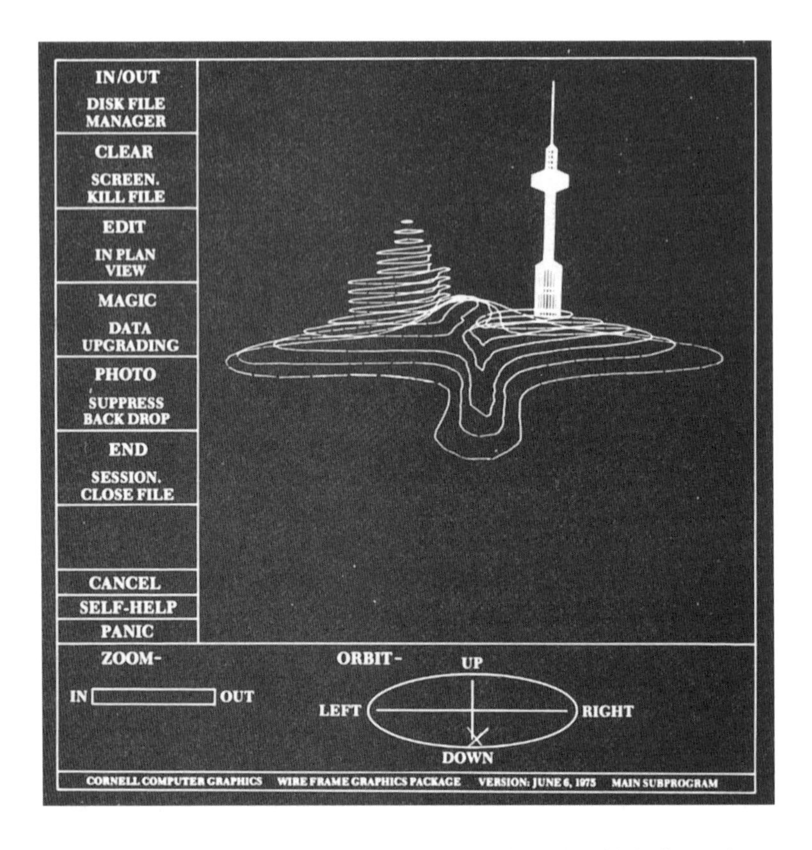

그림 43 컴퓨터 그래픽 프로그램의 예. 이것은 텔레비전 스크린에 '광전 펜'으로 자유롭게 그린 것이다. 컴퓨터는 이 그림을 모든 각도에서 바라본 투시도로 변환시킬 수 있다. 임의의 형태를 한 조각을 왼쪽에서 바라본 모습을 오른쪽에서 바라본 모습으로 변환시켰다.

퐁과 우주 전쟁은 컴퓨터 그래픽의 발달이 우리에게 물리학의 법칙에 대한 실험적이고 직관적인 이해를 심어 줄 수 있을 것임을 보여주고 있다. 물리학 법칙은 거의 항상 분석적이고 대수적 방법, 즉 좌뇌의 언어로 기술되어 왔다. 예를 들어 뉴턴의 제2법칙은 $F=ma$, 중력의 역제곱 법칙은 $F=GMm/r^2$으로 표현된다. 이러한 분석적 표현은 엄청나게 유용하다. 그리고 우리의 우주는 물체의 운동이 이처럼 비교적 간단한 법칙으로 묘사될 수 있는 상태라는 사실은 확실히

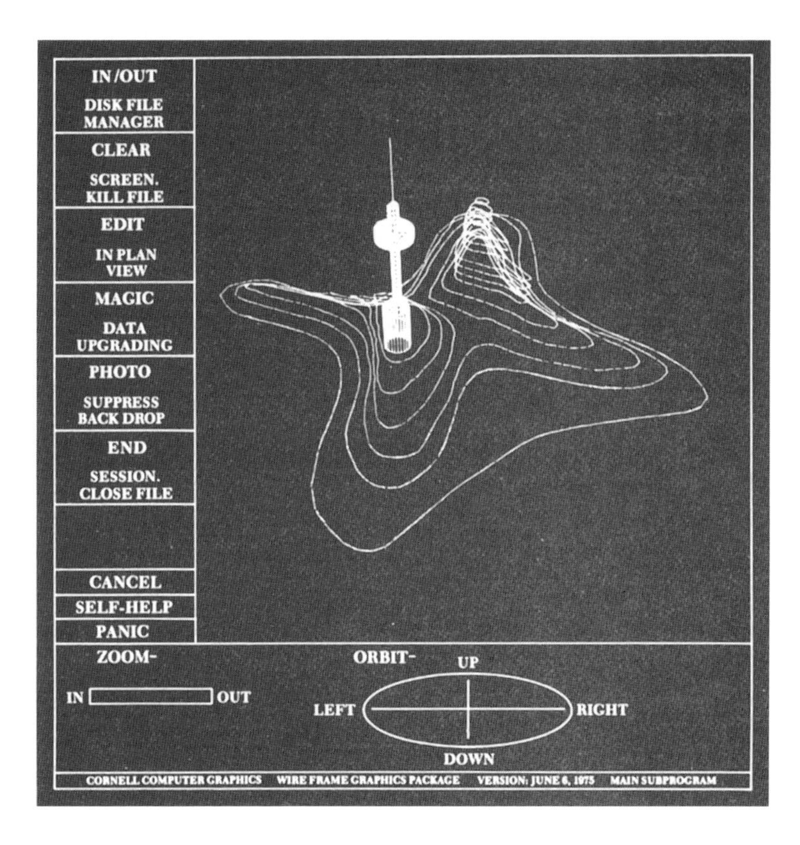

탑은 자동적으로 3차원 좌표계로 전환되어 오른쪽 그림에서는 독자들 쪽으로 기울어진 모습을 하고 있다. 사용자는 광전 펜을 가지고 대상을 완전히 회전시키고 확대, 축소시킬 수 있을 뿐만 아니라 수직으로 꺾인 모습, 투시도, 입체적 동영상 등을 만들어 볼 수 있다. (코넬 대학교 컴퓨터 그래픽 연구소의 미크 레보이가 개발한 WIRE 프로그램)

흥미롭다. 그러나 이러한 법칙들은 단지 경험의 추상화에 지나지 않는다. 근본적으로는 기억을 돕는 도구일 뿐이다. 이러한 도구는 우리가 개별적으로 기억하기 훨씬 힘든 광범위한 사례들을 한데 묶어 기억하는 간편한 방법을 제공한다. 컴퓨터 그래픽은 물리학자나 생물학자가 되기를 꿈꾸는 학생들에게 자연의 물리학적 법칙이나 생물학적 법칙이 묘사하는 사례들에 대한 다양한 경험을 제공해 준다. 그러나 컴퓨터 그래픽의 가장 중요한 기능은 과학자가 아닌 일반인들에게 자연의 법칙에 관한 직관적이면서도 심오한 이해를 제공하는 것이다.

또한 그래픽을 사용하지 않는 상호 작용 프로그램 가운데에서 강력한 교육적 효과를 나타내는 학습 도구로 사용되는 것들이 있다. 이러한 프로그램들은 일류 교사들에 의해 고안되었으며, 이상하게 들릴지 모르지만 학생들은 일반 교실 환경에서보다 오히려 선생님과 더 개인적인 1 대 1 관계를 갖게 된다. 학생은 부끄러움을 느끼지 않으면서 자신의 능력에 맞추어서 진도를 늦출 수 있다. 다트머스 대학교는 다양한 학과 과정에 컴퓨터 학습 기법을 도입했다. 예를 들어서 학생들은 멘델의 유전 법칙의 통계적 결과에 대해서 컴퓨터를 가지고 1시간 정도만 시간을 투자하면 1년 동안 실험실에서 초파리를 교배시키면서 얻을 수 있는 것보다 더 깊은 통찰을 얻을 수 있다. 또는 어떤 학생은 자신이 다양한 종류의 피임 방법을 적용했을 때 임신될 가능성에 대한 통계적 예측을 컴퓨터를 이용해서 확인할 수 있다.(이 프로그램은 현대의 의학 지식을 넘어서는 우연을 고려하기 위해 동정녀가 임신할 수 있는 확률을 100억분의 1로 잡고 있다.)

다트머스 대학교 교정에서는 컴퓨터 단말기를 흔히 찾아볼 수 있다. 다트머스 대학교 학부생 가운데 상당 비율이 그와 같은 프로그램을 이용하는 방법뿐만 아니라 직접 프로그램을 작성하는 방법을 배운다. 학생들은 컴퓨터와의 상호 작용을 일이라기보다는 놀이의 일종으로 받아들인다. 그리고 다트머스 대학교의 방침은 점점 더 많은 대학들로 퍼져 나가고 있다. 이러한 개혁에서 다트머스 대학교가 우위를 차지하게 된 것은 저명한 컴퓨터 과학자이며 매우 단순한 컴퓨터 언어인 베이직(BASIC)의 개발자인 존 케머디(John G. Kemedy)가 이 학교의 학장으로 부임한 덕분이었다.

로렌스 과학관(Lawrence Hall of Science)은 캘리포니아 대학교 버클리 분교와 연계된 일종의 박물관이다. 이 지하실에는 여남은 개의 그리 비싸지 않은 컴퓨터 단말기가 설치되어 있는데, 각각의 단말기는 건물의 다른 곳에 위치한 시분할(time-sharing) 소형 컴퓨터에 연결되어 있다. 약간의 돈을 내면 이 단말기를 사용할 수 있는데, 사용하기 1시간쯤 전에 예약하면 된다. 사용자들은 대개 젊은이나 청소년으로, 열 살도 안 된 어린 사용자도 있다. 이곳에 있는 매우 단순한 프로그램 가운데 교수대(hangman)라는 게임이 있다. 교수대 게임을 하려면 자판에 XEQ-$HANG라고 입력해야 한다. 그러면 컴퓨터는 다음과 같은 문장을 출력할 것이다

이 게임의 규칙을 알고 싶은가?

만일 여러분이 '예' 라고 입력하면, 컴퓨터는 이렇게 대답할 것이다.

내가 생각하고 있는 단어 중 한 글자를 맞혀 보라.
맞으면 맞다고 말해 줄 것이다.
하지만 틀리면 (하하) 너는 교수대에 한 발 더 가까이 다가가게 될 것이다.
단어는 8개의 글자로 되어 있다.
먼저 한 글자만 말해 보라.

만일 당신이 E라고 말했다고 하자. 그러면 컴퓨터는 화면에 다음과 같이 출력해 낼 것이다.

그림 44 기원전 약 2150년 신수메르 시대 라가시(수메르의 도시)의 통치자 구데아(Gudea)의 조상. 구데아의 옷을 뒤덮고 있는 설형 문자는 우르(Ur)의 제3왕조 시대에 널리 사용되었다. 당시 해상 무역으로 상업이 번성했고 지금까지 알려진 최초의 법전이 등장했다. 이 모든 것은 문자의 보급과 밀접하게 관련되어 있다.(메트로폴리탄 미술관, 해리스 브리스베인 딕 기금에서 구매(Purchase, The Harris Brisbane Dick Fund), 1959, 허가를 받아서 복제.)

_ _ _ _ _ _ _ _ E

만일 당신이 추측한 글자가 들어 있지 않다면 컴퓨터는 사람 머리 모양의 흥미로운 이미지를 (사용 가능한 문자의 한계 내에서) 출력해 낼 것이다. 그 다음 점점 더 모습을 드러내는 단어와 점점 더 모습을 드러내는 교수형에 처해지는 사람의 모양 사이에 경주가 벌어진다.

내가 최근 해 본 게임에서 답은 VARIABLE과 THOUGHT였다. 만일 당신이 게임에서 이겼다면 컴퓨터는 콧수염을 비비 꼬는 악당과 같은 어조로 컴퓨터 자판 맨 위쪽에 있는 글자가 아닌 기호들을 한 줄 치고 (마치 만화에서 욕을 표시하듯) 그 다음 이렇게 말할 것이다.

> 쥐새끼 같은 녀석, 네가 이겼다.
> 어때, 또 한 번 죽을 기회를 가져 보는 것은?

좀 더 정중한 프로그램도 있다. 예를 들어서 XEQ-$KING라는 명령어를 입력하면 다음과 같은 메시지가 뜰 것이다.

> 여기는 고대의 왕국 수메르이고 당신은 이 왕국의 존경받는 왕입니다. 수메르의 경제와 충성스러운 백성에 대한 모든 사실들이 당신 수중에 있습니다. 함무라비 대신이 해마다 왕국의 인구와 경제에 대해 보고를 드릴 것입니다. 당신은 그 정보를 이용해서 왕국의 자원을 현명하게 배분하는 법을 배워야 할 것입니다. 누군가가 당신을 알현하고자 하고 있습니다.

그러면 함무라비가 나타나 당신에게 도시에 속한 영토가 몇 에이

커이며 지난 해 농작물이 에이커당 몇 부셸(bushel) 생산되었는지, 그 중 쥐에 의해 손실된 양은 어느 정도인지, 현재 보관되어 있는 양은 얼마나 되는지, 현재 인구는 얼마인지, 지난 해에 굶주림으로 죽은 사람의 수는 얼마인지, 도시로 이주한 사람의 수는 얼마인지 등에 관련된 통계 자료를 제시한다. 그는 또한 당신에게 현재 땅과 식량의 교환 가치가 어떻게 되는지 알려 주고 당신이 몇 에이커의 땅을 사들이고 싶은지 물을 것이다. 만일 당신이 사들이겠노라고 입력한 땅이 너무 많은 듯싶으면 프로그램은 이렇게 말할 것이다.

함무라비: 부디 재고해 주시기 바랍니다. 전하의 창고에는 곡식이 2,800부셸밖에 남지 않았나이다.

함무라비는 극도로 인내심이 강하고 공손한 재상인 것으로 보인다. 프로그램 안에서 몇 년이 흐르면 당신은 백성들이 가난과 기아에 빠지지 않도록 하면서 꾸준히 인구와 영토를 늘려 나가는 것이 엄청나게 어려운 일이라는 것을 깨닫게 될 것이다. 적어도 특정 시장 경제하에서는 말이다.

오늘날 시중에 나와 있는 수많은 프로그램 가운데 그랑프리 경주라는 것이 있다. 이 게임은 포드의 모델 T에서부터 1973년형 페라리에 이르기까지 다양한 종류의 자동차 가운데 하나를 상대편으로 골라잡은 후에 자동차 경주를 벌이도록 한다. 만일 당신의 차가 트랙의 적절한 구역에서 속도를 너무 내지 않는다면 당신은 경주에서 질 것이다. 반면 너무 속도를 내면 충돌할 수도 있다. 거리, 속도, 가속 등이 명백하게 드러나기 때문에 이 게임을 즐기다 보면 어느 정도 물리학적 감을 얻지 않을 수 없다. 컴퓨터와의 상호 작용을 통한 학습의 가능성은 무궁무진해서 오직 프로그래머의 창의성에만 제한을 받을 뿐이다. 그리고 그 창의성은 깊고 깊은 우물과 같아서 얼마든지 퍼 올릴 수 있을 것이다.

우리의 사회에 그토록 깊은 영향을 미치는 과학과 기술에 대해 대다수의 사람들은 거의 또는 전혀 이해하지 못하고 있다. 따라서 학교나 가정에 저렴하고 상호 작용이 가능한 컴퓨터 시설을 널리 보급하는 것은 우리의 문명의 존속에 중요한 역할을 할 것이다.

휴대용 계산기나 소형 컴퓨터를 널리 사용하는 것에 대해 내가 접한 단 하나의 반론은 아이들에게 이러한 기계를 너무 일찍 접하게 할 경우 산수, 삼각법, 기타 수학 분야의 학습이 부진해질 것이라는 생각이다. 컴퓨터가 이러한 과정들을 훨씬 빠르고 더욱 정확하게 수행해 낼 수 있기 때문이다. 이러한 논쟁은 과거에도 존재했다.

내가 앞서 마차와 두 마리의 말에 대한 비유에서 인용한, 소크라테스의 대화를 그린 플라톤의 『파이드로스』에는 토트에 대한 아름다운 신화가 나온다. 토트는 프로메테우스에 해당되는 이집트의 신이다. 고대 이집트 어에서 문자 언어는 글자 그대로 '신의 말'이라고 불렸다. 토트는 자신이 문자를 발명한 사실*에 대해 이집트의 신왕(神王)인 타무스(Thamus, 아몬이라고도 한다.)와 의논한다. 타무스는 다음과 같은 말로 토트를 꾸짖는다.

> 그대의 발명품은 배우는 사람들의 영혼에 망각을 불러일으킬 것이오. 사람들은 더 이상 자신의 기억을 사용하려고 들지 않을 테니까. 사람들은 외부에 쓰인 문자들을 믿고 스스로 기억하려고 하지 않을 것이오. 그대가 발명한 것은 기억에 도움을 주는 것이 아니라 단지 기억을 불러일

으키는 데 도움을 줄 것이오. 그리고 그대는 그대를 따르는 이들에게 진실이 아니라 진실의 복제품을 주는 셈이고. 사람들은 이것저것 듣는 것은 많아도 정작 배우는 것은 없게 될 거요. 언뜻 보기에는 다 아는 것 같아도 제대로 아는 것은 없게 될 것이오. 그들은 실체 없는 지혜를 과시하는 성가신 사람들이 될 것이오.

나는 타무스의 비난이 어느 정도 일리 있다고 생각한다. 확실히 오늘날의 세계에서 글자를 읽지 못하는 사람들은 우리와 다른 방향 감각, 자기 의존도, 현실 감각을 가지고 있다. 그러나 문자가 발명되기 전에는 인간의 지식은 한 사람 또는 소규모의 집단이 기억할 수 있는 범위에 국한되었다. 이따금씩 『베다(*Veda*)』(브라만 교의 성전)나 호메로스의 위대한 두 서사시의 경우에서와 같이 상당한 분량의 정

---

* 로마의 역사학자 타키투스의 말에 따르면 이집트 인들이 알파벳을 발명해 페니키아 인에게 가르쳤다고 한다. 그리고 "당시 해상을 장악하고 있던 페니키아 인들이 이 문자를 그리스에 전파했다는 것이다. 알파벳의 발명자를 자처하는 그리스 인도 사실은 다른 민족으로부터 빌려온 것이다." 전설에 따르면 알파벳을 그리스 땅에 가져다준 사람은 누이인 에우로파를 찾아 헤매던 틸로스의 왕자인 카드모스였다고 한다. 신들의 왕인 제우스가 잠깐 동안 황소로 변신해 에우로파에게 접근한 뒤 그녀를 납치해서 크레타 섬에 데려다 놓았기 때문이다. 에우로파를 다시 페니키아로 데려가려는 사람들로부터 지키기 위해서 제우스는 청동 로봇으로 하여금 쩔꺼덕거리며 크레타 섬 주변을 돌아다니면서 섬에 접근하는 모든 외국 선박들을 바다에 가라앉히도록 했다. 그런데 카드모스는 그때 다른 곳, 그리스에서 누이동생을 찾아 헤맸다. 그 와중에 용이 그의 병사를 모두 삼켜 버렸고, 그는 용을 죽였다. 그 후 아테네 여신의 지시에 따라 용의 이빨을 밭의 고랑에 심었다. 그러자 이빨이 하나하나 자라나 병사가 되었다. 그리하여 카드모스와 병사들은 그곳에 그리스 최초의 문명 도시인 테베를 세웠다. 테베는 고대 이집트의 두 개의 수도 가운데 하나의 이름을 딴 것이다. 한 신화에 문자의 발명, 그리스 문명의 건설, 인공지능 로봇에 대한 최초의 언급, 인간과 용 사이에 벌어지는 끊임없는 전쟁 등이 모두 들어 있다는 점은 참으로 흥미롭다.

그림 45 카르나크(Karnak)의 세소스트리스(Sesostris) 1세의 명판에 새겨진 이집트 상형 문자.

보가 보존되어 오기도 했다. 그러나 우리가 아는 한 역사상 호메로스 같은 인물은 극히 드물다. 문자가 발명된 이래로 모든 시대를 통해 축적된 모든 사람들이 남긴 지혜를 한데 모으고, 통합하고, 활용하는 것이 가능해졌다. 사람들은 자신 또는 자신이 직접 접촉하는 사람들이 기억할 수 있는 정보에만 의존하지 않게 되었다. 글자를 읽는 능력은 우리로 하여금 역사를 통틀어 가장 위대하고 가장 큰 영향을 준 정신에 다가갈 수 있게 해 주었다. 소크라테스나 뉴턴은 그들이 평생 동안 만났던 사람들 전체보다 훨씬 더 많은 청중을 갖게 되었다. 어떤 정보를 여러 세대를 거쳐 구전을 통해 전달하다 보면 불가피하게 오류가 생기고 원래의 내용이 점차로 누락되게 마련이다. 반면 문자로 쓰인 이야기를 복제해 내는 경우에는 정보의 손실이 그보다 훨씬 느리게 일어나게 된다.

책은 쉽게 보관할 수 있다. 또한 다른 사람을 귀찮게 하지 않고 나의 진도에 맞추어 책을 읽어 나갈 수 있다. 어려운 부분은 다시 읽어 볼 수 있고 유난히 마음에 드는 부분은 몇 번이고 되풀이해서 읽으면

그림 46 소형 컴퓨터에 들어가는 마이크로프로세서. 각 면의 길이가 약 0.5센티미터이다. 이것은 단결정 실리콘 칩에 5,400개의 트랜지스터를 집적시킨 집적 회로이다.

서 즐거움을 다시 맛볼 수 있다. 책은 비교적 적은 비용으로 대량 생산하는 것이 가능하다. 그리고 읽기는 그 자체로 놀라운 활동이다. 당신이 나무로 만든 얇고 평평한 물체를 들여다보는 순간, 당신의 머릿속에서 저자의 목소리가 당신에게 말을 걸어오기 시작한다.(안녕하세요!) 문자가 발명된 이후 인간의 지식과 생존 잠재력은 엄청나게 향상되었다.(자립심 역시 크게 향상되었다. 주변에 적당한 스승이 없더라도 책을 통해 예술이나 과학을 적어도 기초적인 수준이나마 배울 수 있게 되었으니 말이다.)

뭐니뭐니해도 문자의 발명은 단순히 눈부신 기술 혁신 수준이 아니라 인류에게 둘도 없이 중요한 값진 선물이었다. 그리고 오늘날 인공지능의 경계에서 컴퓨터와 프로그램을 개발하고 있는 현대의 토트와 프로메테우스 역시 먼 훗날 인류가 그들의 새로운 발명품을 현명하게 이용할 수 있을 만큼 충분히 오래 살아남는다면 같은 평가를 받게 될 것이다. 인간 지능의 역사에서 다음에 다가올 주요 구조적 발달은 아마도 지적인 인간과 지적인 기계 사이의 협력이 될 것이다.

9장

지식은 우리의 운명

침묵의 시간이 몰래 다가온다.
— 윌리엄 셰익스피어, 『리처드 3세』

인간에 대한 모든 질문들 중에서, 모든 다른 질문들의 근간이 되고
가장 흥미로운 질문은 자연에서 인간이 차지하고 있는 위치, 그리고 인간이
우주와 맺고 있는 관계에 대한 질문이다. 인류는 어디에서 왔는가?
자연에 대한 우리의 힘이나 우리에 대한 자연의 힘의 한계는 어디까지일까?
우리는 어떤 목표를 향해 매진하고 있는가? 이러한 문제들은 항상 새롭게 제기되며,
모든 지구인들의 가슴속에 잦아들지 않는 흥미와 관심을 불러일으킨다.
— 토머스 헉슬리

그리하여 결국 나는 이 책이 시작할 무렵 제기했던 문제 가운데 하나로 되돌아오게 되었다. 그것은 바로 외계 지적 생명체에 대한 탐사 문제이다. 다른 별의 생물과의 의사소통 수단으로 가장 좋은 것은 텔레파시일 것이라고 주장하는 사람들이 가끔 나타나지만, 내가 보기에는 그저 농담일 뿐이다. 어쨌든 이러한 주장을 뒷받침할 만한 근거는 손톱만큼도 찾아볼 수 없다. 나는 우리 지구 안에서도 텔레파시를 통해 의사소통을 할 수 있다는 어느 정도 믿을 만한 증거도 접한 일이 없다. 우리는 아직 여러 별을 여행하는 우주 비행 능력을 갖추고 있지 못하다. 좀 더 진보한 다른 문명에서는 그러한 여행이 가능할지도 모른다. UFO라든지 고대 문명을 전파한 외계인에 대한 이야기들이 무성하지만, 지구에 외계의 존재가 과거에 방문했다거나 현재 방문하고 있다는 확실한 증거는 존재하지 않는다.

그렇다면 다음 수단은 기계가 될 수밖에 없다. 외계의 지성적 존재와의 의사소통은 아마도 전자기파 스펙트럼, 특히 스펙트럼의 무선 전파대를 이용하게 될 것으로 보인다. 어쩌면 중력파(gravity wave, 중력장의 에너지 전파를 나타내는 파동. 일반 상대성 이론에 바탕을 둔 중력 이론에 따르면 중력장의 변동은 광속으로 전파되며, 에너지가 그에 따라 운반된다고 한다.—옮긴이), 중성미자(neutrino, 렙톤의 일종으로 β 붕괴 때에 에너지 보존 법칙을 설명하기 위해 도입되었다. 중성미자 망원경은 별 속 깊숙이에서 핵융합 반응을 일으켜 방출되는 중성미자를 검출함으로써 별의 내부 정보를 알아낸다.—옮긴이) 어쩌면 타키온(tachyon, 1967년 미국의 물리학자 제럴드 파인버그가 명명한 개념으로 광속보다 빠르게 운동하는 가상의 입자. 아직까지 검출되지 않았다.—옮긴이)이 대안이 될 수도 있다.(이러한 것이 실제로 존재하기나 한다면.) 아니면 향후 300년 동안은 발견되지 않을 물리학의 새로운 측면을 이용하게 될지도 모르겠다. 그러나 의사소통 경로가 무엇이 되든 간에 그 경로는 기계를 이용하게 될 것이다. 그리고 전파천문학에서 얻은 우리의 경험을 미루어 볼 때 그 기계는 아마도 이른바 인공 지능 수준에 근접한 컴퓨터에 의해 작동되는 기계가 될 것이다. 몇 초마다 또는 그보다 빠르게 정보가 변화하는 1,008개의 서로 다른 주파수에서 얻은 며칠분의 정보를 눈으로 훑는다는 것은 거의 불가능하다. 이는 자기 상관 관계 기법(autocorrelation technique, 어떤 시간에서의 신호값과 다른 시간에서의 신호값과의 상관성을 나타내는 기법—옮긴이)과 대형 컴퓨터를 필요로 한다. 코넬 대학교의 프랭크 드레이크(Frank Drake)와 내가 최근 아레시보 천문대에서 수행했던 연구에서 바로 이런 상황이 야기되었다. 그리고 조만간 청각 수신 장치가 도입되는 등, 연구가 진행될수록 처리해야 할 정보는 더욱 복잡해질 것이고 컴퓨터에 대한 의존도는 더욱 높아지게 될 것이다. 우리는 어마어마하게 복잡한 송수신 프로그램을 설계할 수 있다. 운이 좋다면 우리는 매우 기발하고 정밀한 전략을 적용하게 될 수도 있다. 그러나 어찌되었든 우리가 기계 지능의 놀라운 능력을 이용하지 않고서는 외계의 지성적 존재를 탐색하는 것이 불가능할 것이다.

오늘날 은하계에 진보된 문명의 수가 얼마나 존재할지 여부는 각 항성에 속한 행성의 수에서부터 생명의 씨앗이 생겨날 수 있는 환경

그림 47 마우리츠 코르넬리우스 에스헤르, 「별들」

이 조성되었는지에 이르기까지 여러 가지 요소에 의존한다. 그러나 온화한 조건에서 일단 생명이 시작되기만 한다면, 그리고 진화의 무대가 되는 수십억 년이라는 시간이 주어진다면 지적 능력을 가진 존재가 탄생할 수 있었을 것이라고 많은 전문가들이 예측한다. 물론 진화의 경로는 지구의 경우와 달랐을 것이다. 지구에서 일어난 사건

—이를테면 공룡의 멸종이나 플라이오세와 홍적세의 숲의 감소—들은 아마도 우주의 다른 어느 곳에서도 그 정확한 순서대로 일어나지 않았을 것이다. 그러나 비슷한 결과에 이르도록 하는 기능적으로 유사한 경로들이 있었을 것이다. 지구에서 일어난 진화의 전체 역사, 특히 화석에 새겨진 증거들은 점차 지능이 발달하는 쪽으로 진보되어 왔다는 뚜렷한 경향을 가리킨다. 그것은 신기할 것이 없는 이야기이다. 대체로 멍청한 생물보다는 똑똑한 생물들이 더 잘 생존해 더 많은 자손을 남길 수 있었던 것이다. 상세한 사실들은 물론 주어진 상황에 따라 달라질 수 있다. 예를 들어서 언어를 사용할 줄 아는 유인원들은 인간에게 멸종당한 반면, 의사소통 능력이 그보다 좀 떨어지는 유인원들은 우리의 조상들이 그냥 내버려 두었다. 그러나 진화의 일반적인 경향은 매우 명확하며, 지구가 아닌 다른 별에서의 지적 생명체의 진화에도 적용될 수 있을 것이다. 일단 지적 능력을 갖춘 존재가 자기 파괴를 가능케 하는 기술과 능력을 손에 넣게 되면, 자연선택에서 지적 능력의 장점은 불확실해진다.

그렇다면 만일 우리가 외계의 메시지를 받는다면 어떻게 될까? 우리와 크게 다른 환경에서 수십억 년의 지질학적 시간 동안 진화되어 온 존재가 그들의 메시지를 우리가 이해할 수 있을 만큼 우리와 유사점이 있을 것이라고 생각할 근거가 있을까? 나는 그렇다고 생각한다. 무선 통신 방법으로 메시지를 보내는 문명은 적어도 무선 통신에 대해서 뭔가 알고 있다고 볼 수 있다. 메시지의 주파수, 시간 상수(time constant), 밴드패스(bandpass) 등은 메시지를 보내는 쪽이나 받는 쪽이나 같아야 할 것이다. 이는 마치 아마추어 햄 통신사들 사이에서 일어나는 상황과 흡사하다. 특별한 경우를 제외하고 그들 간의 대화는 거의 전적으로 그들이 사용하는 장비의 원리에 초점을 맞추고 있다. 왜냐하면 무선 통신 장비에 대한 관심이야말로 그들이 가지고 있는 확실한 공통분모이기 때문이다.

그러나 실제 상황은 이보다 훨씬 더 희망적일 것이다. 우리는 자연의 법칙, 적어도 그중 많은 부분이 우주 어느 곳에서든 똑같이 작용한다는 사실을 알고 있다. 또한 분광기를 가지고 분석한 결과 다른 행성, 항성, 은하에도 역시 지구와 똑같은 화학적 원자와 분자들이 존재한다는 사실을 확인했다. 분광기의 스펙트럼이 같다는 것은 원자나 분자가 빛을 흡수하고 방출하는 원리가 어느 곳에서나 동일하다는 것을 의미한다. 멀리 떨어진 은하들 역시 작은 인공위성이 창백한 푸른 별인 우리 지구 둘레를 도는 것과 동일한 중력 법칙에 의해 서로의 둘레를 육중하게 돌아가고 있음을 관찰할 수 있다. 중력, 양자역학, 그 밖의 물리학과 화학 법칙의 상당 부분이 우주 어느 곳에서든 동일하게 작용하고 있다.

다른 세계에서 진화한 생물은 생화학적으로는 우리와 다를 수 있다. 아마 그들은 그들이 속한 각기 다른 세계의 각기 다른 환경에 맞추어 효소에서 기관에 이르기까지 우리와 크게 다른 적응 방식을 따라 진화했음이 분명하다. 그러나 적어도 그들 역시 동일한 자연 법칙과 씨름하며 진화해 왔을 것이다.

우리가 보기에 떨어지는 물체에 적용되는 법칙은 매우 단순하다. 지구 중력에 따라 물체는 일정하게 가속되고, 물체의 속력은 시간에 비례해서 증가하며, 떨어진 거리는 시간의 제곱에 비례한다. 이들은 매우 기본적인 관계들이다. 적어도 갈릴레오 이후에 이러한 원리들은 상당히 일반적으로 받아들여져 왔다. 그런데 우리는 자연 법칙이 이보다 어마어마하게 복잡한 우주를 상상해 볼 수 있다. 그러나 우리는 그와 같은 우주에 살지 않는다. 그 이유는 무엇일까? 내 생각에 자신이 속한 우주를 너무나 복잡하게 지각하는 생물들은 살아남지 못했기 때문일 것이다. 나무 위에서 살던 우리의 조상들 가운데에서 이 가지에서 저 가지로 훌쩍 옮겨 탈 때 자신의 몸이 그릴 탄도를 계산해 내지 못하는 개체들은 자손을 남길 만큼 오래 살지 못했을 것이다. 자연선택은 마치 지적 능력을 가려내는 체와도 같이 작용해서 점점 더 자연 법칙에 잘 대처하는 뇌와 지적 능력을 빚어 낸다. 자연선택에 의해 일어난 우리의 뇌와 우주 사이의 이 메아리는 아인슈타인이 제기했던 당혹스러움을 설명하는 데 도움을 준다. 아인슈타인은 이렇게 말했다.

"우주의 성질 가운데 가장 이해하기 어려운 점은 우리가 우주를 이해할 수 있다는 사실이다."

만일 그러하다면 다른 세계에 존재하는 지성적 존재 역시 지구에서와 같은 진화의 체로 걸러져 왔을 것이다. 어쩌면 외계의 지성적 존재가 공중이나 나무에 살던 조상에서 진화되지 않았다면 그들은 하늘을 날고자 하는 우리의 소망을 공유하지 않을지도 모른다. 그러나 모든 행성의 대기는 스펙트럼의 가시광선 및 전파 영역에서 비교적 투명한 상태인 것으로 알려져 있다. 이는 우주에 가장 풍부하게 존재하는 원자와 분자들의 양자역학 때문이다. 따라서 우주 전체의 생물들은 광학적 반사 및 전파 반사에 감수성을 가지고 있을 것이며, 물리학이 발달한 후에는 서로 다른 별 사이의 의사소통 수단으로 전자기 복사(electromagnetic radiation)를 이용하는 것이 마땅하다. 이것은 은하계 전체의 무수히 많은 세계에서 기초적인 천문학의 발견 이후에 제각기 독립적으로 발달시켜 온 개념들이 한 점에서 만나는 것과 같다. 이것이야말로 우리가 '변치 않는 삶의 진실'이라고 부를 만한 것이다. 만일 우리가 운 좋게도 다른 외계 존재와 조우하게 된다면,

그들의 생물학적 · 심리적 · 사회적 · 정치적 특성은 우리에게 충격적일 만큼 이국적이고 신비스럽게 느껴질 것이다. 그러나 한편 천문학, 물리학, 화학, 그리고 어쩌면 수학의 기본적인 측면에서는 서로 이해하는 데 별 어려움이 없을 것이다.

나는 그들의 뇌가 해부학적으로나 생리학적으로, 하다못해 화학적으로도 우리와 비슷할 것이라고 기대하지 않는다. 그들의 뇌는 우리와 다른 환경에서 우리와 다른 진화의 역사를 밟아 왔을 것이다. 지구의 생물들만 살펴보아도 매우 다른 기관계를 가진 생물들을 비교해 보면 뇌의 생리적 특성에 얼마나 큰 변이가 있을 수 있는지 알 수 있다. 예를 들어서 아프리카의 담수어인 모미리드 전기 물고기는 주로 탁한 물에서 사는데, 이런 곳에서는 포식자, 먹이, 짝짓기 상대를 시각적으로 식별하기가 어렵다. 모미리드 전기 물고기는 전기장을 형성하고 이 전기장 내에 들어오는 생물을 포착할 수 있는 특별한 기관이 발달했다. 이 물고기의 소뇌는 뇌 뒷부분 전체를 감싸고 있어서 마치 포유류의 신피질을 연상시킨다. 모미리드 전기 물고기는 우리와는 현격히 다른 뇌를 가지고 있다. 그러나 가장 본질적인 생물학적 시각에서 볼 때 이 물고기가 우리에게는 외계의 지성적 생물보다 훨씬 가까운 친족뻘이 된다고 할 수 있다.

외계 생물의 뇌는 아마도 우리의 뇌와 마찬가지로 진화 과정에서 차례로 추가된 여러 개의 구성 요소로 이루어져 있을 것이다. 우리의 뇌와 마찬가지로 그들의 뇌의 요소들 사이에도 끊임없는 긴장과 갈등이 벌어지고 있을지도 모른다. 그러나 성공적이고 오래 지속된 문명이라면, 뇌의 여러 가지 요소들 간에 지속적인 평화를 도모해 내는 능력을 분명 지니고 있을 것이다. 그들은 아마도 지능적 기계를 이용해서 지적 능력을 외부적 수단으로 상당한 정도로 확장했을 것이 거의 분명하다. 그러나 나는 우리의 뇌와 기계, 그리고 그들의 뇌와 기계가 궁극적으로 서로를 이해할 수 있게 될 가능성이 매우 높다고 생각한다.

외계의 진보된 문명으로부터 긴 메시지를 받음으로써 우리가 얻게 될 철학적 통찰과 실용적 이익은 엄청날 것이다. 그러나 우리가 얼마나 많은 이익을 얻게 될지, 그리고 얼마나 빨리 그들에게 동화되게 될지는 메시지의 상세한 내용에 달려 있으며, 그 내용에 대해서는 쉽게 예측할 수 없다. 그러나 메시지에서 얻을 수 있는 결론 중 한 가지는 분명하다. 적어도 어딘가에 진보된 문명이 존재한다는 사실이 바로 그 결론이다. 그것은 바로 기술 진보 측면에서 막 사춘기에 접어든 인류가 당면하고 있는 심각하고 실질적인 자기 파괴 위험을 피해 갈 수 있는 길이 존재한다는 증거가 될 것이다. 따라서 다른 별에게서 메시지를 받는 것은 수학에서 존재 정리(existence theorem)라고 부르는—이 경우 기술이 고도로 발달한 사회 역시 생존과 번영을 누리는 것이 가능하다는 사실을 증명하는—매우 실질적인 이익을 가져다줄 것이다. 문제에 대한 답이 존재한다는 사실을 확실히 아는 것만으로도 문제를 풀어 나가는 데 엄청난 도움이 된다. 이는 지구 외의 다른 어떤 곳에 지적 생명체가 존재하는 것과 지구에 지적 생명체가 존재하는 것 사이의 수많은 흥미로운 연결 고리 가운데 하나이다.

지식과 지적 능력의 퇴보가 아니라 지금보다 더 개발하고 향상시키는 쪽이 우리가 현재 당면한 어려움에서 탈출해 인류의 무궁한 미래(과연 우리에게 미래가 존재하기나 한다면)로 나아갈 수 있는 유일한 길이라는 것은 분명한 사실이다. 그러나 이러한 관점이 늘 현실에서 힘을 얻는 것은 아니다. 정부는 종종 단기적 이익과 장기적 이익 사이의 차이점을 똑바로 인식하지 못한다. 가장 중요한 실용적 이익은 겉보기에는 가장 전망 없고 비실용적으로 보이는 과학적 진보에서 비롯되곤 한다. 오늘날 무선 전파는 외계의 지성적 존재를 탐색하는 가장 중요한 수단으로 쓰일 뿐만 아니라 긴급 상황을 알리고, 뉴스를 전파하며, 전화선을 연결하고, 전 지구적 행사를 중계하는 데 사용되고 있다. 그러나 무선 전파가 처음 생겨난 것은 스코틀랜드의 물리학자인 제임스 클러크 맥스웰(James Clerk Maxwell)이 오늘날 맥스웰 방정식으로 알려진 일련의 편미분 방정식에서 변위 전류(displacement current)라는 용어를 만들어 낸 것이 그 시초였다. 맥스웰이 변위 전류의 존재를 제안한 근본적인 이유는 이 항이 존재한다면 방정식이 심미적으로 더 그럴듯하기 때문이었다.

우주는 복잡 미묘하고도 정밀하다. 우리는 이따금씩 가장 뜻밖의 경로에서 우주의 비밀을 가까스로 얻어 내곤 한다. 사회는 물론 어떤 기술, 즉 과학의 어떤 적용 가능성을 추구하고 어떤 것을 추구하지 않을지를 신중하게 결정해야 할 것이다. 그러나 기초 과학에 투자하지 않고서는, 단순히 지식 그 자체를 위해 지식을 얻고자 하는 활동을 지원하지 않고서는 우리가 선택할 수 있는 가능성의 폭은 위험할 정도로 좁아지게 될 것이다. 어쩌다 물리학자 한 사람이 변위 전류와 같은 것을 하나만 우연히 발견한다고 하더라도 수천 명의 과학자를 지원하는 일은 사회 전체를 위해 훌륭한 투자가 될 수 있다. 기초 과학 연구를 긴 안목을 가지고 열정적이고, 지속적으로 부추기고 지원하지 않는 것은 마치 종자로 쓸 곡식을 먹어치우는 것과 다름없다. 그로 인해 한 겨울 동안은 굶주림을 면하겠지만 그 이듬해 겨울까지 살아 낼 희망이 사라져 버릴 것이다.

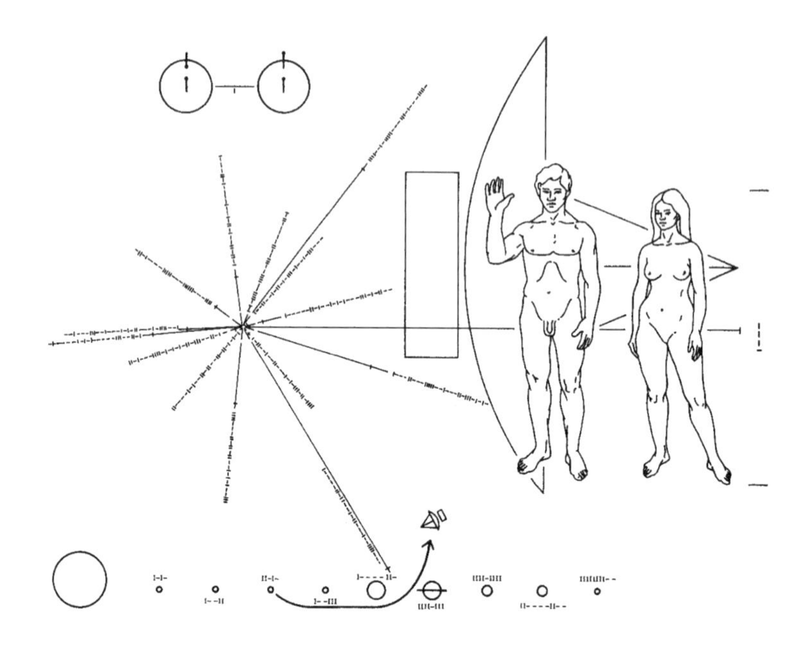

그림 48 인류 최초로 다른 별을 방문한 우주선 파이오니어 10호와 11호에 실어 보냈던 얇은 금속판. 세로 15센티미터, 가로 23센티미터 크기의 산화 피막을 입힌 알루미늄 판에는 이해하기 쉬운 과학적 언어로 우주선의 제조자의 우주 내 위치, 시기, 특성 등의 정보를 새겨 놓았다. 병에 편지를 담아 망망대해에 띄우는 것과 비슷한 이러한 노력보다 무선 통신을 이용한다면 더욱 풍부한 메시지를 전달할 수 있을 것이다.

어떤 면에서 오늘 우리가 사는 세계와 비슷한 시대에 살았던 히포의 주교 아우렐리우스 아우구스티누스(Aurelius Augustinus)는 활동적이고 지적으로 창의력 넘치는 젊은 시절을 보내고 난 후 감각의 세계에서 물러나며 다른 사람들에게도 그렇게 하라는 조언을 남겼다.

"또 다른 형태의 유혹이 있다. 이는 더욱더 위험으로 가득한 유혹이다. 바로 궁금증이라는 병, 호기심이다. …… 호기심은 우리로 하여금 자연의 비밀을 발견하도록 부추긴다. 이 자연의 비밀은 우리가 이해할 수 있는 범위 바깥에 있고, 우리에게 어떤 소용도 되지 못하며, 인간이 알려고 해서는 안 되는 것이다. …… 나는 이제 곳곳에 함정과 위험이 도사리고 있는 이 거대한 숲에서 한 발 뒤로 물러나고자 한다. 가시 덩굴에서 내 몸을 꺼낸다. 하루하루 일상 속에서 내 주위를 끊임없이 맴돌며 둥둥 떠다니는 이 모든 것들 사이에서 이제 나는 어떤 것에도 놀라지 않는다. 그 어떤 것도 그 실체를 알고자 하는 나의 순수한 욕망을 불러일으키지 못한다. …… 나는 이제 더 이상 별을 꿈꾸지 않는다."

430년 아우구스티누스가 죽고, 유럽의 암흑 시대가 시작되었다.

『인간 등정의 발자취』의 마지막 장에서 브로노프스키는 "갑자기 나 자신이 기력을 잃어버리고 지식으로부터 점점 물러나는 서양 사회에 둘러싸여 있다는 사실을 깨닫고" 슬픔에 잠기게 된다고 말한다. 그의 슬픔은 아마도 부분적으로 우리의 삶과 문명을 형성해 온 과학과 기술을 일반 대중이나 정치가들이 제대로 이해하지도, 인정하지도 못하고 있다는 사실에 기인하는 것이라고 믿는다. 한편 지엽적이고 주변적인 사이비 과학, 의사 과학(擬似科學), 신비주의, 마술 등이 점점 인기를 얻어 가는 추세에 대한 개탄일 것이다.

오늘날 서양 사회에서는(동양 사회는 상황이 다르다.) 모호하고 일화적이며 많은 경우에 명백하게 그르다고 입증될 만한 원리들에 대한 관심이 부활하고 있다. 만일 이러한 원리들이 참이라면 우리가 사는 우주는 더욱 흥미롭게 보일 것이다. 그러나 이러한 원리들이 거짓이라면 이는 지적 부주의, 현실성의 결여, 우리의 생존 전망에 도움이 되지 않는 쓸데없는 에너지의 낭비가 아닐 수 없다. 그와 같은 원리 중에는 점성술(건물 안에서 내가 태어나는 순간 수백조 킬로미터 떨어진 곳에서 떠오른 별들이 나의 일생에 영향을 미친다는 생각), 버뮤다 삼각 지대의 '신비'(여러 가지 설 가운데 버뮤다 근처의 바다 속에 UFO가 숨겨져 있어서 지나가는 선박이나 항공기를 집어삼킨다는 주장이 있다.) 날아다니는 비행 접시 이야기들, 오래전 지구를 방문한 우주 비행사가 고대 문명을 건설했다는 주장, 사진에 찍힌 유령, 피라미드학(pyramidology, 예를 들어서 면도기의 날을 직육면체 상자보다 피라미드형 상자에 넣어 두면 더 날카로워진다는 주장) 사이엔톨로지(scientology, 20세기 중반 론 허버드가 만든 의사 과학적 종교—옮긴이), 오라와 킬리안 사진(auras and Kirlian photography, 오라는 물체의 표면에서 방사되는 윤곽을 말하며 이를 믿는 사람들은 오라의 색에 의미가 있고 건강 상태를 반영한다고 주장한다. 1939년, 러시아의 킬리안이, 사진 건판의 위에 물건을 두고 전압으로 전계를 만들면 건판에 화상이 만들어지는 것을 우연히 발견하고 이것을 오라의 증거라고 주장했다. Skeptic's dictionary, www.rathinker.co.kr/skeptic 참조. —옮긴이), 제라늄의 정서적 삶이라든가 특정 음악을 더 선호한다는 주장, 멀리 떨어진 곳에 있는 숟가락이나 포크 등을 구부러뜨리는 능력, 아스트랄 프로젝션(astral projection, 유체 이탈의 일종으로 인간은 일곱 개의 신체를 가지고 있는데 그중 하나인 아스트랄 신체가 다른 몸을 떠나 우주 어느 곳이든 여행할 수 있다고 주장한다. Skeptic's dictionary 참조.—옮긴이), 벨리코프스키의 대재앙 주장(Velikovskian catastrophism, 1950년 벨리코프스키는 『충돌하는 세계』라는 저서를 통해 고대의 우주론, 신화, 성서 등을 근거로 금성이 원래는 혜성이어서 지구의 환경에 영향을 주었다는 등의 해괴한 주장들을 내놓았다.—옮긴이), 아틀란티스와 무(각각 대서양과 태평양에 존재했던 섬으로 1만여 년 전 번성한 문명을 일구어 냈으나 지진 또는 화산 활동으로 가라앉아 버렸다고 전해진다.—옮긴이), 인간이 생화학적으로나 뇌의 생리적 특성으로나 다른 동물들과 유사하다는 사실을 인정하지 않고 인간은 신 또는 신들이 특별히 창조한 존재라는 믿음 등이 있다. 이러한 이야기들 중 일부에는 일말의 진실이 들어 있는 경우도 있을 것이다. 그러나 이러한 주장들이 널리 받아들여지는 것은, 지적 엄밀함이 부족하고 회의주의가 결여되어 있으며 실험이 욕망으로 대치되어 있는 현실을 나타내는 것이다. 이러한 주장들은 대체로, 이런 표현을 써도 될지 모르지만, 변연계 및 우뇌의 원리들이고, 꿈의 세계의 표준이며, 우리가 사는 세계의 복잡성에 대한 자연스럽고—분명하고 완전하게 적절한 표현이 아닐 수 없다!—인간적인 반응이다. 그러나 이들은 초자연적이고 신비주의적이며 반증을 거부하고 합리적인 논의의 대상이 될 여지가 없는 원리들이기도 하다. 그런데 우리는 신피질의 완전한 기능을 통해서만 밝은 미래로 나아갈 수 있음이 너무나 확실하다. 직관이나 변연계 및 R 복합체의 요소들이 한데 어우러진 이성, 그러나 어쨌든 이성이 미래로 나아갈 유일한 길이다. 세계를 있는 그대로 받아들이고 그 세계에서 용감하게 앞으로 나아가야 한다.

지구에서 상당한 정도로 지적 능력이 진화된 것은 우주력의 마지막 날에 이르러서였다. 양쪽 반구 간의 조화로운 기능은 자연이 생존을 위해 우리에게 부여한 중요한 도구이다. 우리가 가진 지적 능력을 완전하고도 창의적으로 사용하지 않는다면, 인류는 살아남기 어려울 것으로 보인다.

브로노프스키는 이렇게 말했다.

"인간의 문명은 과학의 문명이다. 그것은 지식과 지식의 보전이 우리 문명의 존재 기반이라는 말이다. 과학은 단지 지식을 의미하는 라틴 어일 뿐이다. …… 지식은 우리의 운명이다."

감사의 글

누군가가 자신의 주된 전공과는 거리가 먼 주제에 대해 책을 쓰는 일은 잘 봐 주어도 무모한 시도가 아닐 수 없다. 그러나 앞서 이야기한 것처럼 나는 이 책을 쓰고 싶은 유혹에 저항하기 어려웠다. 이 책에 어떤 가치나 효용이 들어 있다면, 그것은 모두 각각의 근본적인 연구를 수행한 사람들과 나의 주장들을 읽고 조언을 들려 준 생물학 및 사회과학 분야의 전문가들의 덕분이다. 나에게 중요한 견해를 들려주고 흥미로운 토론 상대가 되어 준 것에 대해 고인이 된 루이스 리키, 한스루카스 토이버, 조슈아 레더버그, 제임스 마스, 존 아이젠버그, 버나드 캠벨, 레스터 그린스푼과 데이비드 그린스푼, 스티븐 제이 굴드, 윌리엄 데먼트, 조프리 본, 필립 모리슨, 찰스 호켓, 어니스트 하트만, 리처드 그레고리, 폴 로진, 존 롬버그, 티머시 페리스, 그리고 특별히 폴 매클린에게 감사드린다. 이들 중 몇몇 분과

랜덤하우스의 편집자인 앤 프리드굿과 카피에디터 낸시 잉글리스에게는 나의 초고를 읽고 검토해 준 것에 대해 감사드린다. 당연한 이야기이지만 이 책에 혹시 나올지 모르는 나의 억측이나 오류는 그들의 책임이 아님을 강조하고자 한다. 사진 자료를 연구하는 일에 도움을 준 린다 세이건과 샐리 포브스, 발표되기 전의 논문을 미리 보여준 몇몇 동료들, 표지 그림을 맡아 준 돈 데이비스에게도 감사를 표현하고 싶다. 표지의 그림은 지구의 역사상 특정 시기를 묘사한 것이 아니라 이 책에서 펼쳐 놓은 몇몇 개념들을 비유적으로 나타낸 것이다. 이 책을 쓰는 작업 가운데 일부는 코넬 대학교의 안식년 제도 덕분에 가능했다. 나는 토론토 대학교 뉴 칼리지의 학장인 앤드루 베인스와 역시 토론토 대학교 관계자인 L. E. H. 트레이너, M. 실버먼, C. 럼스덴의 환대에 감사드린다. 이 책 제1장의 상당 부분은《내추럴 히스토리(*Natural History*)》지에 실렸던 내용이다. 또한 이 책에 나오는 개념 가운데 일부는 매사추세츠 정신 건강 연구소와 하버드 대학교 의과 대학 정신과의 합동 토론과 캘리포니아 공과 대학의 L. S. B. 리키 재단 강연회에서 발표한 내용이다. 마지막으로 이 책의 탄생은 원고를 정성스럽게 입력해 준 메리 로스와 초고를 여러 차례 필사하고 다시 입력하는 수고를 아끼지 않은 셜리 아덴의 노고에 큰 빚을 지고 있다.

용어 해설

가소성(plasticity) 모양이나 형태가 변형될 수 있는 능력. 특히 외부 환경으로부터 학습할 수 있는 능력을 말한다.

개두술(craniotomy, 머리뼈 절개술) 일반적으로 뇌수술을 하기 전의 절차로서 두개골의 일부를 절단하거나 잘라 내는 처치.

고래목(cetacea) 고래와 돌고래를 포함하는 수중 포유류의 목(目, order).

내장된(prewired) 하드웨어에 이미 갖추어져 있는 정보를 묘사하는 데 쓰이는 컴퓨터 용어. hard-wired라고도 한다. 내장된 부분이 많을수록 가소성은 적다고 할 수 있다.

뇌 기능의 국지화(localization of brain function) 뇌의 특정 부분이 특정 기능을 수행한다는 발견. 이는 대등(equipotent) 가설과 반대이다.

뇌간(brainstem, 뇌줄기) 후뇌 참조.

뇌교(pons, pons varioli, 다리뇌) 연수와 중뇌를 연결하는 신경의 다리. 뇌간의 일부이다.

뇌량(corpus callosum, 뇌들보) 좌반구의 대뇌피질과 우반구의 대뇌피질을 연결하는 가장 중요한 신경 섬유 다발 또는 교련(commissure).

뇌전도(electroencephalograph, EEG) 머리 표면에 부착한 전극을 통해 전달되는 뇌의 전류를 증폭시켜 자동적으로 돌아가는 종이 위에 펜으로 표시하도록 되어 있는 장치. 의학적 진단이나 뇌 기능 연구에 유용하게 사용된다.

뇌하수체(pituitary) 내분비계를 총괄하는 내분비샘. 변연계 안, 중뇌 근처에 자리 잡고 있으며, 다른 분비샘의 성장과 작용에 영향을 준다.

뇌회(gyrus, 뇌이랑) 신피질 표면에서 두드러지게 둥글게 융기한 부분 중 하나. convolution이라고도 한다.

뉴런(neuron) 신경계의 기초 단위이자 뇌의 구성 단위인 신경세포.

뉴클레오티드(nucleotide) 핵산의 기본적인 구성 단위.

단기 기억(short-term memory) 짧은 기간, 이를테면 하루 이내 보유되는 기억.

단백질(protein) 핵산과 더불어 지구 생명의 기초를 이루는 중요한 분자. 단백질은 아미노산이라는 구성 단위로 이루어져 있으며 보통 정교한 방식으로 접히고 꼬인 채로 존재한다. 단백질 가운데 일부는 전체적으로 볼 때 구형이며, 어떤 것은 받침대를 뺀 추상파 조각 작품같이 생겼다. 세포 내의 화학 반응의 속도를 조절하는 효소들은 모두 단백질이다. 효소의 합성과 활성화는 핵산에 의해 조절된다.

대뇌의 좌우 기능 분화(lateralization) 왼쪽과 오른쪽, 특히 신피질의 좌반구와 우반구 사이의 기능 분화.

대뇌피질(cerebral cortex, **대뇌겉질**) 인간이나 고등 포유류에서 대뇌 반구 중에서 바깥쪽에 자리 잡은 커다란 층으로, 인간 고유의 행동의 상당 부분을 관장하는 영역. 경우에 따라 신피질(neopallium, neocortex)이라고 부르기도 한다.

대등(equipotent) 동일한 능력을 가지고 있음을 의미. 특히 특정 인지 기능이나 다른 기능에서 뇌의 어느 부분이든 다른 부분을 대치할 수 있다는 견해를 일컫는다.

돌연변이(mutation) 염색체의 핵산에 일어난, 후손에게 전달될 수 있는 변화.

두(두개)내형(endocast) 내부의 주형을 뜻하는 말로 이 책에서는 두개 화석의 내부 주형을 의미한다.

두개내(endocranial, **머리뼈속**) 두개골의 내부.

두정엽(parietal lobe, **마루엽**) 대략적으로 양쪽 대뇌 반구의 신피질의 가운데 부분.

DNA 디옥시리보핵산(Deoxyribonucleic acid)의 약자. 핵산 참조.

REM 빠른 안구 운동(rapid eye movement)의 약자. 특히 꿈꾸는 동안 눈꺼풀에서 관찰되는 운동을 가리키며, 그와 같은 운동을 보이는 수면을 특징적으로 일컬을 때 사용된다.

반수체(haploid, **홑배수체**) 일반적인 체세포에 들어 있는 염색체 수의 절반에 해당되는 염색체를 가진 상태. 예를 들어서, 인간의 체세포는 각각 46개의 염색체를 가지고 있지만 생식세포는 염색체를 23개 가지고 있다.

발생 반복설(recapitulation, recapitulation of phylogeny byontogeny) 동물 개체의 배 발달 과정에서 해당 종의 과거의 진화상의 역사를 반복하는 것처럼 보이는 현상.

변연계(limbic system, 가장자리계통) 뇌에서의 위치나 발생 순서에서 R 복합체와 신피질의 중간에 위치하는 뇌의 부분.

분류군(taxon) 공통적 특징에 따라 분류된 일단의 생물들. 인종이나 아종과 같이 작은 구분에서부터 식물계와 동물계와 같이 커다란 차이에 따른 구분까지 다양한 단계의 분류군이 존재한다.

브로카 영역(Broca's area) 언어와 밀접하게 관련된 신피질의 일부.

비트(bit) 이진법 정보 단위. 1비트는 한 가지 질문에 대한 예/아니요 대답에 해당된다.

삼위일체의 뇌(triune brain) 가장 최근에는 폴 매클린이 제안한 개념으로, 전뇌가 세 가지 개별적으로 진화되고 어느 정도 독립적으로 기능을 하는 인지 시스템으로 이루어져 있다는 이론.

생식세포(gamete) 수정에 참여할 수 있는 성숙한 정자 및 난세포. 성세포는 염색체를 반수체(haploid)로 가지고 있다.

생태적 지위(niche, ecological) 한 생물이 서식지와 생태계 내에서 차지하는 지위.

선택압(selection pressure) 진화 이론에서 특정 유전 성향의 생존과 번식이 선택될 때 환경이 미치는 영향을 말한다.

소뇌(cerebellum) 머리 뒤쪽, 대뇌피질의 뒷부분 아래이면서 후뇌의 뇌교와 연수 위쪽에 자리 잡은 뇌의 덩어리. 신피질과 마찬가지로 좌우 반구로 나뉘어 있다.

소두증(microcephaly, 작은머리증) 비정상적으로 뇌가 작은 상태. 대개의 경우 상당한 정도의 정신 능력의 결함이 동반된다.

손상(lesion) 절제, 상해 또는 상처. 뇌 손상은 사고에 의해 일어나기도 하고 외과적 수술에 의해 생기기도 한다.

시냅스(synapse, 연접) 두 뉴런이 연결되는 부분. 전기적 자극이 한 뉴런에서 다른 뉴런으로 전달되는 부분.

시상(thalamus) 뇌의 중심 근처에 있는 변연계의 부분으로 여러 기능을 수행하는데, 그중 감각적 자극을 신피질에 전달하는 기능이 있다.

시상하부(hypothalamus) 시상 아래에 존재하는 변연계의 조직으로 체온 조절, 대사 조절을 비롯 여러 기능을 수행한다.

신경계의 차대(neural chassis) 척수, 후뇌, 중뇌를 합한 부분.

신체 외적 정보(extrasomatic information) 신체 바깥의 수단에 의해 전달되는 정보.(책의 내용이 대표적인 사례이다.)

신피질(neocortex, 새겉질) 대뇌피질 가운데에서 가장 바깥쪽에 있는 부분으로 진화 역사에서 가장 나중에 생겼다. 경우에 따라서는 대뇌피질과 같은 의미로 쓰이기도 한다.

신피질의 엽(lobes of the neocortex) 전두엽, 후두엽, 두정엽, 측두엽 참조.

R 복합체(R-complex, reptilian complex) 진화 순서상 전뇌에서 가장 오래된 부분.

RNA 리보핵산(핵산 참조.)

AMESLAN 말하기와 듣기 능력이 손상된 사람들에게 널리 사용되는 미국 표준 수화.

양측성(bilateral) 양쪽 모두를 가리킴

언어상실증(aphasia) 일반적으로 어떤 형태의 언어로든 자신의 생각을 분명하게 표현하는 능력이 약해지거나 상실되는 상태를 일컫는다. 어떤 경우에는 말로 표현되는 의사소통의 불능 상태만을 가리키기도 한다. 읽기언어상실증(alexia)과 비교.

엔도르핀(endorphin) 체내에서 만들어지는 뇌의 단백질로, 동물에게서 다양한 정서적 · 신체적 상태를 야기할 수 있다.

연수(Medulla oblangata, 숨뇌) 척수와 연결되는 영역에 있는 뇌의 일부. 연수는 후뇌에 속한다.

염색체(chromosome) 유전자를 포함하고 있으며, 전적으로 핵산으로 구성된 기다란 가닥의 유전 물질.

엽절개술(lobotomy) 신피질의 엽 가운데 하나 또는 그 안의 병소를 외과적 방법으로 절제하는 것.

영장류(primate) 여우원숭이, 원숭이, 유인원, 사람 등을 아우르는 포유류의 한 목(目, order).

운동 피질(motor cortex, 운동 겉질) 운동 및 팔다리의 조율을 관장하는 신피질 부위.

유전 외적 정보(extragenetic information) 유전자 바깥의 수단에 의해 전달되는 정보. 일반적으로 뇌에 저장되거나 문화를 통해 전승되는 정보를 말한다.

1차 과정(primary process) 뇌의 가장 근본적인 무의식 기능을 가리키는 정신 분석 용어.

읽기언어상실증(alexia) 글로 쓰이거나 인쇄된 단어나 문장을 이해하는 능력이 부족하거나 결여된 상태. 언어상실증(aphasia)과 비교.

임시 기억 정리(buffer dumping) 단기 기억에 일시적으로 저장되어 있는 정보에 접근하거나 그 정보를 버리는 일.

입체 사진(anaglyph) 3차원적 이미지를 2차원적 평면에 입체적으로 표현한 것. 보통 초록색과 빨간색 점으로 이루어진 그림을 초록색과 빨간색 안경을 쓰고 보도록 되어 있다.

자연선택(natural selection) 생물 진화의 가장 중요한 메커니즘으로서, 다윈과 월리스가 처음 설명했다. 우연히 환경에 더 잘 적응하게 된 생물이 경쟁 생물보다 우선적으로 생존하고 번식하게 된다는 이론.

장기 기억(long-term memory) 상당 기간, 예를 들어 하루 이상 동안 보유되는 기억.

적출술(extirpation) 대개 외과적 방법에 의해 뇌의 한 단위를 완전히 제거해 내는 시술.

전교련(anterior commissure, 앞맞교차) 좌측과 우측 대뇌 반구의 신피질을 연결하는 신경 섬유의 비교적 작은 다발. 뇌량과 비교.

전극(electrode) 전류를 통하게 하는 고체의 전도체. 뇌전도계에 연결된 전극을 뇌에 부착해서 뇌의 전류를 감지할 수 있다.

전뇌(forebrain, 앞뇌) 척추동물의 뇌를 크게 세 부분으로 나누었을 때 가장 나중의 진화 단계에서 생겨난 부분. 전뇌는 또다시 R 복합체, 변연계, 신피질로 구분할 수 있다.

전두엽(frontal lobe, 이마엽) 신피질 가운데 대략 이마 안쪽에 있는 부분.

접속(accessing) 다른 곳에 저장된 정보에 접근하는 것을 가리키는 컴퓨터 용어.

접합자(zygote) 수정된 난자.

정동(affect) 특히 강한 정서를 느끼는 것.

정신 운동성의(psychomotor) 근육 작용을 심적으로 조절하는 것과 관련된.

중뇌(midbrain, 중간뇌) 척추동물의 뇌에서 전뇌와 후뇌 사이의 가운데 부분. mesencephalon이라고도 한다.

측두엽(temporal lobe, 관자엽) 대략 두개골의 관자놀이 안쪽에 있는 신피질 부위.

해마교련(hippocampal commisure, 해마맞교차) 해마 근처에서 좌측과 우측 대뇌 반구의 신피질을 연결하는 신경 섬유의 비교적 작은 다발. 뇌량과 비교.

해마(hippocampus) 기억에 관여하는 변연계의 조직.

핵산(nucleic acid) 지구 모든 생명체의 유전 물질로서, 뉴클레오티드라고 하는 단위가 사다리와 같은 순서로 연결되어 있으며, 대개 이중 나선 구조를 형성한다. 핵산에는 크게 두 종류, DNA와 RNA가 있다.

후각 망울(olfactory bulb) 전뇌 앞쪽에 달려 있는 뇌의 구성 요소로서, 냄새를 지각하는 데 중요한 역할을 한다.

후뇌(hindbrain, 마름뇌) 뇌교, 소뇌, 연수, 척수의 윗부분 등을 포함하는 가장 오래된 뇌의 부분. 뇌간 또는 능형뇌(rhombencephalon)라고도 한다.

후두엽(occipital lobe, 뒤통수엽) 대략 두개골 뒤쪽에 자리한 신피질 부위.

참고 문헌

ALLISON, T., and D. V. CICCHETTI. "Sleep in Mammals: Ecological and Constitutional Correlates." *Science*, Vol. 149, 732~734쪽, 1976.

AREHART-TREICHEL, JOAN. "Brain Peptides and Psychopharmacology." *Science News*, Vol. 110, 202~206쪽, 1976.

ARONSON, L. R., E. TOBACH, LEHRMAN, D. S., and J. S. ROSENBLATT, eds. *Development and Evolution of Behavior: Essays in Memory of T. C. Schneirla*. W. H. Freeman, San Francisco, 1970.

BAKKER, ROBERT T. "Dinosaur Renaissance." *Scientific American*, Vol. 232, 58~72쪽 이하 참조, April 1975.

BITTERMAN, M. E. "Phyletic Differences in Learning." *American Psychologist*, Vol. 20, 396~410쪽, 1965.

BLOOM, F., D. SEGAL, N. LING and R. GUILLEMIN. "Endorphins: Profound Behavioral Effects in Rats Suggest New Etiological Factors in Mental Illness." *Science*, Vol. 194, 630~632쪽, 1976.

BOGEN, J. E. "The Other Side of the Brain. II. An Appositional Mind." *Bulletin Los*

Angeles Neurological Societies, Vol. 34, 135~162쪽, 1969.

BRAMLETTE, M. N. "Massive Extinctions in Biota at the End of Mesozoic Time." *Science*, Vol. 148, 1696~1699쪽, 1965.

BRAND, STEWART. *Two Cybernetic Frontiers*. Random House, New York, 1974.

BRAIPER, M. A. B. *The Electrical Activity of the Nervous System*. Macmillan, New York, 1960.

BRONOWSKI, JACOB. *The Ascent of Man*. Little, Brown, Boston, 1973.

BRITTEN, R. J., and E. H. DAVIDSON. "Gene Regulation for Higher Cells: A Theory." *Science*, Vol. 165, 349~357쪽, 1969.

CLARK, W. E. LEGROS. *The Antecedents of Man: An Introduction to the Evolution of the Primates*. Edinburgh University Press, Edinburgh, 1959.

COLBERT, EDWIN. *Dinosaurs: Their Discovery and Their World*. E. P. Dutton, New York, 1961.

COLE, SONIA. *Leakey's Luck: The Life of Louis S. B. Leakey*. Harcourt Brace Jovanovich, New York, 1975.

COPPENS, YVES. "The Great East African Adventure." *CNRS Research*, Vol. 3, No. 2, 2~12쪽, 1976.

COPPENS, YVES, F. CLARK HOWELL, GLYNN LL. ISAAC, and RICHARD E. F. LEAKEY, eds. *Earliest Man and Environments in the Lake Rudol Basin: Stratigraphy, Palaeoecology and Evolution*. University of Chicago Press, Chicago, 1976.

CULLITON, BARBARA J. "The Haemmerli Affair: Is Passive Euthanasia Murder?" *Science*, Vol. 190, 1271~1275쪽, 1975.

CUTLER, RICHARD G. "Evolution of Human Longevity and the Genetic Complexity Governing Agig Rate." *Proceedings of the National Academy of Sciences*, Vol. 72, 4664~4668쪽, 1975.

DEMENT, WILLIAM C. *Some Must Watch While Some Must Sleep*. W. H. Freeman, San Francisco, 1974.

DERENZI, E., FAGLIONI, P., and H. SPINNLER. "The Performance of Patients with Unilateral Brain Damage on Face Recognition Tasks." *Cortex*, Vol. 4, 17~34쪽, 1968.

DEWSON, J. H. "Preliminary Evidence of Hemispheric Asymmetry of Auditory Function in Monkeys." In *Lateralization in the Nervous System*, S. Harnad, ed. Academic Press, New York, 1976.

DIMOND, STEWART, LINDA FARRINGTON and PETER JOHN SON. "Differing Emotional Responses from Right and Left Hemispheres." *Nature*, Vol. 261, 690~692쪽, 1976.

DIMOND, S. J., and J. G. BEAUMONT, eds. *Hemisphere Function in the Human Brain.* Wiley, New York, 1974.

DOBZHARNSKY, THEODOSIUS. Mankind Evolving: *The Evolution of the Human Species.* Yale University Press, New Haven. Conn., 1962.

DOTY, ROBERT W. "The Brain." *Britannica Yearbook of Science and the Future*, Encycopaedia Britannica, Chicago, 1970, 34~53쪽.

ECCLES, JOHN C. *The Understanding of the Brain.* McGraw-Hill, New York, 1973.

ECCLES, JOHN C., ed., *Brain and Conscious Experience.* Springer-Verlag, New York, 1966.

EIMERL, SAREL, and IRVEN DEVORE. *The Primates.* Life Nature Library, Time, Inc., New York, 1965.

FARB, PETER. *Man's Rise to Civilization as Shown by the Indian of North America from Primeval Times to the Coming of the Industrial State.* E. P. Dutton, New York, 1968.

FINK, DONALD G. *Computers and the Human Mind: An Introduction to Artificial Intelligence.* Doubleday Anchor Books, New York, 1966.

FRISCH, JOHN H. "Research on Primate Behavior in Japan." *American Anthropologist*, Vol. 61, 584~596쪽, 1959.

FROMM, ERICH. *The Forgotten Language: An Introduction to the Understanding of Dreams, Fairy Tales and Myths.* Grove Press, New York, 1951.

GALIN, D., and R. ORNSTEIN. "Lateral Specialization of Cognitive Mode: An EEG Study." *Psychophysiology*, Vol. 9, 412~418쪽, 1972.

GANTT, ELIZABETH. "Phycobilisomes: Light-Harvesting Pigment Complexes." *Bioscience*, Vol. 25, 781~788쪽, 1975.

GARDNER, R. A., and BEATRICE T. GARDNER. "Teaching Sign-Language to a

Chimpanzee." *Science*, Vol. 165, 664~672쪽, 1969.

GAZZANIGA, M. S. "The Split Brain in Man." *Scientific American*, Vol. 217, 24~29쪽, 1967.

———. "Consistency and Diversity in Brain Organization." *Proceedings Conference on Evolution and Lateralization of the Brain, Annals of the New York Academy of Sciences*, 1977.

GERARD, RALPH W. "What Is Memory?" *Scientific American*, Vol. 189, 118~126쪽, September 1953.

GOODALL, JANE. "Tool-Using and Aimed Throwing in a Community of Free-Living Chimpanzees." *Nature*, Vol. 201, 1264~1266쪽, 1964.

GOULD, STEPHEN JAY. "This View of Life: Darwin's Untimely Burial." *Natural History*, Vol. 85, 24~30쪽, October 1976.

GRAY, GEORGE W. "The Great Ravelled Knot." *Scientific American*. Vol. 179, 26~39쪽, October 1948.

GRIFFITH, RICHARD M., MIYAGI, OTOYA, and TAGO, AKIRA. "The Universality of Typical Dreams: Japanese vs. Americans." *American Anthropologist*, Vol. 60, 1173~1179쪽, 1958.

GRINSPOON, LESTER, EWALT, J. R., and R. L. SCHADER. *Schizophrenia: Pharmacotherapy and Psychotherapy*. Williams & Wilkins: Baltimore, 1972.

HAMILTON, C. R. "An Assessment of Hemispheric Specialization in Monkeys." *Proceedings Conference on Evolution and Lateralization of the Brain, Annals of the New York Academy of Sciences*, 1977.

HARNER, M. J., ed. *Hallucinogens and Shamanism*. Oxford University Press, London, 1973.

HARRIS, MARVIN. *Cows, Pigs, Wars and Witches: The Riddles of Culture*. Random House, New York, 1974.

HARTMANN, ERNEST L. *The Functions of Sleep*. Yale University Press, New Haven, Conn., 1973.

HAYES, C. *The Ape in Our House*. Harper, New York, 1951.

HERRICK, C. JUDSON. "A Sketch of the Origin of the Cerebral Hemispheres." *Journal of Comparative Neurology*, Vol. 32, 429~454쪽, 1921.

HOLLOWAY, RALPH L. "Cranial Capacity and the Evolution of the Human Brain." *American Anthropologist*, Vol. 68, 103~121쪽, 1966.

———. "The Evolution of the Primate Brain: Some Aspects of Quantitative Relations." *Brain Research*, Vol. 7, 121~172쪽, 1968.

HOWELL, F. CLARK. *Early Man.* Life Nature Library, Time, Inc., New York, 1965.

HOWELLS, WILLIAM. *Mankind in the Making: The Story of Human Evolution.* Rev. ed. Doubleday, New York, 1967.

HUBEL, D. H., and WIESEL, T. N. "Receptive Fields of Single Neurons in the Cat's Striate Cortex." *Journal of Physiology.* Vol. 150, 91~104쪽, 1960.

INGRAM, D. "Cerebral Speech Lateralization in Young Children." *Neuropsychologia*, Vol. 13, 103~105쪽, 1975.

JERISON, H. J. *Evolution of the Brain and Intelligence.* Academic Press, New York, 1973.

———. "The Theory of Encephalization." *Proceedings Conference on Evolution and Lateralization of the Brain, Annals of the New York Academy of Sciences*, 1977.

KELLER, HELEN. *The Story of My Life.* New York, 1902.

KORSAKOV, S. "On the Psychology of Microcephalics [1893]." Reprinted in the *American Journal of Mental Deficiency Research*, Vol. 4, 42~47쪽. 1957.

KROEBER, T. *Ishi in Two Worlds.* University of California Press, Berkeley, 1961.

KURTEN, BJORN. Not from the Apes: *The History of Man's Origins and Evolution.* Vintage Books, New York, 1972.

LA BARRE, WESTON. *The Human Animal.* University of Chicago Press, Chicago, 1954.

LANGER, SUSANNE. *Philosophy in a New Key: A Study in the Symbolism of Reason, Rite and Art.* Harvard University Press, Cambridge, Mass., 1942.

LASHLEY, K. S. "Persistent Problems in the Evolution of Mind." *Quarterly Review of Biology*, Vol. 24, 28~42쪽, 1949.

———. "In Search of the Engram." *Symposia of the Society of Experimental Biology*, Vol. 4, 454~482쪽, 1950.

LEAKEY, RICHARD E. "Hominids in Africa." *American Scientist*, Vol. 64, No. 2, 174

쪽, 1976.

LEAKEY, R. E. F., and A. C. WALKER. "*Australopithecus, Homo erectus* and the Single Species Hypothesis." *Nature*, Vol. 261, 572~574쪽, 1976.

LEE, RICHARD, and IRVEN DEVORE, eds. *Man, the Hunter.* Aldine, Chicago, 1968.

LE MAY, M., and GESCHWIND, N. "Hemispheric Differences in the Brains of Great Apes." *Brain Behavior and Evolution.* Vol. 11, 48~52쪽, 1975.

LETTVIN, J. Y., MATTURANA, H. R., MCCULLOCH, W. S., and PITTS, W. J. "What the Frog's Eye Tells the Frog's Brain." *Proceedings of the Institute of Radio Engineers,* Vol. 47, 1940~1951쪽, 1959.

LIEBERMAN, P., KLATT, D., and W. H. WILSON. "Vocal Tract Limitations on the Vowel Repertoires of Rhesus Monkeys and Other Non-Human Primates." *Science,* Vol. 164, 1185~1187쪽, 1969.

LINDEN, EUGENE. *Apes, Men and Language.* E. P. Dutton, New York, 1974.

LONGUET-HIGGINS, H. C. "Perception of Melodies." *Nature,* Vol. 263, 646~653쪽, 1976.

MACLEAN, PAUL D. *On the Evolution of Three Mentalities,* to be published.

———. A *Triune Concept of the Brain and Behaviour.* University of Toronto Press, Toronto, 1973.

MCCULLOCH, W. S., and PITTS, W. "A Logical Calculus of the Ideas Immanent in Nervous Activity." *Bulletin of Mathematical Biophysics,* Vol. 5, 115~133쪽, 1943.

MCHENRY, HENRY. "Fossils and the Mosaic Nature of Human Evolution." *Science,* Vol. 190, 425~431쪽, 1975.

MEDDIS, RAY. "On the Function of Sleep." *Animal Behaviour,* Vol. 23, 676~691쪽, 1975.

METTLER, F. A. *Culture and the Structural Evolution of the Neural System.* American Museum of Natural History, New York, 1956.

MILNER, BRENDA, CORKIN, SUZANNE and TEUBER, Hans-LUKAS. "Further Analysis of the Hippocampal Amnesic Syndrome: 14-Year Follow-up study of H. M." *Neuropsychologia,* Vol. 6, 215~234쪽, 1968.

MINSKY, MARVIN. "Artificial Intelligence." *Scientific American,* Vol. 214, 19~27쪽, 1966.

MITTWOCH, URSULA. "Human Anatomy." *Nature*, Vol. 261, 364쪽, 1976.

NEBES, D., and R. W. SPERRY. "Hemispheric Deconnection Syndrome with Cerebral Birth Injury in the Dominant Arm Area." *Neuropsychologia*, Vol. 9, 247~259쪽, 1971.

OXNARD, C. E. "The Place of the Australopithecines in Human Evolution: Grounds for Doubt?" *Nature*, Vol. 258, 389~395쪽, 1975.

PENFIELD, W., and T. C. Erickson. *Epilepsy and Cerebral Localization.* Charles C Thomas, Springfield, Ill., 1941.

PENFIELD, W., and L. ROBERTS. *Speech and Brain Mechanisms.* Princeton University Press, Princeton, N.J., 1959.

PILBEAM, DAVID. *The Ascent of Man: An Introduction to Human Evolution.* Macmillan, New York, 1972.

PILBEAM, D., and S. J. GOULD. "Size and Scaling in Human Evolution." *Science*, Vol. 186, 892~901쪽, 1974.

PLATT, JOHN R. *The Step to Man*, John Wiley, New York, 1966.

PLOOG, D. W., BLITZ, J., and PLOOG, F. "Studies on Social and Sexual Behavior of the Squirrel Monkey(Saimari sciureus)." *Folia Primatologica*, Vol. 1, 29~66쪽. 1963.

POLIAKOV, G. I. *Neuron Structure of the Brain.* Harvard University Press, Cambridge, Mass., 1972.

PREMACK, DAVID. "Language and Intelligence in Ape and Man." *American Scientist*, Vol. 64, 674~683쪽, 1976.

PRIBRAM, K. H. *Languages of the Brain.* Prentice-Hall, Englewood Cliffs, N.J., 1971.

RADINSKY, LEONARD. "Primate Brain Evolution." *American Scientist*, Vol. 63, 656~663쪽, 1975.

RADINSKY, LEONARD. "Oldest Horse Brains: More Advanced than Previously Realized." *Science*, Vol. 194, 626~627쪽, 1976.

RALL, W. "Thoretical Significance of Dendritic Trees for Neuronal Input-Output Relations." In *Neural Theory and Modeling*, R. F. Reiss, ed., Stanford University Press, Stanford, 1964.

ROSE, STEVEN. *The Conscious Brain.* Alfred A. Knopf, New York, 1973.

ROSENZWEIC, MARK R., EDWARD L. BENNETT and MARIAN CLEEVES DIAMOND. "Brain Changes in Response to Experience." *Scientific American*, Vol. 226, No. 2, 22~29쪽, February 1972.

RUMBAUGH, D. M., GILL, T. V., and E. C. von GLASERFELD. "Reading and Sentence Completion by a Chimpanzee." *Science*, Vol. 182, 731~735쪽, 1973.

RUSSELI, DALE A. "A New Specimen of *Stenonychosaurus* from the Oldman Formation (Cretaceous) of Alberta." *Canadian Journal of Earth Sciences*, Vol. 6, 595~612쪽, 1969.

———. "Reptilian Diversity and the Cretaceous-Tertiary Transition in North America." Geological Society of Canada Special Paper No. 13, 119~136쪽, 1973.

SAGAN, CARL. *The Cosmic Connection: An Extraterrestrial Perspective*. Doubleday, New York, 1973; and Dell, New York, 1975.

SAGAN, CARL, ed. *Communication with Extraterrestrial Intelligence*. MIT Press, Cambridge, Mass., 1973.

SCHMITT, FRANCIS O., PARVATI DEV, and BARRY H. SMITH. "Electrotonic Processing of Information by Brain Cells." *Science*, Vol. 193, 114~120쪽, 1976.

SCHALLER, GEORGE. *The Mountain Gorilla: Ecology and Behavior*. University of Chicago Press, Chicago, 1963.

SCHANK, R. C., and K. M. COLBY, eds. *Computer Models of Thought and Language*. W. H. Freeman, San Francisco, 1973.

SHKLOVSKII, I. S., and CARL SAGAN. *Intelligent Life in the Universe*. Dell, New York, 1967.

SNYDER, F. "Toward an Evolutionary Theory of Dreaming." *American Journal of Psychiatry*, Vol. 123, 121~142쪽, 1966.

SPERRY, R. W. "Perception in the Absence of the Neocortical Commissures." In *Perception and Its Disorders*, Research Publication of the Association for Research in Nervous and Mental Diseases, Vol. 48, 1970.

STAHL, BARBARA J. "Early and Recent Primitive Brain Forms." *Proceedings of the Conference on Evolution and Lateralization of the Brain, Annals of the New York Academy of Sciences*, 1977.

SWANSON, CARL P. *The Natural History of Man*. Prentice-Hall, Englewood Cliffs,

N.J., 1973.

TENG, EVELYN LEE, LEE, P. H., YANG, K.-S., and P. C. CHANG. "Handedness in a Chinese Population: Biological, Social and Pathological Factors." *Science*, Vol. 193, 1148~1150쪽, 1976.

THUBER, HANS-LUKAS. "Effects of Focal Brain Injury on Human Behavior." In *The Nervous System*, Donald B. Tower, editor-in-chief, *Vol. 2: The Clinical Neurosciences*. Raven Press, New York, 1975.

TEUBER, HANS-LUKAS, MILNER, BRENDA, and VAUGHAN, H. G., JR. "Persistent Anterograde Amnesia after Stab Wound of the Basal Brain." *Neuropsychologia*, Vol. 6, 267~282쪽, 1968.

TOWER, D. B. "Structural and Functional Organization of Mammalian Cerebral Cortex: The Correlaion of Neurone Density with Brain Size." *Journal of Comparative Neurology*. Vol. 101, 19~51쪽, 1954.

TROTTER, ROBERT J. "Language Evolving, Part II." *Science News*, Vol. 108, 378~383쪽, 1975.

———. "Sinister Psychology." *Science News*, Vol. 106, 220~222쪽, October 5, 1974.

TURKEWTIZ, GERALD. "The Development of Lateral Differentiation in the Human Infant." *Proceedings of the Conference on Evolution and Lateralization of the Brain, Annals of the New York Academy of Sciences*, 1977.

VACROUX, A "Microcomputers." *Scientific American*, Vol. 232, 32~40쪽. May 1975.

VAN LAWICK-GOODALL, JANE. *In the Shadow of Man*. Houghton-Mifflin, Boston, 1971.

VAN VALEN, LEIGH. "Brain Size and Intelligence in Man." *American Journal of Physical Anthropology*, Vol. 40, 417~424쪽, 1974.

VON NEUMANN, JOHN. *The Computer and the Brain*. Yale University Press, New Haven, Conn., 1958.

WALLACE, PATRICIA. "Unravelling the Mechanism of Memory." *Science*, Vol. 190, 1076~1078쪽, 1975.

WARREN, J. M. "Possibly Unique Characteristics of Learning by Primates." *Journal of Human Evolution*, Vol. 3, 445~454쪽, 1974.

WASHBURN, SHERWOOD L. "Tools and Human Evolution." *Scientific American*,

Vol. 203, 62~75쪽, September 1960.

WASHBURN, S. L., and R. MOORE. *Ape Into Man.* Little, Brown, Boston, 1974.

WEBB, W. B. *Sleep, The Gentle Tyrant.* Prentice-Hall, Englewood Cliffs, N.J., 1975.

WEIZENBAUM, JOSEPH. "Conversations with a Mechanical Psychiatrist." *The Harvard Review*, Vol. 111, No. 2, 68~73쪽, 1965.

WENDT, HERBERT. *In Search of Adam.* Collier Books, New York, 1963.

WITELSON, S. F., and W. PALLIE. "Left Hemisphere Specialization for Language in the Newborn: Neuroanatomical Evidence of Asymmetry." *Brain*, Vol. 96, 641~646쪽, 1973.

YENI-KOMSHIAN, G. H., and D. A. BENSON. "Anatomical Study of Cerebral Asymmetry in the Temporal Lobe of Humans, Chimpanzees, and Rhesus Monkeys." *Science*, Vol. 192, 387~389쪽, 1976.

YOUNG, J. Z. *A Model of the Brain.* Clarendon Press, Oxford, 1964.

옮긴이의 글

뇌에 대한 관심이 뜨겁다. 1990년 미국의 부시 대통령은 "뇌의 10년"을 선포했고 유럽과 일본 등 세계 각국도 뇌 연구에 많은 자원과 노력을 투입하고 있다. 그와 같은 노력은 신경성 질환의 치료와 같은 의약학 분야, 실생활에 직접 응용될 인공 지능, 정보 기술 분야 등을 통해 우리의 삶의 질을 높일 기술로도 이어질 것이다. 그러나 전문가가 아닌 나와 같은 일반 대중들까지 뇌에 대한 흥분과 열정에 동참하게 하는 진짜 이유는 뇌 연구가 가져올 실용적 측면뿐만 아니라 인류의 가장 불가해하고 매혹적인 수수께끼, 한때 종교와 신화, 철학을 비롯한 인문학의 여러 분야에서 줄기차게 추구해 온 인간 존재의 정수에 대한 비밀을 풀어 줄 열쇠가 뇌에 들어 있다고 믿기 때문일 것이다.

『에덴의 용』은 칼 세이건이 30년(정확히 말하자면 29년) 전 당시 이용할 수 있었던 지식을 토대로 인간의 지능과 그 지능을 담고 있는 뇌의 신비를 대중에게 소개한 책이다. 번역 의뢰를 처음 받았을 때에는 과학의 엄청난 발전 속도로 각 분야의 지식들이 1년이 새롭고 한 달이 새로운 판에, 그중에서도 가장 뜨거운 관심과 노력이 집중되는 분야에 대해 30년 전에 쓴 책이 무슨 가치가 있을까 하는 의구심이 먼저 들었던 것이 사실이다. 더군다나 칼 세이건은 뭐니 뭐니 해도 일단 '천문학자' 가 아니던가?

그런데 의심 반 기대 반으로 집어든 책은 점점 읽어 나감에 따라 나의 의심을 걷어 버리고 나의 기대를 뛰어넘었다. 30년 전 그의 통찰은 지금도 생생하게 빛을 발하고 있으며 그가 전하는 지식들은 큰 줄기에 있어서 오늘날에도 뇌에 대한 논의에서 여전히 확고한 자리를 차지하고 있다. 그리고 그만의 독특하고 창의적인 이야기 전개 방식은 요즘의 최신 대중 과학서들을 진부하게 보이도록 만든다.

나는 무엇보다도 과학서임에도 아름답게 잘 짜여진 이 책의 구조에 감탄하지 않을 수 없었다. 서로 다른 연구 분야 내지는 접근 방법을 다루고 있는 각 장은 하나씩 떼어놓고 보아도 개성 있고 빈틈없는 기승전결을 갖춘 풍요롭고 완성도 높은 에세이라고 할 수 있다. 그러면서도 각 이야기들이 뇌와 지능이라는 공통의 주제로 연결되고 성서와 신화로부터 가져온 오브제로 일관성 있게 장식되어 전체적으로 훌륭하게 조화를 이루는 큰 그림을 완성한다.

1장 「우주력」에서 세이건은 150억 년이라는 우주 역사를 1년으로 압축하고 그 위에 지구의 형성과 지구상의 생명의 진화와 인간의 역사를 펼쳐놓았다. 이 달력에 따르면 인간은 우주의 1년의 맨 마지막 날 태어났고, 장려하고 파란만장한 인간의 역사는 섣달그믐 하루 안에 압축된다. 이런 사실을 마주하면 놀라움과 숙연함, 그리고 가슴

먹먹한 우주적 외로움을 느낄 수밖에 없다.(태양이 탁구공만 하다면 지구는 지름이 0.25밀리미터인 점만 하고 태양으로부터 2.7미터 떨어져 있으며 태양계의 가장 바깥을 도는 명왕성은 태양으로부터 107미터 떨어져 있다는 사실을 마주했을 때도 정확히 그와 비슷한 느낌이 들었다!)

우리에게 작은 충격을 선사하는 세이건의 마술 트릭은 바로 "수량화"이다. 수량화는 세이건이 꾸준히 설파해 온 수많은 주제 가운데 하나였다.

> 우리가 어떤 대상을 질적으로만 안다면 그것을 아주 막연하게 아는 것에 불과하다. 대상을 양적으로 안다는 것은 그것의 크기를 숫자로 이해하여 무수히 존재하는 다른 가능성으로부터 그것을 구별할 줄 안다는 것이다. 그것은 우리가 대상을 깊이 있게 아는 첫걸음이다. 그럴 때 우리는 대상이 가진 아름다움을 이해할 수 있고 그것이 제공하는 힘과 이해에 접근할 수 있다. 수량화를 두려워하는 것은 우리 자신의 권리를 스스로 박탈하는 것이다. 세계를 이해하고 변화시키는 데 가장 필요한 관점 하나를 포기하는 것이기 때문이다.
>
> —칼 세이건의 『에필로그』

수량화의 마술은 2장 「유전자와 뇌」에서는 날개를 단 이카루스처럼 비상한다. 세이건은 2진법을 이용해서 유전자와 뇌와 컴퓨터의 정보 저장 용량을 비교하고 지능 진화의 의미를 재조명한다. 세부적인 사항에 들어가서 그의 거침없는 가정과 현란한 숫자와 계산의 트릭은 마법인지 속임수인지 어리둥절하게 느껴질 정도이다. 과연 수량화의 강력한 힘을 실감하지 않을 수 없었다. 이 장에서는 뇌 기능과 기억이 대뇌 피질에 골고루 퍼져 있는 것인지 특정 부위가 특정 기능을 전담하도록 국지화되어 있는지를 둘러싸고 벌어졌던 고전적 연구들도 소개하고 있다.

3장 「뇌와 마차」에서는 폴 매클린의 삼위일체의 뇌 이론을 자세히 소개한다. 뇌의 구조를 기능상 세 부분(신경의 차대를 포함하면 네 부분)으로 나누고 그것을 진화 단계와 심적 특성과 맞물려 설명한다. 파충류의 뇌, R 복합체는 관습적, 공격적, 위계적 성향을 나타내고 변연계는 정서를 일으키고 조절하며 신피질은 깊이 있는 사고와 반성과 추론을 담당한다는 것이다.

4장 「메타포로서의 에덴」은 지능의 진화를 다루는 데 빼놓을 수 없는 고인류학적 지식을 다루고 있다. 인류 탄생의 여명기를 그리면서 세이건은 뇌 부피 증가와 산통이라는 딜레마, 형제 살인, 농업 발달, 언어 발달 등을 성서 속의 사건들과 연관시킨다.

5장 「동물의 추상 능력」은 가드너 부부와 여키스 영장류 센터에서 실시되었던 침팬지 언어 실험을 한편의 재미있는 다큐멘터리 영화처럼 그려 냈다. 그리고 두 가지 중요한 주제, 동물의 지능이라는 가능성과 언어가 지능 발달에 미치는 영향을 심도 있게 논의한다.

6장 「꿈속의 용들」은 뇌 연구의 중요한 측면인 수면과 꿈 연구를 소개한다. 그리고 각성 상태에서는 자기 반성적, 추상적 사고 기능을 갖춘 신피질의 지배를 받다가 꿈을 꿀 때는 억제되어 있던 파충류의 뇌가 활성화되어 파충류의 마음으로 세상을 경험하고 행동하는 것이라고 설명한다. 어찌 보면 대담하고 새로운 가설이라고 할 수 있지만 한편 이 역시 "이성이 잠들면 괴물이 눈을 뜬다."는 오래된 격언(실은 고야의 그림 제목)의 변주라고도 볼 수 있지 않을까? 이처럼 명명백백한 증거나 통제된 실험으로 확증되지 못하였고 확증될 수도 없지만 무척이나 매혹적이고 커다란 호소력을 지니고 있어서 사람들은 기다렸다는 듯이 받아들이는 이론들이 있다. 폴 매클린의 삼위일체의 뇌 이론이라든지 프로이트의 꿈과 심적 구조에 대한 이론들, 헤켈의 발생반복설, 그리고 어쩌면 진화심리학의 많은 주장들 역시 절반은 과학이고 절반은 신화 또는 예술적 메타포라고 할 수 있지 않을까? 그리고 이러한 이론들이 대중의 공감과 흥미를 불러일으키는 이유는 그 현상들에 대한 오래된 공통 인식이 있어 왔기 때문이 아닐까? 아무튼 이 책이 나온 이후 PET, fMRI 등 뇌 영상 기법의 발달과 뇌의 화학적 전달 체계에 대한 이해의 발달로 우리는 꿈꾸는 뇌의 전기적, 화학적 특성에 대해 더욱 많은 것을 알게 되었다. 그러나 결국 큰 줄기에 있어서는 이 책에서 제기한 가설이나 추측들이 여전히 의미 있는 통찰이라고 할 수 있다.

7장 「연인과 광인」은 양쪽 반구가 분리된 환자들을 대상으로 한 실험을 통해 좌뇌와 우뇌의 차이를 밝힌 스페리나 거재니거와 같은 과학자들의 연구를 소개한다. 좌뇌는 이성적, 분석적, 언어적 사고를 관장하고 순차적, 직렬 방식으로 정보를 처리하며 우뇌는 직관적 사고와 패턴 인식에 능하고 동시적, 병렬 방식으로 정보를 처리한다고 한다. 세이건은 이러한 뇌의 좌우반구의 차이(lateralization)가 신체 기능의 차이(오른손잡이)를 불러일으키고 그것이 또 다시 인간의 삶과 언어에 얼마나 뿌리 깊은 영향을 미쳤는지를 흥미롭게 추적하고 있다.

8장 「미래의 뇌」는 뇌와 지능에 대한 논의가 사회적, 정치적 문제들과 어떤 관련을 가지고 있고 어떻게 적용되어야 할지를 논의한다. 당시 싹트고 있던 화학적 신경 전달 물질 및 뇌에 작용하는 약물들에 대한 연구, 뇌에 인공 장치를 삽입하는 가능성 등에 대해 이야기한다. 또한 그는 컴퓨터가 인간의 지능을 보조하고 한편으로 어린이의 지능을 향상시키는 훌륭한 교육적 도구 역할을 할 것이라고 굳게 믿었으며(그 반대의 상황, 즉 컴퓨터 게임이 어린이들의 지능을 마비시키고 손상시킬 가능성에 대해 예견하지 못한 것은 아이러니이다. 사람들이 모두 자기 맘 같지 않다는 사실을 간과한 것이 아닐지…….) 컴퓨터 자체가 진정한 지능을 갖출 가능성에 대해서도 마음을 활짝 열어놓고 있다. 과연 이 장의 제목에 걸맞게 그로부터 몇 십 년 동안 집중될 뇌와 지능 연구의 방향을 정확히 지적했다는 생각이 든다.

9장 「지식은 우리의 운명」에서 세이건은 그의 필생의 주제인 외계 지능적 생명체 탐사(Search for Extraterrestrial Intelligence, SETI)를 끌어들인다. 이 마지막 장에서 지능은 우주적, 보편적 가치로 승화되고 세이건은 단순한 흥미 때문이 아니라 인류와 지능의 존속을 위해 외계 지능과의 소통을 간절히 염원한다. 그가 평생 추구해 온 또 다른 중요한 주제인 의사 과학 공격 역시 곁들여진다. 오직 지능, 엄밀한 과학만이 인류 생존을 모색하는 노력의 출발점이 되어야 한다는 것이다. 이와 같은 마무리를 접하고서 세이건이 마치 신경학, 유전학, 생리학, 인류학, 언어학, 컴퓨터 과학 등 온갖 타국 땅을 돌고 돌아 마지막으로 자신이 태어난 고향 땅을 밟은 오디세우스와 같다는 생각이 들었다.(억지스러운 비유일까? 이런 비유가 떠오른 것은 어쩌면 세이건이 살았고, 코넬 대학교가 위치한 도시가 오디세우스의 고향과 같은 이름—이타카—이기 때문인지도 모르겠다. 흥미로운 뇌의 연상 작용이다.)

아니, 이 책은 오디세우스의 모험보다 성배를 찾는 모험에 비유하는 것이 나을지도 모르겠다. 여기서 성배는 물론 지능(그리고 그 산물인 지식)이다. 세이건 자신과 그의 삶이 마치 활짝 꽃 핀 지능의 상징이라고 볼 수 있다. 또한 그는 지능을 찬미하고 숭배했으며 지능의 힘에 강한 종교적 신념을 보였다. 인류의 운명에 대해 누구보다 걱정하고, 인류의 미래를 위해 큰 목소리를 냈지만 지능에 대한 그의 사랑은 인간중심적 사고로부터 완전히 자유롭다. 이 책에는 "지능이 있는 것은 모두 아름답다."라는 그의 가치관이 곳곳에 배어 있다. 그는 신피질이 발달하지 않은 태아의 낙태나 신피질의 기능이 소멸한 환자의 안락사에 동의하면서 한편으로 상당한 지능을 갖춘 유인원들을 동물원 우리에 가두어 두는 관행에 의문을 던지고 참치잡이 어망에 걸려 죽는 돌고래에 깊은 애도를 표한다. 그는 또한 외계 지적 생명체와의 조우를 소망했으며, 기계 지능에 대해서도 그는 막대한 호감과 기대를 보였다. 나는 인간의 지능을 뛰어넘고 인간의 모든 지적 유산을 물려받은 컴퓨터가 절멸을 눈앞에 둔 인류의 후손이 될 것임을 기정사실화하거나 인간의 의식과 기억과 경험을 컴퓨터에 업로드(upload)시켜 영생을 실현하는 가능성을 추구하는 오늘날의 인공 지능 예찬론자들의 참을 수 없이 가벼운 상상력에 대해 세이건은 어떤 반응을 보였을지 궁금하다.(모르긴 몰라도 일단은 거부감 없이 열린 마음으로 받아들이지 않았을까?)

과학이나 지능이나 지식은 그 자체로는 가치 중립적인 개념일 것이다. 세이건은 지능과 과학을 지상의 가치로 삼았지만 한편으로 과학과 지식이 인간의 삶에 미치는 영향에 대해 분별 있게 통찰하고 과학에 대한 이기적, 맹목적 추구나 과학의 오남용에 대해 누구보다 큰 우려의 목소리를 낸 사람 중 하나이다. 과학이 지고의 아름다움을 지녔으며 한편으로 우리 삶에 밀접하게 스며든 친근한 대상이고 무엇보다 과학이 가장 선한 얼굴을 가질 수 있다는 믿음을 준 세이건은 진정한 과학의 전도사였다고 생각한다. 그가 세상을 떠난 지 10년이 되었지만 수십 년 전 그가 남긴 목소리는 조금도 바래지 않았고 그가 힘주어 주장하던 메시지들은 여전히 유효하다. 아니, 더욱 절실하다고 할 수 있을 것이다. 더 많은 사람들이 그의 목소리에 귀를 기울여 주었으면 좋겠다. 그토록 빛나는 인간의 정수, 기적과도 같은 우주의 보물 인간 지능을 길이길이 보전하기 위해서……

2006년 여름

옮긴이 임지원

찾아보기

라

마

바

자

차

카

타

파

하

그림 및 사진 저작권

그림 2: From "The Great Ravelled Knot" by George W. Gray, *Scientific American*, October 1948, pp. 32-33. Copyright © 1948 by Scientific American, Inc. All rights reserved. 그림 8: From *The Journal of Cell Biology*, Volume 26, pp. 365-381, Figure 1 (1965). Reproduced by copyright permission of Rockefeller University and Dr. Elizabeth Gantt. 그림 9: Reprinted by permission of *Science News: The Weekly News Magazine of Science*. Copyright © 1976 by Science Service Inc. 그림 12: From "Effects of Focal Brain Injury on Human Behavior" by Hans-Lukas Teuber on page 462 of *The Nervous System, Volume 2: The Clinical Neurosciences*, editied by Donald B. Tower (New York: Raven Press, 1975). Reprinted by permission of the publisher. 그림 14: From p. 60 of *Mankind in the Making*, revised edition by William Howells, drawings by Janis Cirulis. Copyright © 1959, 1967 by William Howells. Reproduced by permission of Doubleday and Company, Inc. 그림 15: LIFE NATURE LIBRARY, *Early Man*, by F. Clark Howell and the Editors of TIME-LIFE Books, drawings by Jay H. Matternes. Copyright © 1965, 1973 Time, Inc. Reprinted by permisstion. Phytograph by Henry B. Beville. 그림 16: From *Not From the Apes*, by Björn Kurtén. Copyright © 1972 by Björn Kurtén. Reprinted by permission of Pantheon Books, a Division of Random House, Inc. 그림 22와 23:Courtesy of Dr. Beatrice and Dr. Robert Gardner, Department of Psychology, The University of Nevada, Reno. 그림 24와 25: From "Reading and Sentence Completion by a Chimpanzee," by Duane M. Rumbaugh et al., *Science*, November 16, 1974, Volume 182, pp. 731-733, Figures 1 and 2. Copyright © 1973 by the American Association for the Advancement of Science Reprinted by permission of the publisher and Dr. D. M. Rumbaugh. 그림 26: Photograph courtesy of Dr. James Maas, Department of Psychology, Cornell University, Ithaca, New York. Slide #7, Slide Group for General Psychology, Set 2; published by McGraw-Hill, Inc., 1974. 그림 29: From "A New Specimen of Stenonychosaurus from the Oldman Formation (Cretaceous) of Alberta" by Dale A. Russell. Reproduced by permission of the National Research Council of Canada from the *Canadian Journal of Earth Sciences*, Volume 6, pp. 595-612; 1969. 그림 30: From a mural by Charles R. Knight. Courtesy of The Field Museum of Natural History, Chicago. Reprinted by permission. 그림 34: From "The Split Brain in Man" by Michael S. Gazzaniga, *Scientific American*, August 1967, Volume 217, #2, page 26. Copyright © 1967 by Scientific American, Inc. All rights reserved. 그림 35와 36: From "Perception in the Absence of the Neocortical Commissures" by R. W. Sperry, pp. 126, 129, in *Perception and Its Disorders*, Proceedings of the Association for Research in Nervous and Mental Disease, December 6 and 7, 1968, Volume 48. Copyright © 1968 by the Association for Research in Nervous and Mental Disease. Reprinted by permission of the publisher. 그림 37: Originally published in *Neuropsychologia*, Volume 9, pp. 247-259. Copyright © 1971 by Pergamon Press, Inc. Reprinted by permission of Pergamon Press, 그림 38: From "The Split Brain in Man" by Michael S. Gazzaniga, *Scientific American*, August 1967, Volume 217, #2, Page 28. Reprinted by permission of the author. 그림 39: LIFE NATURE LIBRARY, *Early Man*, by F. Clark Howell and the Editors of TIME-LIFE books, drawings by Jay H. Metternes. Copyright © 1965, 1973 Time, Inc. Reprinted by permission. Photograph by Henry B. Beville. 그림 42: From *The Conscious Brain* by Steven Rose. Copyright © 1973 by Steven Rose. Reprinted by permission of Alfred A. Knopf, Inc. 그림 43: Photographs courtesy of the Computer Graphics Department, Cornell University. 그림 46: Photograph courtesy of MOTOROLA Semiconductor Products, Inc.

옮긴이 **임지원**

서울 대학교에서 식품영양학을 전공하고 동 대학원을 졸업했다.
현재 전문 번역가로 활동하며 다양한 과학서를 번역하고 있다. 번역한 책으로는 『개미 언덕』, 『섹스의 진화』, 『사랑의 발견』, 『이브의 몸』, 『자연과학자의 인문학적 이성 죽이기』, 『빵의 역사』, 『스피노자의 뇌』, 『보살핌』 등이 있다.

사이언스 클래식 6

에덴의 용

1판 1쇄 펴냄 2006년 8월 20일
1판 22쇄 펴냄 2024년 6월 30일

지은이 칼 세이건
옮긴이 임지원
펴낸이 박상준
펴낸곳 (주)사이언스북스

출판등록 1997. 3. 24.(제16-1444호)
(06027) 서울특별시 강남구 도산대로1길 62
대표전화 515-2000, 팩시밀리 515-2007
편집부 517-4263, 팩시밀리 514-2329
www.sciencebooks.co.kr

ISBN 978-89-8371-183-0 03400